新しい生物科学

弥益　恭・中尾啓子・野口　航　共編

培風館

執筆者一覧

■編　者

弥益　恭	埼玉大学大学院理工学研究科教授	[0章，3章，7章]
中尾啓子	埼玉医科大学医学部専任講師	
野口　航	東京薬科大学生命科学部教授	[8章]

■著　者

駒﨑伸二	元 埼玉医科大学医学部准教授	[1章，2章]
松田　学	近畿大学医学部准教授	[4章]
小林哲也	埼玉大学理学部教授	[5章]
林　謙介	上智大学理工学部教授	[6章]
種子田春彦	東京大学大学院理学系研究科助教	[8章]
日下部岳広	甲南大学理工学部教授	[9章]
大塚俊之	岐阜大学流域圏科学研究センター教授	[10章]
山内啓太郎	東京大学大学院農学生命科学研究科准教授	[11章]
西廣　淳	東邦大学理学部准教授	[12章]
山本奈津子	大阪大学データビリティフロンティア機構特任講師	[13章]

本書の無断複写は，著作権法上での例外を除き，禁じられています。
本書を複写される場合は，その都度当社の許諾を得てください。

まえがき

生物，そして生命に関する学問分野は，すでに古代ギリシア時代には原型がみられ，自然科学の中でも古い歴史をもつ。これは，私たち自身が生物であり，自らを理解したい，という人間特有の欲求に由来するのであろうが，同時に，農業，畜産業などにおける，やはり歴史の古い産業的な必要性と関心，そして人間を悩ませてきた様々な疾患を克服したいという医学，薬学的要請からも当然だったといえる。それにもかかわらず，学術的な学問分野，基礎科学としての生物学と現実的な社会的応用には長い間大きなギャップがあったように思われる。しかし，19 世紀以降，産業革命を経たヨーロッパを中心に新たな展開をみせた自然科学分野は，各分野で実験科学として大きく近代化された。生物学の場合，特に 20 世紀後半になって物理学，化学，情報科学など，多様な科学分野の成果と方法論が導入された。さらには遺伝子としての DNA の構造と機能が明らかにされた結果，生物学は飛躍的な進展をみせており，生物の理解が大きく深まるとともに，産業応用，医療への貢献が具体的に期待される時代となっている。このように，多様な学問分野を背景として生物，生命の理解をめざす科学分野を「生物科学」とよぶ。

本書は，科学・技術に対する社会的な期待と要請がますます強まる一方，若者の関心，興味が多様化している現代において，新たに大学に進み，生物科学とその関連分野，そして人文社会系分野において勉強を始める学生の人たちに，「生物科学」について，その基本をしっかりと習得し，社会的意義についての理解も深めていただく場を提供したい，という動機のもとに企画された。具体的には，将来的に生物科学を専門とする理学部，農学部などの学生，医学，薬学，医療分野での活躍をめざす医学部，医療系，看護学系の学生に生物科学分野の基盤を提供するとともに，文系を含めた広範な分野の学生の人たちにとっても，現代社会に不可欠となる生物科学の基礎を理解できるような教科書となることをめざした。

したがって，実際に執筆にあたっては，以下の点について留意されている。

(1) 生物科学の基礎を重視するが，一方で，可能な範囲で，現代社会での位置づけについてもできるだけ盛り込む。

(2) ページ数の限界もあり，原則として知識の羅列は避け，必要に応じて，執筆者の専門，考えをもとに，読んでおもしろいものとする。

(3) 現在の生物科学，そして高校生物の内容を考慮し，大枠は 10 年後にも十分使える新しさを取り入れる。

(4) 理解を助けるために図を重視し，さらに演習問題を入れるものとする。

(5) 生物科学教育の国際化のために，重要な専門用語については可能な限り英語を併記する。

なお，本書では各章をその分野の専門家が担当することを大きな特徴としている。その意味で，先端生物科学の成果を背景とし，高校生物をさらに発展させるが，その一方で，過度に専門的となることは避け，様々な生物関連分野の学生が共通して習得すべき内容となるよう配慮した。近年，高校の指導要領が改定され，高校生物の内容が大きく変わったことを考慮しており，「生物基礎」の内容はある程度学習していることを期待するが，必ずしも前提とはしていない。

構成としては，生物を構成する分子・細胞・組織・器官などの構造，物質代謝，遺伝情報の維持と発現を最初に修得し，引き続いて内分泌系や神経系などの生物個体の維持機構，そして卵からの発生など，個体にかかわる制御系の章を配置したうえ，生物の進化，そして生態系という新たな展開をみせつつある分野にもページを割いた。これら基礎生物科学に続き，産業や環境保全への貢献，という観点からみた応用生物科学の章がおかれている。最後に，現代社会において避けては通れない問題である生命倫理の問題について触れた。この分野に深くかかわっていくことを考えている学生の皆さんのみならず，多様な進路に進む若い人たちにとっても，本書が，生物としての自分自身への理解，そして現代社会で不可欠となっている生物科学への理解を深めるうえで役立つことを期待する。

最後に，本書の出版にあたり，培風館の斉藤淳氏，江連千賀子氏には終始，辛抱強くご尽力，ご配慮をいただいており，ここに記して感謝いたします。

2018年4月

弥益　恭

目　次

4 動物の生命維持にかかわる各種器官

5 動物の体内環境の維持

6 神経系と行動科学

7 動物の発生

0 生物科学とは

0.1 生物学と生物科学

伝統的な学問分野としての**生物学**(Biology)は,「個々の生物のあらゆる構造や性質について,その特性や機構を明らかにするとともに,種々の生物間の関係,人間との関わりなども研究の対象とする」(『生物学辞典』,東京化学同人)。広い意味での生物学は長い歴史をもつが,Biologyという言葉は19世紀初頭よりヨーロッパで使われるようになったものであり,ギリシア語のβίος(bios,生命)と-λογία(-logia,学問)に由来する。これ以降,生物学は大きく発展し,生物に関する知識は膨大で複雑なものとなりつつある。これらを統一的に理解するため,生物学と他の自然科学分野との融合が進行しており,こうした流れの中で,**生物科学**(Biological science)とよばれることも多くなっている。

現在の生物科学が対象とする「生物」,そして「生命」とは何だろうか。答えは見方によりいろいろであろうが,いずれにしろ,細胞を基本単位とする。さらに,細胞とこれが構成する多細胞生物は,エネルギーを消費し,変換することで維持される。同時に,生物は体内環境を調整し,一定の状態を安定に保つことを特徴とする。自己増殖もまた生物の大きな特徴であり,その様々な能力,特性は,遺伝子が担う遺伝情報として次世代に伝えられる。重要なことは,生命,そして生物が,歴史的背景の産物である点であろう。新しい種とその特徴が進化によってもたらされる結果として,生物は多様性を獲得してきたのである。

0.2 生物科学の発展

生物に対する関心は,特に医学とのかかわりから古代より明らかであるが,現代的な意味での生物学の萌芽は古代ギリシアにみられる。紀元前600年頃,イオニア地方の哲学者たちは神秘的な世界観を否定し,この世界を支配する自然の法則があることを主張した。こうした流れの中で,医学に合理的な考え方を導入したのがヒポクラテス[1]である(表0.1)。古代ギリシアの生物学は,アリストテレス[2]で頂点に達したとされ,彼をもって生物学史のはじめとする。アリストテレスは実証的観察を重視し,分類,生殖,発生など,多くの分野で先駆的な研究を行った。彼の学説は今の知識からすれば間違いも多いが,後世に大きな影響を及ぼした。それに続く古代ローマの時代,プリニウス[3]による「博物誌」の編纂,ガレノス[4]による解剖学の研究があるが,全体としては合理主義が後退した。ヨーロッパの中世では,キリスト教が支配的になるとともに,他の科学分野と同様,生物学も停滞する。ギリシア・ローマ時代の生物学・医学上の知識はむしろイスラム世界で評価され,保存されることとなった。

幸いなことに,こうした知識は十字軍の時代に再びヨーロッパに導入され,ルネサンスの到来とともに,合理主義が復活する。生物学上の革命となったのは,解剖学者のヴェサリウス[5]により1543年に出版された「人体の構造」である。ヴェサリウスは,古代ギリシア・ローマ以来の知識に縛られず,非常に正確な観察で同時代人に大きな影響を与え,現代人体解剖の創始者とされる。さらに,血液の循環を明らかにしたハーベー[6]に代表されるように,動物の器官の機能について扱う生理学でも大きな進展がみられた。ハーベーは,実験を生物学に導入した点,そして生物が無生物と同じ法則に従うという機械論を主張した点でも特筆される。

近代的な生物学の誕生においては,17世紀後半にレーウェンフック[7]により発明された顕微鏡が大きな役割を果たした。彼による微生物の発見などの結果,ミクロのレベルでの生命,現象が知られるようになったのである。ロバート・フック[8]はやはり顕微鏡を用い,細胞を発見した。こうした成果を背景に,19世紀前半には,シュライデン[9]とシュワ

表 0.1 生物科学の歴史

西暦	事項
紀元前 400 年頃	ヒポクラテスが科学的な医学の基礎を築く
紀元前 4 世紀半ば	アリストテレスが実証的観察を創始
77 年	プリニウスの『博物誌』が出版される
1020 年頃	イブン・シーナーによるギリシア・ローマ医学の集大成(『医学典範』出版)
1543 年	ヴェサリウスにより『人体の構造』が出版される
1628 年	ハーベーにより血液循環説が発表される
17 世紀後半	レーウェンフックが顕微鏡を発明。微生物を発見する
1665 年	フックが細胞を発見する(『ミクログラフィア』出版)
1753 年	リンネによる生物の系統的分類の発表(『自然の体系』出版)
19 世紀前半	フンボルトが世界各地の学術探検により生物と環境の関係を明らかにした
1838 年	シュライデンが植物について細胞説を提唱
1839 年	シュワンが動物について細胞説を提唱
1858 年	ウィルヒョーが「すべての細胞は細胞から生じる」と述べる
1859 年頃	ベルナールにより恒常性に関する概念が提唱された
1859 年	ダーウィンによる進化論の発表(『種の起源』)
1861 年	パスツールにより自然発生説が否定される(『自然発生説の検討』出版)
1865 年	メンデルが遺伝の法則を発表
1902 年前後	染色体説がサットン，ボヴェリにより提唱される
20 世紀初頭	カハールによるニューロン説の確立
1910-20 年代	モーガンによるショウジョウバエでの遺伝的地図の作成
1953 年	ワトソンとクリックによる DNA の二重らせん構造の発見
1972 年	バーグが初めて組換え DNA の作成に成功
1973 年	ボイヤーとコーエンが初めて組換え生物を作製する
2003 年	ヒトゲノムプロジェクト完成

ン[10]は，生物の基本単位は細胞である，という考えを提唱し，1860 年代には，ヴィルヒョウ[11]がすべての細胞は細胞の分裂によって生じることを明らかにした。こうした考えは**細胞説**として広く受け入れられるようになった。やはり同じ頃，パスツール[12]により自然発生説が否定され，現代生物科学に至るレールが敷かれたといえる。

一方で，18 世紀にリンネ[13]による生物の系統的分類が行われ，19 世紀半ばにはダーウィン[14]により，自然選択の原理を中心とした**進化論**が提唱された。こうした研究により，生物は固定的なものではなく，歴史の産物であることが認識されるに至った。進化論自体はその後様々な修正が試みられているが，結果的に生物，生命に関する認識を大きく変更し，社会的，そして思想的影響も大きかった。

進化論の発表にやや遅れ，メンデル[15]により，**遺伝の法則**が発見され，さらに遺伝子の存在が予測された。この発見はすぐには受け入れられなかったが, 20 世紀初頭に 3 人の研究者により再発見された。これに続く細胞学，遺伝学の研究により，遺伝子が染色体上に乗って次世代に伝わることが明らかになり(染色体説)，現代生物科学の基盤が確立した。

また，フランスの生理学者ベルナール[16]は 19 世紀の半ば，生体の内部環境は外部から独立して維持されていると考えた。これがいわゆる**恒常性**であり，生物のもつ重要な性質の 1 つである。これに関連した液性因子として，様々なホルモンが 20 世紀前半に発見される。人間の精神活動への関心も起源は古いが，神経の重要性が認識されるのは 18 世紀以降であり，20 世紀初頭，カハール[17]とゴルジ[18]の論争を通じ，神経系は独立したニューロンにより構成されるとする**ニューロン説**が確立した。さらに神経細胞の興奮の仕組みの解明，そして近年では機能的 MRI 技術による生体での脳機能の可視化が実現し，脳・神経科学でも新たな展開がみられている。発生現象についてもやはりアリストテレス以来生物学者の関心を引いていたが，記載が中心だったこの分野に 19 世紀末より実験が取り入れられ，シュペーマン[19]による胚誘導，そしてオーガナイザーの発見に至った。

生物と環境のかかわりについても萌芽的な研究は古代ギリシア以来みられるが，19 世紀初め，フンボルト[20]は，生物－環境間の密接な関係を明らかにした。19 世紀後半には生物群集，生物圏の概念が提唱され，窒素循環に関する化学上の新発見などもあり，生態学の分野が確立した。20 世紀には，生物群集と生息空間の相互作用の系を**生態系**(ecosystem)とよぶようになる。

20 世紀前半は，生体内の様々な代謝系が明らかにされた時代でもある。この過程で，タンパク質の重要性が明らかになり，20 世紀の半ばにはタンパク質の構造解析が行われた。一方，20 世紀半ばまでには，DNA が遺伝子としてタンパク質をコードすることが明らかになり，1953 年には，ワトソン[21]，クリック[22]らにより DNA の二重らせん構造が提唱された。さらに，セントラルドグマに要約される遺伝子の働きの基本が理解されるようになった。遺伝子像，そしてその働き方についてはその後さらに精力的な研究が行われ，以後，生物科学は新しい局面を迎えることになった。生物科学では，それまで様々な分野が，それぞれ独自の方法，技術で研究されていたが，遺伝子という共通言語を得ることで，総合的なアプローチが実現している。

そして，1990 年前後におけるヒトゲノムプロジェクトの開始とその完成(2003 年)により，生物科学に新たな革命が起きつつある。ゲノム研究は，生物学における研究手法や思考法に大きな変更をもたらすとともに，**生命の普遍性と多様性**も明らかにした。

0.3　生物科学のアプローチ

生物科学では，伝統的に詳細な観察により現象を明らかにする「記載」が重要であり，この研究手法が重要な役割を果たしてきた(記載生物学)。また，生物の特徴は，前述したように進化の結果としての多様性，そして環境との相互作用であり，そのため，分類学，種や集団の間での比較(比較生物学)，古生物の化石の研究(古生物学)，フィールド調査なども重要な研究手法となってきた。

しかし，近代以降，生物科学では実験科学の占める割合が大きくなっている(実験生物学)。すなわち，生物や細胞に何らかの操作を加える，あるいは，環境に人工的な条件を与えたうえ，その効果を観察することにより，生物に備わっている調節の仕組みを明らかにすることをめざす。この場合，実験に先立って仮説を立て，実験により検証を行うことで，法則や規則性を見いだすことが重要であり，これは他の自然科学分野と同様である。

0.4　現代の生物科学

20 世紀の生物科学では，生物を，タンパク質や核酸をはじめとする様々な物質から構成された構造体であり，物理学，化学の法則に従うものと捉える考え方が強調された(機械論)。また，分子生物学の発展により，遺伝子の同定とそれらの各々の機能，そして遺伝子間の相互作用の解明も重要な研究課題であった。つまり，1つ1つの要素を明らかにし，それを積み上げることで全体の理解をめざす還元主義である。

しかし，生物科学のカバーする範囲の拡大，そしてゲノム解析などの網羅的解析が一般化するにつれ，生命にかかわる知識，情報は膨大なものとなりつつある。例えば，複雑な神経ネットワークに依存した脳機能，動物の複雑な行動とヒトの高次精神活動，数万もの遺伝子が形成する制御ネットワーク，細胞内シグナル伝達系，細胞内の物質の代謝系，あるいは生体内での生物間の相互作用と物質の流れなどは，従来の手法では理解が難しい。こうした状況を受け，情報科学的アプローチを取り入れ，生物を複雑系，そしてシステム全体として理解することをめざすようになっている。

0.5　生物科学の諸分野と生物学的階層性

伝統的生物科学は，しばしば対象とする生物の分類群，系統により区分されることが多かった。代表的な分野には動物学，植物学，微生物学があり，それぞれは系統分類に従って細分化される。これらの分野では，しばしば生物の特異性・多様性が重視される。しかし，分子生物学の発展により，普遍的な共通制御メカニズムが明らかになっている現在，分類群を強調しないことも多い。

一方，生物科学は，**階層性**を大きな特徴としており，様々な生命現象は異なるレベルで研究，理解されている(図 0.1)。大きくは，個体内部の生命現象

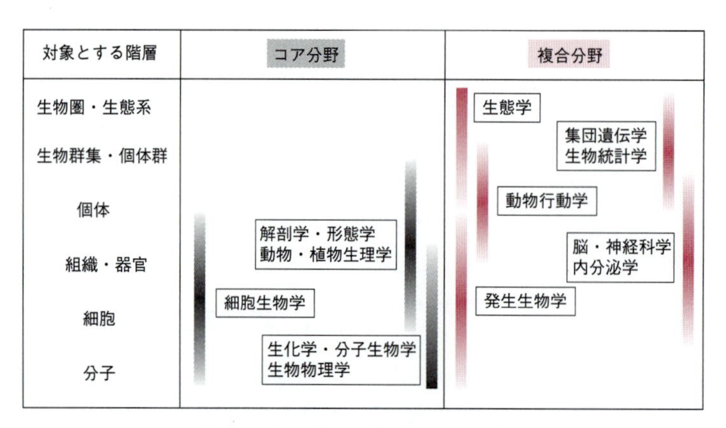

図 0.1　生物科学の階層性と学問分野

を対象とする場合と，個体間・種間・個体と環境など，対象を個体自体，あるいは個体と外部の相互作用を対象とする場合がある。ミクロレベルからみると，まずタンパク質，核酸など，分子レベルでの研究があり，その上にくるのが細胞，細胞が集まってつくる組織，様々な組織が集まって特定の機能をもつ器官，そして個体のレベルとなる。これらと対応して，分子生物学・生化学，細胞生物学，そして解剖学，生理学などの研究分野がある。個体以下のレベルでは，特に遺伝子や細胞の理解が進むにつれ，普遍性が強調される傾向があり，各レベルの間の境界も曖昧になっている。また，発生生物学や脳・神経科学などは，異なるレベルをカバーする複合領域ともいえる。

一方，個体より上のマクロレベルとしては，生物群集，個体群，そして生物圏，生態系があり，これらは動物行動科学，集団遺伝学，あるいは生態学が対象とする。マクロレベルでは生物の多様性がキーワードとなっている。

現代生物科学は，他の学問分野とも密接な関係をもつようになってきている。例えば，生化学や生物物理学などは化学，物理学と緊密である。また，分析手段として，統計学や数学をベースとした数理生物学が用いられる。さらに，ゲノム解析やプロテオーム解析で得られる大量データを処理するため，情報科学との融合領域である**バイオインフォマティクス**（生物情報学）が重要となっている。

0.6　現代生物科学と社会のかかわり

基礎科学としての生物科学では，一般的にヒトを特別視することはない。しかし，現在，生物科学は，基礎医学，医療，そして健康に大きく貢献するようになっている。また，製薬，農業・食糧，環境，再生可能エネルギーなど，産業応用の面からも重要性を増している。

生物科学で得られる知識を活用して技術を開発し，応用する分野を**バイオテクノロジー**という。遺伝子操作を用いる遺伝子工学は特に大きな役割を果たしてきた。この技術を利用した各種組換え生物は，農業・畜産業に加え，疾患モデル動物の作製と治療法の開発などの面でも活用されている。特に，近年はゲノム解析の成果を活かしたオーダメイド医療や創薬，発生生物学の成果を活かした再生医療，再生医学も期待を集めつつある。生物学の成果を活用する産業はバイオ産業とよばれ，現在，大きな注目を浴びている。

その一方で，遺伝子工学技術により作り出されている遺伝子組換え作物の普及は，生物多様性をも脅かすことが危惧されている。また，人間の様々な活動は環境破壊に繋がっており，生物環境への理解がますます重要となっている。さらに，生命科学の新たな知見，そしてゲノム情報や遺伝子操作技術などは生命というものへの見方を変えつつあるうえ，様々な社会問題に繋がる可能性があり，倫理的影響も大きくなりつつある。

したがって，現代生物科学では，成果のみを追求せず，こうした問題点を認識し，正しい情報を発信するなどの取組みが必要である。一方で，現代社会を生きる立場では，こうした生物科学の可能性と問題点を理解し，適切にそれらに適応し，活用できる知識をもつことが強く期待される。

■ 注釈

1)　イオニア出身の医師（Hippocrates, B. C. ca. 460–B. C. ca. 370）。
2)　古代ギリシアの哲学者（Aristotelēs, B. C. 384–B. C. 322）。
3)　古代ローマの博物学者，政治家（Gaius Plinius Secundus, A. D. ca. 22–79）。
4)　古代ローマ帝国時代のギリシアの医学者（Galen of Pergamon，129 頃 -200 頃）。
5)　神聖ローマ帝国支配下の現ベルギー出身の解剖学者，医師（Andreas Vesalius, 1514–1564）。
6)　イギリスの解剖学者，医師（William Harvey, 1578–1657）。
7)　オランダの生物学者（Antonie van Leeuwenhoek, 1632–1723）。
8)　イギリスの科学者（Robert Hooke, 1635–1703）。
9)　現ドイツ出身の植物学者，生物学者（Matthias Jakob Schleiden, 1804–1881）。
10)　ドイツ出身の生理学者，動物学者（Theodor Schwann, 1810–1882）。
11)　ドイツの病理学者，生物学者（Rudolf Ludwig Karl Virchow, 1821–1902）。
12)　フランスの生化学者，細菌学者（Louis Pasteur, 1822–1895）。
13)　スウェーデンの博物学者，生物学者（Carl von Linné, 1707–1778）。
14)　イギリスの科学者（Charles Robert Darwin, 1809–1882）。
15)　オーストリア帝国（現在のチェコ）の司祭（Gregor Johann Mendel, 1822–1884）。
16)　フランスの医師，生理学者（Claude Bernard, 1813–1878）。
17)　スペインの神経解剖学者（Santiago Ramón y Cajal, 1852–1934）。
18)　イタリアの医師，解剖学者（Camillo Golgi, 1843–1926）。
19)　ドイツの発生学者（Hans Spemann, 1869–1941）。
20)　ドイツの探検家，博物学者（Alexander von Humboldt, 1769–1859）。
21)　アメリカの分子生物学者（James Dewey Watson, 1928– ）。
22)　イギリスの分子生物学者（Francis Harry Compton Crick, 1916–2004）。

1

生物の構造

生物を構成する基本単位は細胞であり，その細胞には生命活動に必要なすべての機能が備わっている。その一方で，多細胞生物に進化した生物は特定の機能に特化した組織や器官を発達させ，それらを統合的に制御してより高度な生命活動を営んでいる。

本章では，最初に，細胞を構成する基本的な分子について解説し，次に，細胞の基本構造と機能について述べる。さらに，多細胞生物で重要な役割を果たしている組織や器官の構造についても言及する。様々な器官の構造とそれらの機能については4章を，そして，器官の統合的な制御の仕組みなどについては5章と6章を参照してほしい。

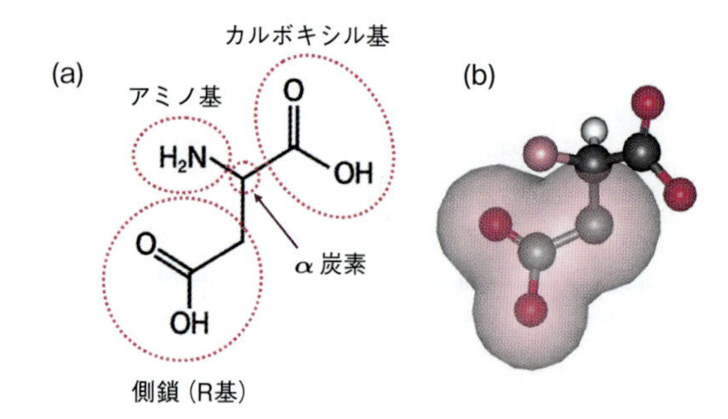

図 1.1　アミノ酸の基本構造と種類

(a) アスパラギン酸を例にアミノ酸の基本構造を示す。(b) アミノ酸をBall-and-Sticモデルで示し，側鎖の部分には表面構造が加えてある。Ball-and-Stickモデルは，原子を球体，共有結合を棒状に示す。

1.1　細胞を構成する基本的な分子

1.1.1　アミノ酸とタンパク質

タンパク質（protein）は20種類のアミノ酸（amino acid）から構成されている。アミノ酸は，官能基のアミノ基（$-NH_2$），カルボキシ基（-COOH），側鎖（R基）がα炭素を中心に共有結合したものである（図1.1）。アミノ酸の化学的な性質を決めているのは側鎖である。例えば，側鎖の性質により，疎水性と親水性，極性と非極性，酸性と塩基性などの性質が決まる（図1.2）。このようなアミノ酸の性質の多様性は，タンパク質の立体構造やその機能に深くかかわっている。タンパク質は，アミノ酸が**ペプチド結合**（peptide bond）により1列に連なったペプチド鎖からなり，その構造は一次構造（primary structure）とよばれている。一次構造から特定の機能（例えば，酵素機能など）を発現するタンパク質へと変化するためには，さらに複雑な立体構造を形成する必要がある。

ペプチド鎖は，水中で自動的に折り畳まれて立体構造を形成する。その際に重要な役割を果たしているのが，アミノ酸どうしの結合と相互作用である。それらには，共有結合の**ジスルフィド結合**（disulfide bond），非共有結合の**水素結合**（hydrogen bond），**疎水性相互作用**（hydrophobic interaction），**静電結合**（electrostatic bond），**ファンデルワールス相互作用**（van der Waals interaction）などがある（図1.3）。

水素結合[1]と静電結合は恒常的に働く静電的な引力によるもので，非共有結合の中では比較的に強い結合である。一方，ファンデルワールス相互作用は，接近した無極性（中性）分子間に一時的に生じた分極の引力によるもので，水素結合や静電結合と比べるとはるかに弱い力である。疎水性相互作用は結合ではなく，非極性の分子どうしが水中で凝集する作用である。

水中で形成されたタンパク質の立体構造は，一般に，親水性の部分が表層に分布し，疎水性の部分はその内部に分布している。これにより，タンパク質は水中で安定した立体構造を維持することができる。しかし，タンパク質の立体構造を形成しているのは，主として結合力の弱い非共有結合である。そのために，タンパク質の立体構造は周囲のpHや温度などの変化，あるいは，水素結合を乱す尿素やグアニジンなどの影響を受けやすい。よく知られてい

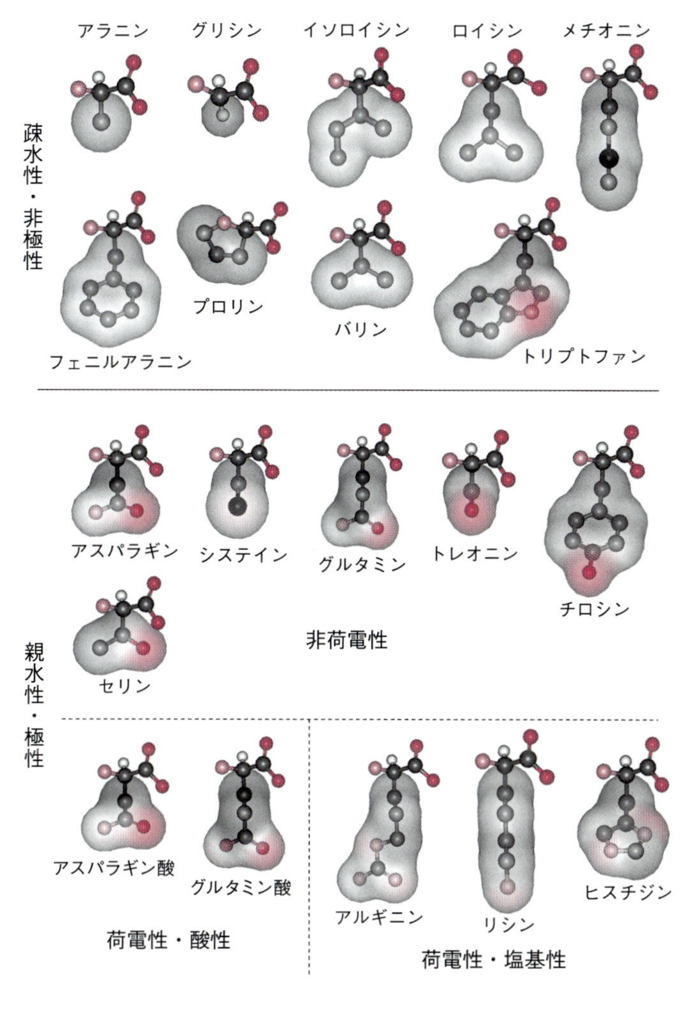

図 1.2 20 種類のアミノ酸の分類
性質の違いにより分類した 20 種類のアミノ酸を示す。

る例が，タンパク質の熱変性や化学変性，そして，酵素反応の至適 pH の存在などである。

タンパク質の立体構造は複雑にみえるが，それを形成しているのは **α ヘリックス**（α-helix）や **β シート**（β-sheet）とよばれる基本的な立体構造である（図 1.4）。α ヘリックスや β シートは**二次構造**（secondary structure）とよばれ，これらがいくつか組み合わさって，**モチーフ**（motif）[2] とよばれる機能的な立体構造を形成する。さらに，モチーフがいくつか組み合わさって，**ドメイン**（domain）とよばれるより高度な機能をもった立体構造を形成する。そして，いくつかのドメインが組み合わさって機能的なタンパク質を形成する。タンパク質の構造は**三次構造**（tertiary structure）とよばれている。このように，タンパク質の立体構造は階層性をもって形成された構造として理解することができる（図 1.5）。

ドメインは，特定の機能や構造に対応した，数十から数百（平均は約 100）個のアミノ酸から構成される領域で，酵素機能としての役割や，タンパク質どうしの相互作用（分子間結合）などにかかわる数多くの種類が存在する。それゆえ，これらのドメインを多様に組み合わせることにより，タンパク質の機能や構造の多様性が実現されている。

また，1 種類のタンパク質では不可能なより複雑な機能を行うために，タンパク質は複合体を形成して機能する場合がある。その複合体は**四次構造**（quaternary structure）とよばれ，それを構成する個々のタンパク質を**サブユニット**（subunit）とよん

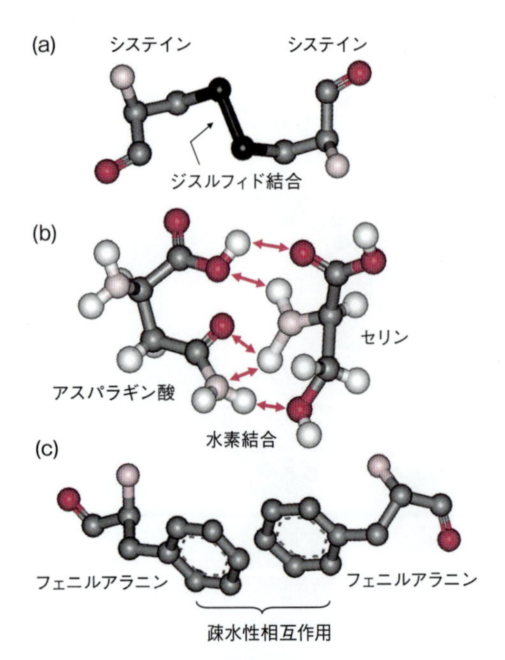

図 1.3 アミノ酸どうしの結合

(a) システインどうしの間で形成されたジスルフィド結合，(b) アスパラギン酸とセリンの間で形成された水素結合（赤色矢印），(c) フェニルアラニンどうしの疎水性相互作用を示す。硫黄を黒色，酸素を赤色，窒素をピンク色，炭素を灰色，水素を白色で示す。

でいる。よく知られている四次構造には，ヘモグロビン，RNAポリメラーゼ，イオンチャネルなどがある。なかでも，とりわけ巨大な四次構造として知られているのが**リボソーム**（ribosome）である（1.2.3参照）。

1.1.2 脂　　質

脂質は，生物が生命活動を営む際のエネルギー源としてだけでなく，**生体膜**（biological membrane）の構成成分としても重要な役割を果たしている。生体膜を構成する主要成分は**リン脂質**（phospholipid）で，その他にも糖脂質や**コレステロール**（cholesterol）などがある。リン脂質は親水性の頭部と疎水性の尾部からなり，頭部の構造と尾部を構成する脂肪酸の構造の違いにより，いくつかの種類がある（図1.6）。親水性と疎水性の部分からなるリン脂質は**両親媒性**（amphiphilic）とよばれる性質をもっている。そのために，水中では，疎水性の部分が互いに向き合い，親水性の部分を水と接する外側に向けた，**脂質二重層**（lipid bilayer）を形成する（図1.10）。これが細胞膜などの生体膜を構成する基本構造になっている。

リン脂質は温度の影響を受けると，その構造が大きく変化する。温度が低いと，生体膜を構成するリン脂質の脂肪酸は直線状に伸びた状態になる。その

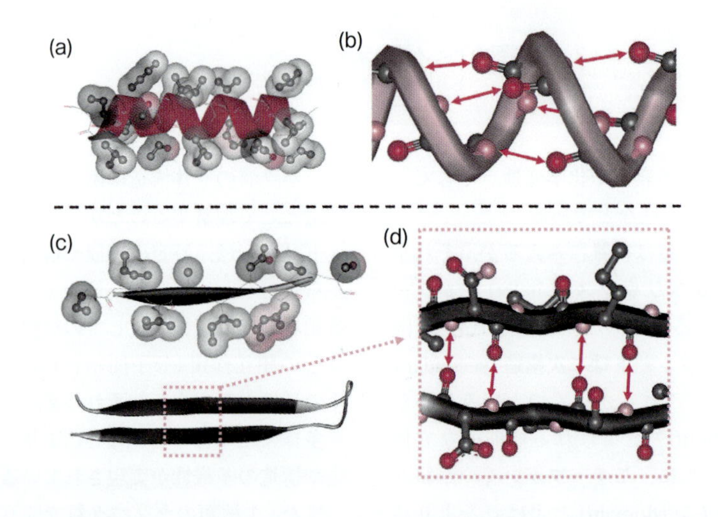

図 1.4 α ヘリックスと β シート

(a) α ヘリックスを構成するアミノ酸の側鎖は外側を向いている。(b) α ヘリックスを形成する水素結合を示す。らせん構造の1回転は3.6個のアミノ酸からなり，4つ離れたアミノ酸のアミノ基とカルボキシ基が水素結合をしている。(c) β シートはいくつかのペプチド鎖が並列に連結されたシート状の構造である。(d) β シートの四角で囲まれた部分の水素結合（赤色矢印）を示す。

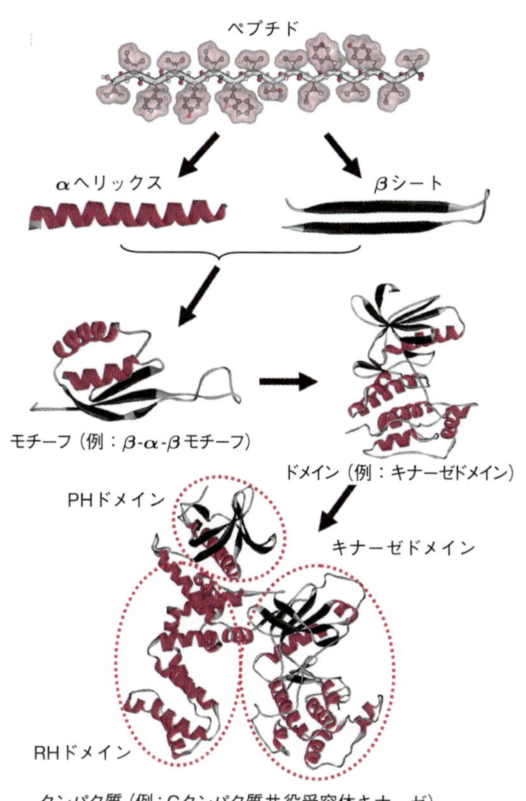

図 1.5　タンパク質の立体構造の階層性
一次構造のペプチドから二次構造の α ヘリックスや β シートを経て，モチーフとドメインが形成され，さらに，いくつかのドメインが組み合わされて機能的なタンパク質になる。タンパク質の例として，3 つのドメインから構成された G タンパク質共役受容体キナーゼを示す。

場合，脂肪酸どうしが近接するので，それらの間にファンデルワールス相互作用が働いてリン脂質どうしが動きにくくなる。一方，温度が上昇するとリン脂質の運動性が高まり，脂肪酸が折れ曲がった状態になる。その結果，脂肪酸の間のファンデルワールス相互作用が弱まってリン脂質が動きやすくなる。細胞が活発に生命活動を行っている時の生体膜はこのような動きやすい状態にある。さらに，生体膜に存在するコレステロール[3)]が膜の性質や機能に大きくかかわっている。

1.1.3　核　　酸

DNA（deoxyribonucleic acid）は細胞を構成する核酸の一種で，世代を超えて遺伝情報を伝えるという重要な役割を果たしている。そして，DNA の遺伝情報をもとにタンパク質を合成する過程で，中心的な役割を果たしているのが RNA（ribonucleic acid）である。RNA にはいくつかの種類があり，鋳型（template）の DNA から**転写**した遺伝情報をタンパク質合成の場に伝達する **mRNA**，アミノ酸を mRNA まで運搬する **tRNA**，そして，リボソームを構成する **rRNA** などがある（図 1.7，3 章参照）。その他にも，最近，その重要な役割が注目されているものに，**マイクロ RNA**（miRNA）とよばれる特殊な RNA が存在する（図 1.8，コラム 1.1）。

核酸を構成している基本単位の**ヌクレオチド**（nucleotide）は，5 単糖と塩基からなる**ヌクレオシド**（nucleoside）にリン酸が結合したものである（図

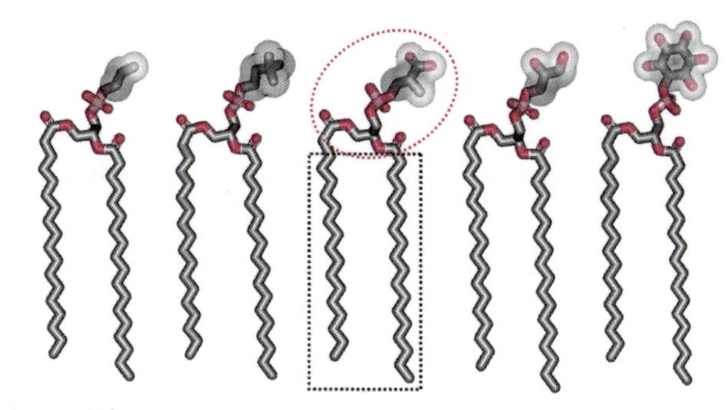

図 1.6　リン脂質の構造
頭部構造が異なる 5 つのタイプのリン脂質を示す。赤い点線で囲った部分は親水性の頭部，黒い点線で囲った部分は疎水性の尾部を示す。

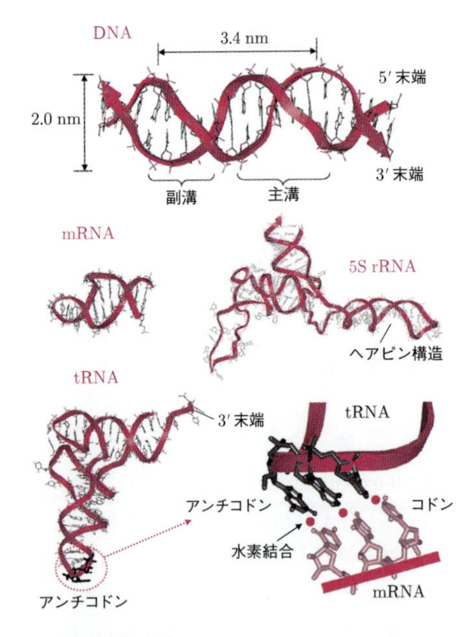

図 1.7 核酸の構造

DNA は二重らせん構造，mRNA，rRNA，tRNA はヘアピン構造を形成して水中で安定した状態で存在する。tRNA はその 3′ 末端にアミノ酸を結合し，その反対方向に存在するアンチコドンの部分で mRNA のコドンと結合する。DNA と mRNA は構造の一部を示す。

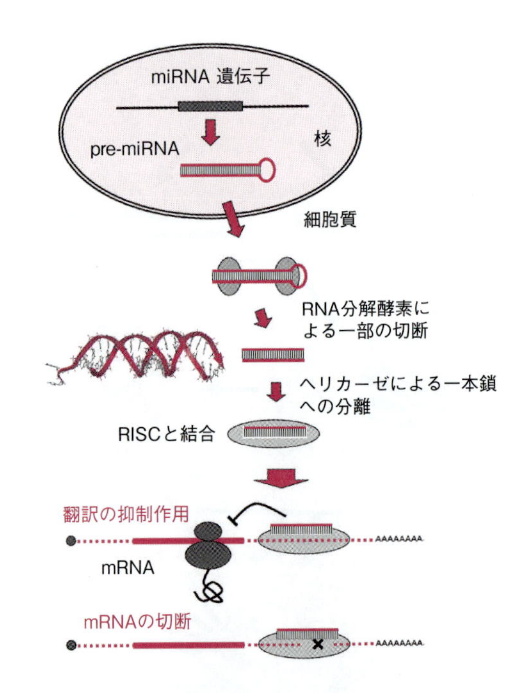

図 1.8 マイクロ RNA の働き

核で転写された miRNA の前駆体は，細胞質に輸送された後，その一部が切断される。その後，RISC（RNA induced silencing complex）とよばれるタンパク質と結合して標的の mRNA に結合し，翻訳作業の抑制や，mRNA の切断などを行う。

1.9（a））。DNA と RNA ではヌクレオチドを構成する糖が異なっており，DNA を構成しているのがデオキシリボースで，RNA を構成しているのがリボースである。DNA を構成する塩基はアデニン，グアニン，シトシン，チミン（それぞれ，A，G，C，T と略）で，RNA を構成する塩基はアデニン，グアニン，シトシン，ウラシル（U と略）である。これらのヌクレオチドが**ホスホジエステル結合**（phosphodiester linkage）で連なって形成された構造が核酸で，核酸には 3′ 末端と 5′ 末端の向きがある[4]。

DNA は，相補的な塩基（A と T，C と G）が水素結合で結合した二重らせん構造を形成している。そして，それらの塩基の 3 つからなる組み合わせが 1 つのアミノ酸に対応する符号として働いている。一方，mRNA，tRNA，rRNA は一本鎖からなるが，水

コラム 1.1：マイクロ RNA（miRNA）

RNA には，タンパク質に**翻訳**される塩基配列の符合（コード）を含むもの（mRNA）と，そうでないもの（tRNA や rRNA など）が存在する。前者は**コーディング RNA**（coding RNA）とよばれ，後者は**ノンコーディング RNA**（non-coding RNA）とよばれている。miRNA はノンコーディング RNA の一種で，その名が示すように小さなサイズ（約 22 塩基）の RNA である。miRNA の重要な役割は，それと相補的な塩基配列をもつ標的の mRNA と選択的に水素結合して，その翻訳作業を抑制したり，標的の mRNA を分解したりすることである（図 1.8）。そのために，標的となる mRNA の塩基配列に合わせて，数多くの種類の miRNA が存在する。最近の研究から，この miRNA が動物の発生やヒトの疾患などにも深くかかわっていることが明らかにされている。

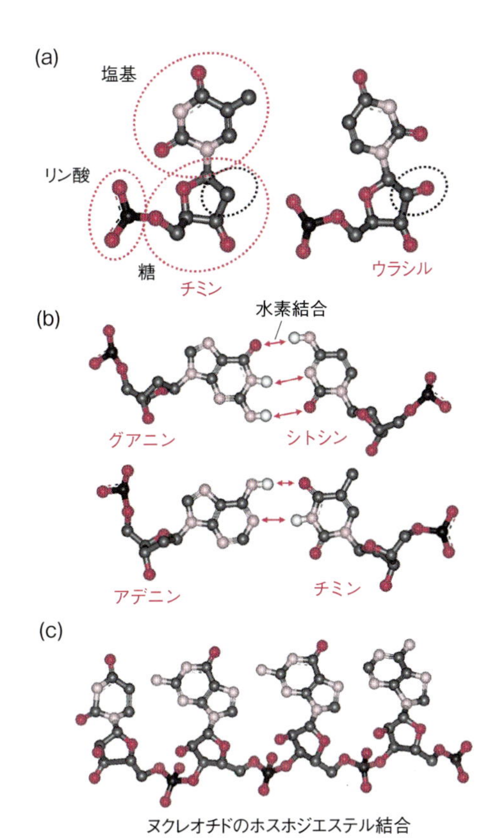

図 1.9　ヌクレオチド
(a) DNA を構成するヌクレオチドのチミンと，RNA を構成するヌクレオチドのウラシルを示す。チミンの糖はデオキシリボースで，ウラシルの糖はリボースである。黒い点線で囲った部分が両者の間の違いを示す。(b) ヌクレオチド間の水素結合を示す。水素結合をしている部分の水素原子を白色で示してある。(c) DNA におけるヌクレオチドのホスホジエステル結合を示す。

中における安定的な構造として，水素結合により折り畳まれた**ヘアピン構造** (hairpin structure) とよばれる立体構造を形成する (図 1.7)。tRNA の場合は，3 つのヘアピン構造を形成し，さらに，それらが折り畳まれて L 字型の立体構造をとっている。そして，その 3′ 末端の部分でアミノ酸と結合し，その反対側の位置にはアンチコドンとよばれる構造が存在する (3 章参照)。

1.1.4　糖

糖はエネルギー源としてだけでなく，植物の細胞壁を構成するセルロース，バクテリアの細胞壁を構成するペプチドグリカンなど，細胞の構成要素としても重要な役割を果たしている。また，生物のタンパク質の半分以上には糖鎖が付加されている。それらの糖鎖はタンパク質の特定の位置に存在するアスパラギン，セリン，トレオニンなどに付加されている。付加された糖の基本的な役割は，タンパク質の親水性化や分解酵素からの保護，そして，タンパク質の立体構造形成への関与などである。

その他に，多数の糖がグリコシド結合で連結された**グリコサミノグリカン** (glycosaminoglycan: GAG) が存在する。グリコサミノグリカンにはコンドロイチン硫酸やヘパラン硫酸などがあり，その多くはタンパク質と結合したプロテオグリカン (糖タンパク質の一種) として細胞外に分泌され，**細胞外基質** (extracellular matrix: ECM) の一部として細胞接着，細胞移動，細胞間の情報伝達などに重要な役割を果たしている。

1.2　細胞の構造

細胞膜で外界から隔離された細胞内には，遺伝物質，細胞小器官，各種の酵素，栄養物質など，生命活動に必要な様々なものが存在し，それらが共同して機能することにより生命活動が維持されている。以下に，細胞を構成する基本構造と，それらの役割について解説する。

1.2.1　細 胞 膜

細胞を包んでいる細胞膜は，細胞の内部と外部環境を物理的に隔離し，細胞の内部に特別な環境を提供している。それと同時に，細胞が生命活動を維持するために必要な物質の細胞内への取り込み，細胞が合成した物質の細胞外への排出，そして，外部からの情報や刺激の細胞内への伝達など，様々な役割も担っている。

細胞膜の基本構造はリン脂質の二重層 (図 1.10 (a)) なので，非荷電性の小さな分子 (例えば，酸素，二酸化炭素，疎水性の小さな分子など) ならば容易に透過することができる (図 1.10 (b))。しかし，細胞が生命活動を維持するためには，それらの小分子だけでなく，その他の様々な種類の物質や，さらに大きな物質についても細胞膜を通過させる必要がある。そのために，細胞膜には，いろいろな物質を輸送するための仕組みが備わっている。それらには，**受動輸送** (passive transport) を行う**チャネル**

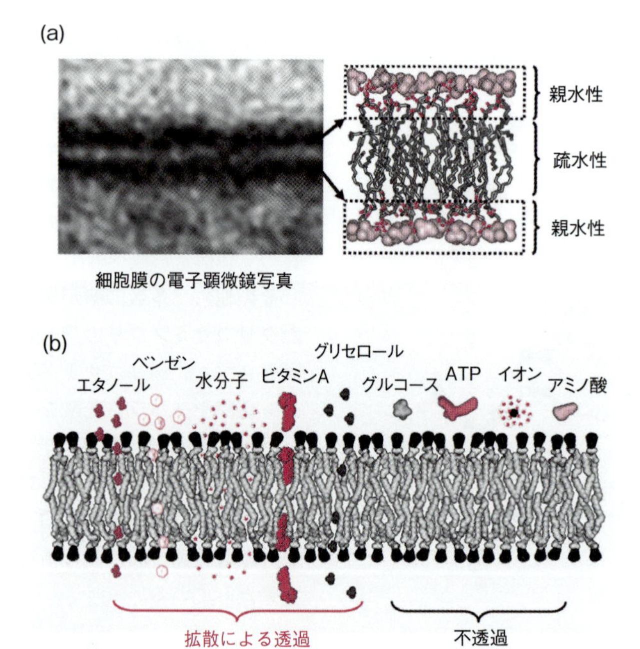

図 1.10　細胞膜の構造と物質透過

(a) 細胞膜の電子顕微鏡写真とその分子モデルを示す。写真の黒い線は，固定に用いたオスミウムがリン脂質の親水性の部分に結合して黒くみえている。(b) 細胞膜を拡散で透過できる分子と，拡散で透過できない分子の例を示す。

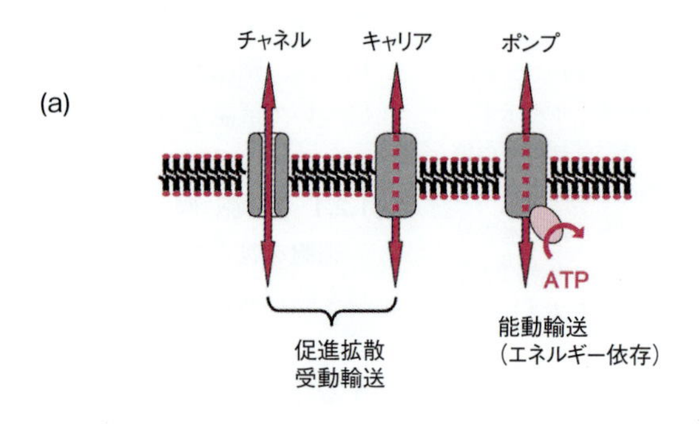

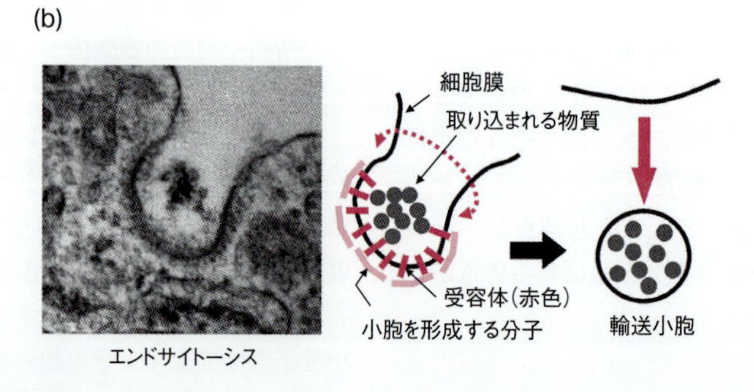

図 1.11　細胞膜の物質輸送

(a) 細胞膜に組み込まれたチャネル，キャリア，ポンプの模式図を示す。(b) 大きな物質はエンドサイトーシスにより細胞内に取り込まれる。取り込まれる物質が細胞膜の受容体に捕捉されて細胞膜に包み込まれる。やがて，赤い点線で示した部分がくびれてちぎれると輸送小胞ができあがる。

(channel) と**キャリア** (carrier)，そして，**能動輸送** (active transport) を行う**ポンプ** (pump) などがある (図 1.11 (a))。それらの他にも，さらに大きな物体 (例えば，養分やバクテリアなど) を細胞内へ取り込むための**エンドサイトーシス** (endocytosis) や (図 1.11 (b))，多量な物質を細胞外に排出するため**エキソサイトーシス** (exocytosis) などの仕組みがある。

物質の通過だけでなく，細胞膜には様々な情報を細胞外から細胞内へ伝達する役割もある。それを担っているのが，細胞膜に組み込まれた**受容体** (receptor) とよばれるタンパク質である[5)]。受容体は細胞膜を貫通して存在し，細胞外から受け取った情報を細胞内に伝達する。

1.2.2　核

真核細胞の核は，**染色質** (クロマチン，chromatin) が，核膜とよばれる二重の生体膜に包み込まれた構造をしている。核を電子顕微鏡で観察すると，核膜の周辺には染色質が凝縮した**異質染色質** (ヘテロクロマチン，heterochromatin) がみられ，核の中

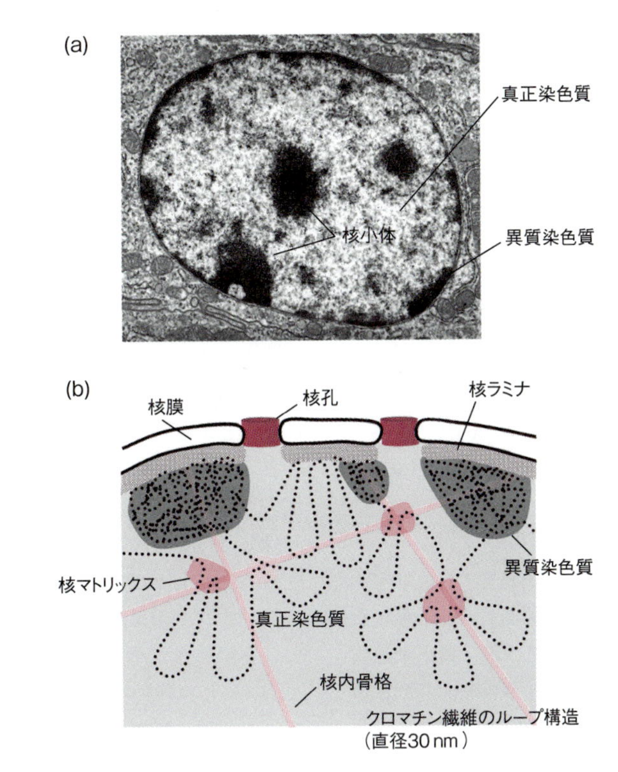

図 1.12　核の構造
(a) 核の電子顕微鏡写真を示す。(b) 核内の染色質の存在様式を示すモデル。

コラム 1.2：核小体とリボソームの合成

核小体は転写された rRNA と形成中のリボソームがリボソーム遺伝子の周囲に蓄積して形成された塊である。リボソーム遺伝子から 3 種類の rRNA (28S rRNA，18S rRNA，5.8S rRNA) が一緒に転写され，転写後に切り離されてそれぞれの rRNA になる。18S rRNA はリボソームタンパク質と結合して小サブユニットを形成する。一方，18S rRNA と 5.8S rRNA は，別の染色体から転写された 5S rRNA と一緒になり，リボソームタンパク質と結合して大サブユニットを形成する (図 1.13)。それらのサブユニットは細胞質に輸送されると，mRNA と一緒になって翻訳作業を行う。

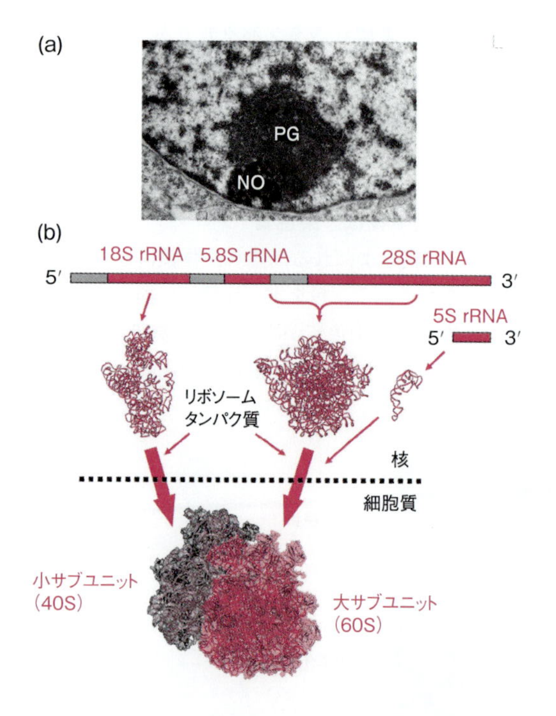

図 1.13　核小体の構造とリボソーム形成 (真核細胞)
(a) 核小体の電子顕微鏡写真を示す。核小体には，rRNA の遺伝子が存在する領域 (NO) と形成されたリボソーム顆粒が集積している領域 (PG) が観察される。(b) 真核細胞の rRNA 遺伝子から転写された rRNA からリボソームが形成される過程を示す分子モデル。

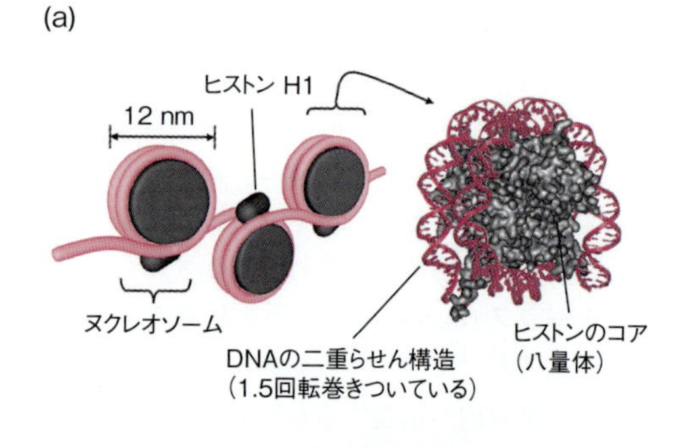

図 1.14　染色質の基本構造
(a) ヌクレオソームが連なった基本構造を示す。
(b) 基本構造が折り畳まれて形成された直径 30nm の繊維を示す。

心部には広がった状態の**真正染色質** (ユークロマチン，euchromatin) がみられる (図 1.12)。凝縮した状態の異質染色質では転写が抑制され，真正染色質では転写が活性化されている (3 章参照)。それゆえ，転写の活発な細胞ほど真正染色質の領域が拡張して，核が大きく膨張するとともに大きな**核小体** (nucleolus) がみられる。その核小体では，タンパク質合成に必要なリボソームが盛んに形成されている (図 1.13，コラム 1.2)。

染色質は，直径 12nm の**ヌクレオソーム** (nucleosome) とよばれる基本構造が数珠状に連なって形成されたものである (図 1.14)。ヌクレオソームは，塩基性の核タンパク質であるヒストンの八量体 (H2A，H2B，H3，H4 のそれぞれが 2 個ずつ) に，DNA が 1.5 回転ほど巻きついた構造をしている。ヌクレオソームは動的な構造をしており，転写が行われる際には，その構造のリモデリング (構造変化や DNA 上の移動など) が起きる。転写が抑制されている状態の異質染色質では，ヌクレオソームの連なった基本繊維が直径 30nm の繊維まで折り畳ま

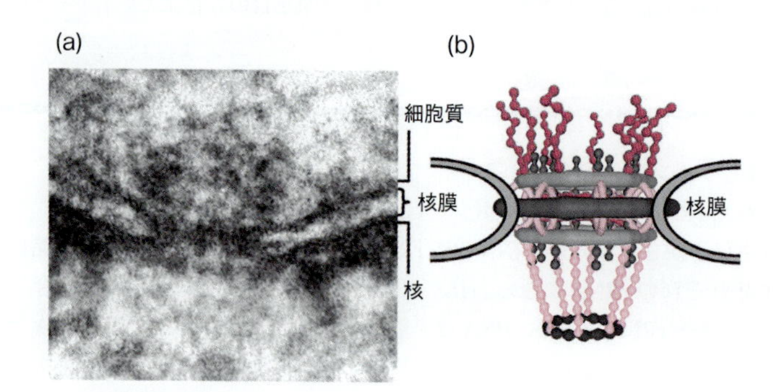

図 1.15　核孔の電子顕微鏡写真とそのモデル
(a) 核孔複合体の電子顕微鏡写真を示す。(b) 写真と対応させた核孔複合体のモデルを示す。

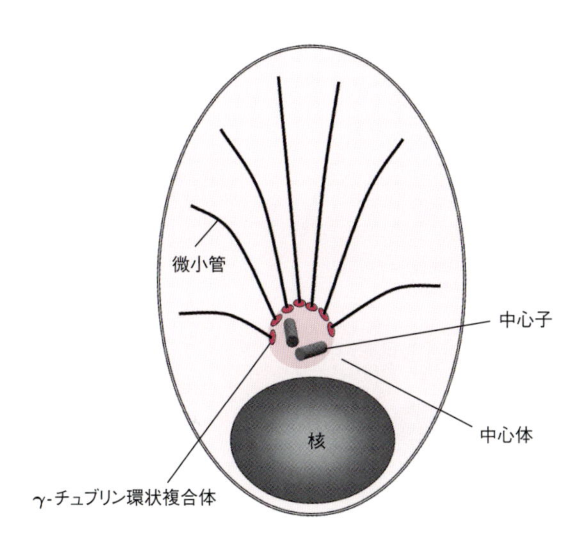

図 1.16 中心体
中心体の中心小体周辺物質には，微小管が重合する際の起点となるγ-チューブリン環状複合体が存在し，そこから微小管が放射状に伸びている。

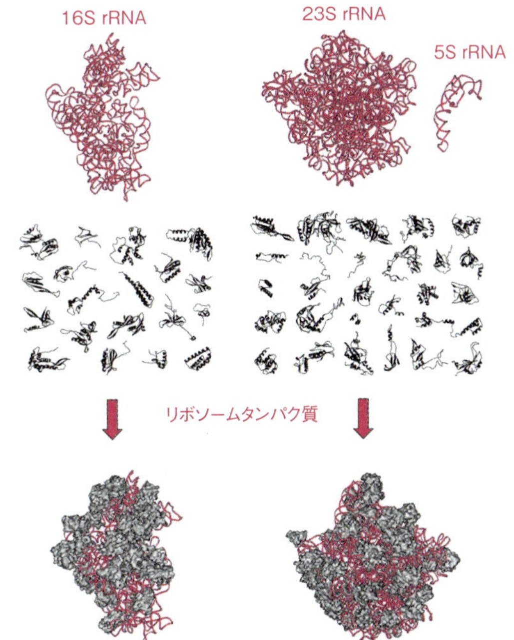

図 1.17 リボソームの構造（原核細胞）
リボソームは，その核となるrRNAに数多くのタンパク質が結合して形成された巨大な複合体である。赤色はrRNA，灰色はリボソームタンパク質を示す。

れて，核膜周辺に凝集して分布している。

核膜は核の内部（核質）と外部（細胞質）を物理的に隔離すると同時に，両者の間における物質輸送を制御している。核膜には**核孔**（nuclear pore）とよばれる孔が多数存在し，その孔を通して核と細胞質間における物質のやり取りが行われている。核孔は数多くのタンパク質から構成された**核孔複合体**（nuclear pore complex）とよばれる巨大な構造物である（図 1.15）。核孔の通路の部分は疎水性で，質量が40kDa（キロダルトン，kilodalton）よりも小さな分子ならば拡散により通過することができる。それ以上に大きな分子は特別な仕組みにより核孔を通過する。その仕組みの1つが，核孔を通過する物質の選別機構である。このような核膜の機能により，核膜がない原核細胞と比べて，真核細胞では，より複雑なDNAの**複製**や転写の制御が可能になっている。

核膜のもう1つの重要な役割をあげると，核内における染色質の機能への関与がある。例えば，ヒトの場合では，長さが約2mにも及ぶDNAの繊維が直径数μm以下の核内に収納され，DNA上の局所的な転写が調節されている。また，細胞分裂の際には核内の染色質が速やかに折り畳まれて2つに分離される。そして，娘細胞が形成されると，再び染色質が速やかに解きほどかれ，もとの状態に戻る。このような作業を可能にしているのは，染色質が核膜に結合した状態で配置され，核内に効率的に収納されているためと考えられている。

動物細胞では，核周辺の細胞質に**中心体**（centromere）とよばれる構造が1つ存在する（図 1.16）。この構造は植物細胞にはみられない。中心体は**中心小体**（centriole）と**中心小体周辺物質**（pericentriolar material）より構成されている。中心小体周辺物質には，**細胞骨格**（cytoskeleton）の**微小管**（microtubule）が形成される際の起点になる物質が存在するので，細胞内には中心体から伸びた微小管が観察される。

細胞分裂期でないときには，中心体が核の周辺に1つだけ存在し，そこから伸びた微小管が細胞内の物質輸送などにかかわっている。しかし，細胞分裂の時期になると，中心体が複製されて2つになる。それらは細胞の両極に移動し，そこを起点として**紡錘糸**（spindle fiber）とよばれる微小管が形成され，染色体の分離に活躍する（図 1.28）。

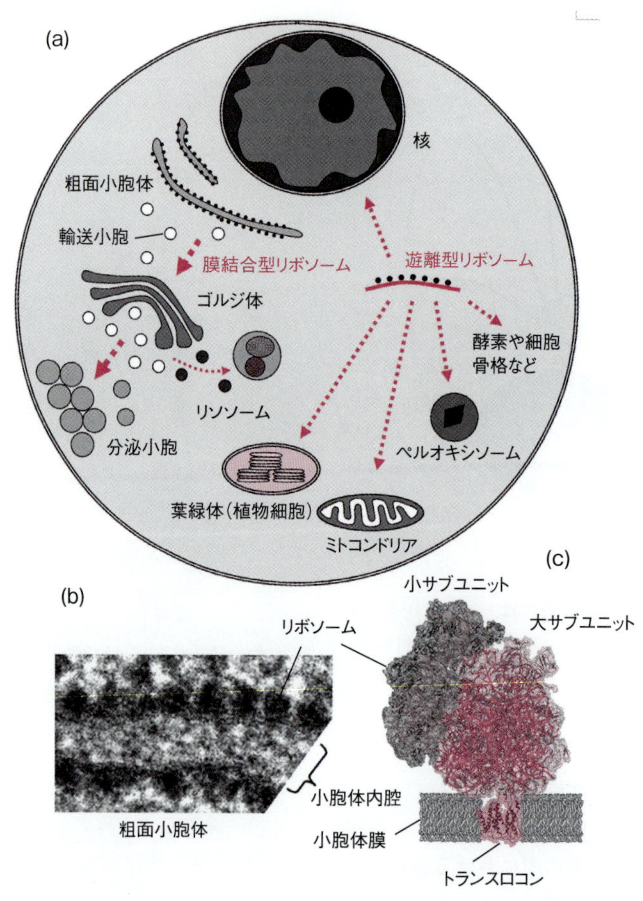

図 1.18　タンパク質合成の 2 つのタイプ

(a) 細胞内で行われているタンパク質合成の 2 つのタイプ（膜結合型リボソームと遊離型リボソーム）を示す。(b) 粗面小胞体の電子顕微鏡写真を示す。(c) リボソームの分子モデルを示す。トランスロコンはリボソームで合成されたペプチドが小胞体内腔に送られる通路である。

1.2.3　リボソームと粗面小胞体

タンパク質合成に必要な mRNA，tRNA，リボソームなどは核内で合成された後，細胞質に輸送され，そこでタンパク質合成を行う。その際に，中心的な役割を果たしているのがリボソームである。リボソームは rRNA とタンパク質から構成された巨大な複合体で，大サブユニットと小サブユニットとよばれる 2 つのサブユニットから構成されている。原核細胞の大サブユニットは 2 つの rRNA (23S rRNA, 5S rRNA) と約 34 個のタンパク質からなり，小サブユニットは 16S rRNA と約 21 個のタンパク質からなる (図 1.17)。また，真核細胞の大サブユニットは 3 つの rRNA (28S rRNA，5.8S rRNA，5S rRNA) と約 49 個のタンパク質からなり，小サブユニットは 18S rRNA と約 33 個のタンパク質からなる。

真核細胞で行われているタンパク質合成には 2 つのタイプがある (図 1.18)。その 1 つは，小胞体に結合してタンパク質合成を行うタイプで，**膜結合型リボソーム**とよばれている。このタイプは，小胞体にリボソームが結合した**粗面小胞体** (rough endoplasmic reticulum: rER) とよばれる構造を形成し，膜タンパク質や分泌タンパク質などを合成している。もう 1 つは，小胞体には結合しない遊離状態でタンパク質合成を行うタイプで，**遊離型リボソーム**とよばれている。このタイプは，ミトコンドリアや葉緑体に供給されるタンパク質，核内や細胞質内に遊離状態で存在する酵素タンパク質などを合成している。

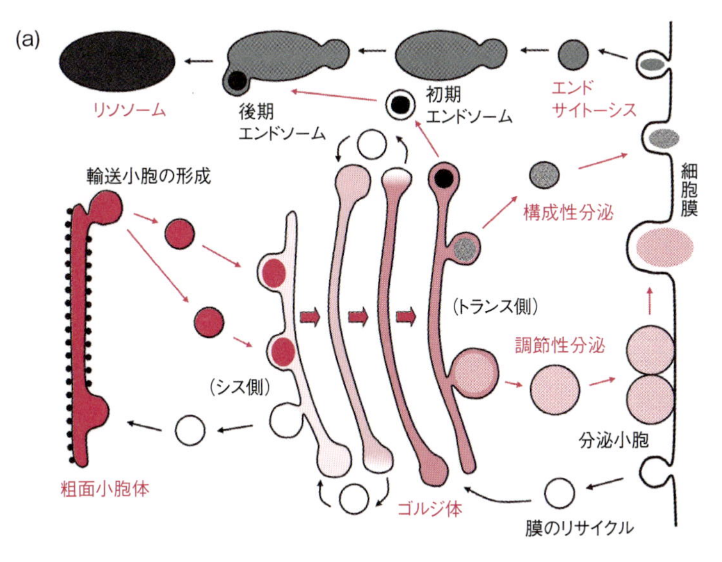

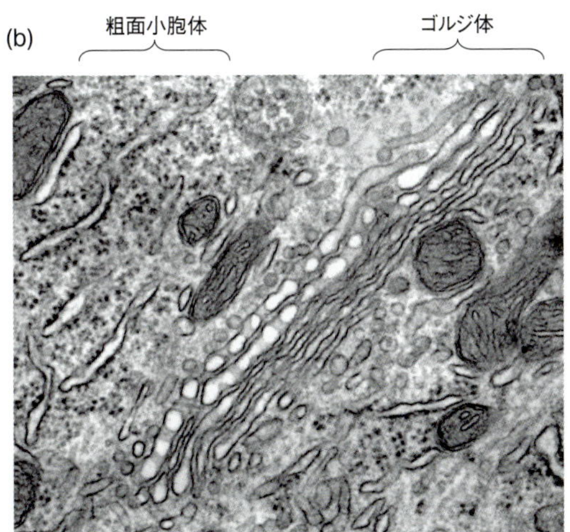

図 1.19　細胞内のタンパク質輸送経路
(a) 粗面小胞体で合成されたタンパク質は，ゴルジ体に輸送され，そこで様々な処理や選別を経た後，主要な 3 つの輸送経路で目的の場所に向けて送り出される。それと同時に膜のリサイクルも行われる。(b) 粗面小胞体とゴルジ体の電子顕微鏡写真を示す。

1.2.4　ゴルジ体

(1)　ゴルジ体を中心とした細胞内の物質輸送

遊離型リボソームで合成されたタンパク質は，細胞内を拡散して目的の場所まで移動する。一方，粗面小胞体の膜結合型リボソームで合成されたタンパク質は小胞体の内部に蓄えられたり，小胞体膜に組み込まれたりして目的の場所まで移動する。そのために，粗面小胞体で合成されたタンパク質は，**ゴルジ体** (Golgi body，ゴルジ装置；Golgi apparatus，ゴルジ複合体；Golgi complex) を中心とした特別な輸送システムで目的の場所まで運ばれる (図 1.19)。このシステムで重要な役割を果たしているのが，**輸送小胞** (transport vesicle) とよばれる小型の小胞 (直径 50～100 nm) である。

粗面小胞体で合成されたタンパク質は，そこから出芽する輸送小胞によりゴルジ体まで輸送される。ゴルジ体は板状の小胞体が何層も積み重なって形成された構造で，一定の向きをもっている。その向きは，粗面小胞体から輸送小胞を受け入れる側がシス (cis) 側で，その反対側がトランス (trans) 側であ

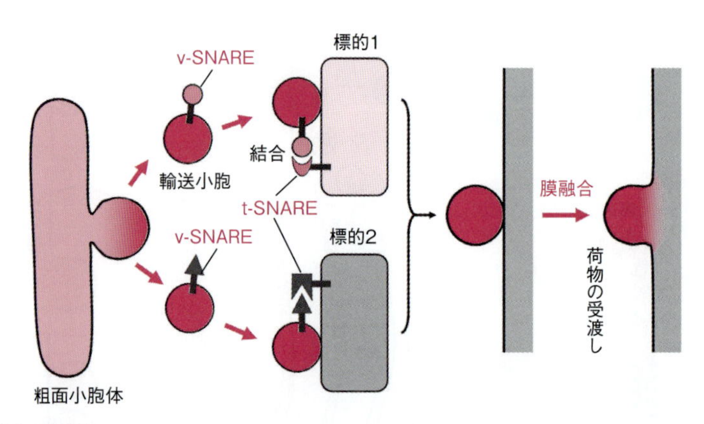

図 1.20 輸送小胞の識別
輸送小胞には，その行き先を示す目印（v-SNARE）が付けられている。そして，送り先の膜には，その目印と選択的に結合する受容体（t-SNARE）が存在する。両者の結合により，荷物が目的の場所に間違いなく送り届けられる。

る。輸送小胞はシス側で融合して板状構造を形成し，トランス側へと移動する。

ゴルジ体では，粗面小胞体から送られてきたタンパク質が様々な処理を受ける。その1つが，タンパク質に結合している糖鎖の修飾（糖の一部除去と新たな糖の付加など）である。その他にも，粗面小胞体から送られてきたタンパク質の選別と分泌タンパク質の濃縮処理などがある。それらの処理の後に，輸送先ごとに仕分けられたタンパク質は，再び輸送小胞や分泌小胞により，主要な3つの輸送経路[6]で目的の場所に向けて送り出される。

(2) 物質輸送システム

細胞内の輸送システムにおいて，輸送小胞を目的の場所まで間違いなく送り届けるためには，小胞の輸送先を決める仕組みと，それらを目的の場所まで運搬するための仕組みが必要である。

輸送小胞の輸送先を決めているのは，輸送小胞の膜に組み込まれた目印のタンパク質である。そのタンパク質が輸送先の膜に組み込まれた受容体と選択的に結合することにより，小胞は間違いなく目的の場所まで運ばれる。例えば，粗面小胞体からゴルジ体に向けて輸送される輸送小胞の膜には，その輸送先を示す目印のタンパク質が組み込まれている。そして，ゴルジ体の膜にはその目印のタンパク質の受容体が存在する。両者が選択的に結合することにより，輸送小胞はゴルジ体の膜と選択的に結合して膜融合し，その中身をゴルジ体に引き渡すことができる。この方法が発見された当時は，その仕組みを **SNARE**（soluble *N*-ethylmaleimide sensitive fusion protein attachment protein receptor）**仮説**（図 1.20）とよんでいたが，現在では，目印のタンパク質とその受容体，そして，両者の結合を調節している数多くのタンパク質が明らかにされている。

(3) 輸送小胞の運搬

細胞内で，細胞小器官，輸送小胞，そして，タンパク質などの運搬を担っているのが，微小管や**アクチンフィラメント**（actin filament）などの細胞骨格と，それらのフィラメントに沿って移動する**モータータンパク質**（motor protein）である。モータータンパク質には，微小管上を移動する**キネシン**（kinesin）と**ダイニン**（dynein），そして，アクチンフィラメントに沿って移動する**ミオシン**（myosin）などがある（図 1.21）。

微小管にはプラス側とマイナス側の向きがあり，そのマイナス側からプラス側に向かって移動するのがキネシンで，プラス側からマイナス側に向かって移動するのがダイニンである。両者とも，細胞小器官やタンパク質などの荷物と結合して，アデノシン三リン酸（ATP）を消費しながら微小管上を移動する。アクチンフィラメントにもプラス側とマイナス側の向きがあり，ミオシンは，荷物と結合して，そのフィラメント上をマイナス側からプラス側に向かって移動する。この場合にも ATP のエネルギーが消費される。このような運搬システムが細胞内に張り巡らされ，様々な荷物が目的の場所まで運搬されている。

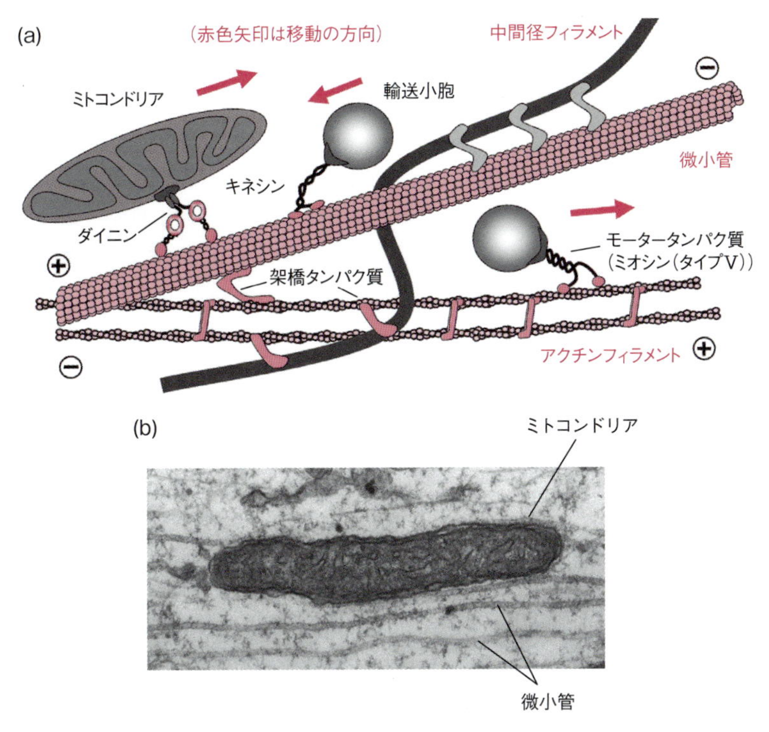

図 1.21　モータータンパク質による細胞内の物質輸送

(a) 細胞骨格に沿って 3 種類のモータータンパク質が荷物を運搬している様子を示す模式図。(b) 微小管に沿って運搬中のミトコンドリアの電子顕微鏡写真を示す。

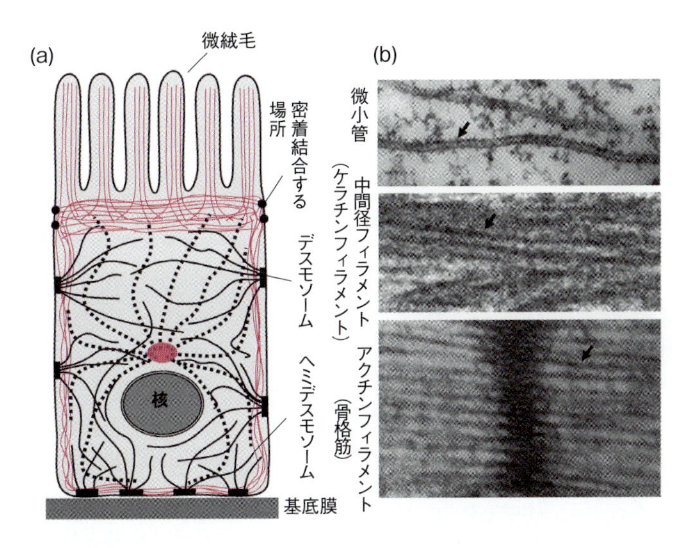

図 1.22　細胞骨格とそれらの細胞内分布

(a) 上皮細胞における 3 種類の細胞骨格の分布パターンを示す。赤線はアクチンフィラメント，黒点線は微小管，黒線は中間径フィラメント，赤丸は中心体を示す。(b) 3 種類の細胞骨格の電子顕微鏡写真を示す。

1.2.5 細胞骨格

細胞内には，アクチンフィラメント，微小管，**中間径フィラメント**（intermediate filament）の3種類の細胞骨格が存在し，細胞の形態維持，細胞内の物質輸送，細胞運動，細胞接着など，様々な機能にかかわっている（図1.22）。それぞれのフィラメントは，基本単位となるタンパク質が重合することにより形成されている（図1.23）。しかも，細胞の機能の変化に対応して，重合と脱重合を頻繁に繰り返している。

アクチンフィラメントは筋細胞の収縮装置を構成する主要な成分で，G-アクチンとよばれる基本単位のタンパク質が重合して形成されたものである。このフィラメントの直径は7～9nmで，G-アクチンがらせん状に2列に連結された構造をしている。一般に，アクチンフィラメントは細胞膜付近に多く分布し，細胞の運動，細胞分裂，細胞内輸送などに重要な役割を果たしている。アクチンフィラメントの重合と脱重合を制御しているのは，G-アクチンに結合しているATPやアデノシン二リン酸（ADP）である。ATPが結合した状態ではG-アクチンの重合が促進され，ATPが加水分解されてADPになると，G-アクチンの構造が不安定になり脱重合が促進される。

微小管は，α-チューブリン（tubulin）とβ-チューブリンからなる二量体が基本単位となって形成された直径24～25nmの管状構造をしている。微小管

(a) 微小管

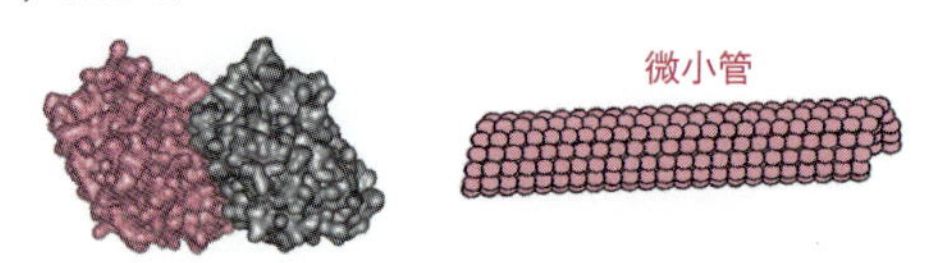

(b) 中間径フィラメント

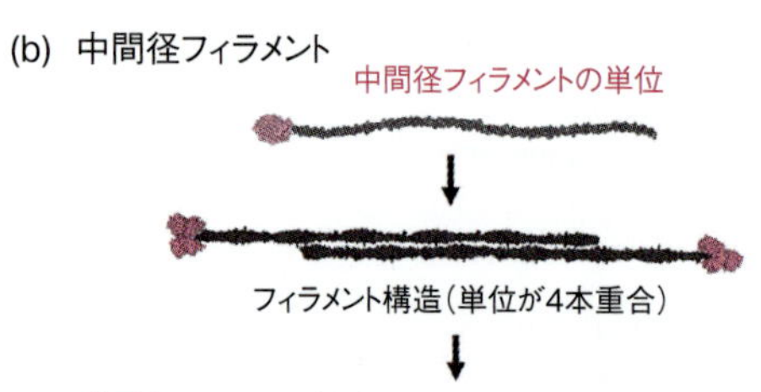

(c) アクチンフィラメント

図1.23　細胞骨格の分子構造
細胞骨格は，基本単位となるタンパク質が重合して形成される。

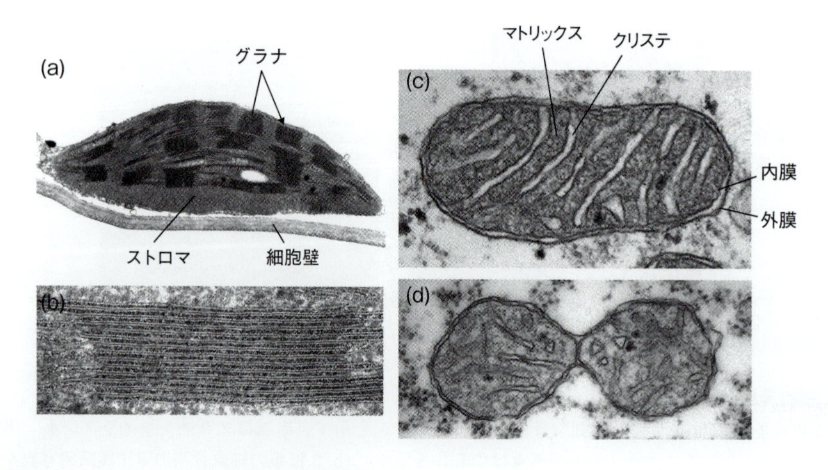

図1.24　葉緑体とミトコンドリアの電子顕微鏡写真
(a) 葉緑体を示す。(b) グラナはチラコイドが何層も重なって形成されている。(c) ミトコンドリアを示す。(d) 二分裂しているミトコンドリアを示す。

は，細胞分裂の際の紡錘糸や，**繊毛**(cilia)と**鞭毛**(flagella)の9+2構造[7]の構成要素としてもよく知られている。微小管の重合と脱重合を制御しているのはβ-チューブリンに結合しているグアノシン三リン酸(GTP)とグアノシン二リン酸(GDP)である。GTPが結合した状態のチューブリンの二量体では重合が促進され，GTPが加水分解されてGDPになると，二量体の構造が不安定になり脱重合が促進される。

中間径フィラメントは，その直径(約10nm)がアクチンフィラメントと微小管の中間くらいなので，その名称がつけられている。中間径フィラメントの構造は他のフィラメントと比較して強靭で，細胞構造の維持や細胞どうしの連結などにかかわっている。中間径フィラメントも基本単位となるタンパク質が重合して形成されたものであるが，その重合や脱重合にはATPやGTPが関与しない。

1.2.6 葉緑体とミトコンドリア

植物に存在する葉緑体と，動物と植物の両方に存在するミトコンドリアは，細胞のエネルギー代謝にかかわっている。葉緑体の内部は**ストロマ**(stroma)で満たされ，その中には**グラナ**(grana)が存在する(図1.24)。グラナは**チラコイド**(thylakoid)とよばれる円盤状の小胞体が積み重なった構造で，そのチラコイド膜で光合成が行われる。植物は，光合成で得られた化学エネルギーを用いて，水とCO_2から有機物(デンプンなど)を合成している。ミトコンドリアの内部は**マトリックス**(mitochondrial matrix)で満たされ，ミトコンドリア内膜がその中に伸びて**クリステ**(cristae)とよばれるヒダ状の構造を形成している(図1.24)。ミトコンドリアは酸素を用いて有機物を分解し，化学エネルギー(ATP)を産生している(2章参照)。どちらの小器官も，その起源は太古の時代に真核細胞内に取り込まれた原核細胞と考えられている(9章参照)。その証拠に，自身の細胞膜と取り込んだ細胞の膜の二重膜に包まれ，独自のDNAをもち二分裂で増殖する。

1.3 細胞増殖

発生の初期過程ではすべての胚細胞が活発な細胞増殖を行っている。発生が進むと，一部の細胞(**幹細胞**，stem cell)を残して(7章，8章参照)，ほとんどの細胞は特定の機能をもった細胞に分化してその増殖能を失う。分化した細胞は一定期間働くと，その役割を果たして死滅する。一方，増殖能を維持したまま残った幹細胞は必要に応じて増殖することにより，体の組織の再生や傷の修復などにかかわる。

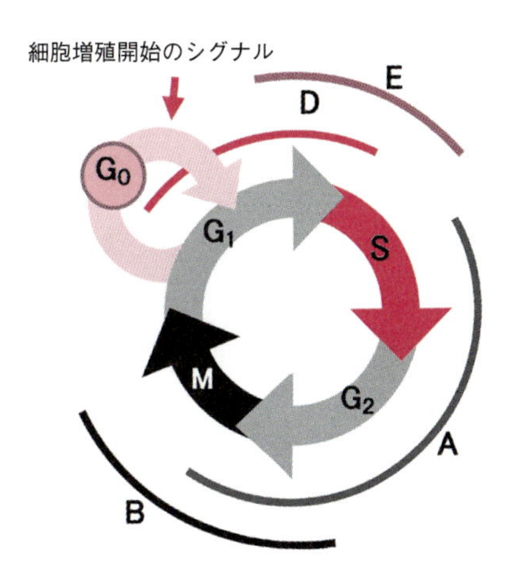

図1.25 細胞周期
細胞周期において，4種類(A，B，D，E)のサイクリンが出現する時期を示す。

1.3.1 細胞周期

細胞が増殖するサイクルは**細胞周期**(cell cycle)とよばれ，その周期は4つの期間(G_1期，S期，G_2期，M期)に分けられている。通常，生物の体を構成する細胞のほとんどは細胞増殖を停止した状態で，細胞周期から外れた休止期(G_0期)にある(図1.25)。休止状態の細胞に増殖を促す刺激(例えば，増殖因子の作用など)が加わると，G_1期に移行して細胞増殖を開始する。G_1期はS期に移行するための準備が行われる時期で，そこを通過してS期に移行するとDNA複製を開始する。複製が完了するとG_2期に移行して，細胞分裂のための準備を行う。準備が完了すると，M期に移行して細胞分裂し，2つの娘細胞を形成する。

細胞周期を制御している主要な分子は，**サイクリン**(cyclin)，**CDK**(cyclin dependent kinase)，**CKI**(CDK inhibitor)の3種類のタンパク質である。細胞周期を自動車の運転にたとえると，サイクリンはアクセル，CDKはエンジン，CKIはブレーキの役割を果たしている。細胞周期で働いているおもなサイクリンは4種類(図1.25)ある[8]。これらが合成さ

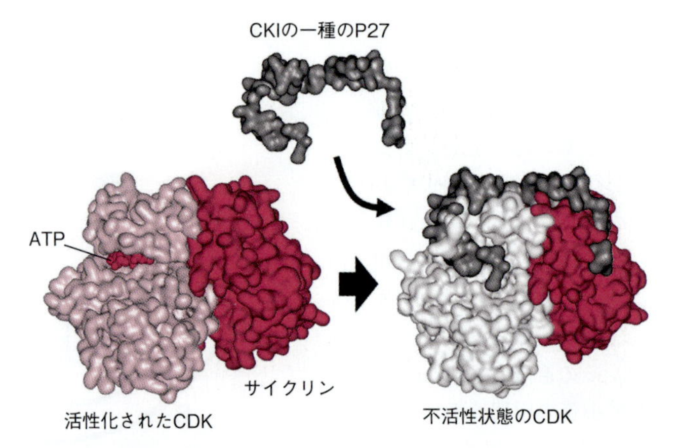

図 1.26 サイクリン，CDK，CKI の役割
サイクリンが結合して活性化された CDK に CKI が結合すると，CDK の活性が抑制される。CKI は CDK の ATP 結合部位を塞いで，その機能を阻害する。

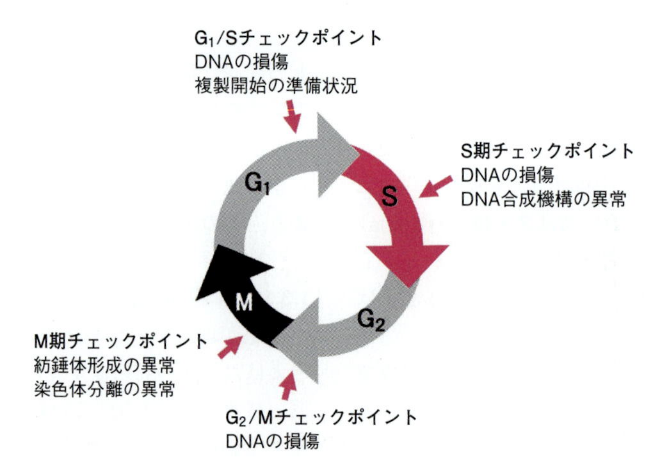

図 1.27 細胞周期の主要なチェックポイント
細胞周期の過程で生じる異常を排除するため，異常の有無がいくつかの地点でチェックされている。

れるとリン酸化酵素の CDK に結合して，その酵素機能を活性化させる。その結果，細胞周期が次のステップへと進められる。そして，その役割を終えるとサイクリンは直ちに分解されてしまう。これは，細胞周期の進行を厳重に管理するための仕組みの 1 つと考えられる。また，CKI は細胞周期の過程で異常が生じた時などに，CDK やサイクリンと結合して CDK の酵素活性を抑制し，その異常が修復されるまで細胞周期を一次停止させる（図 1.26）。

細胞増殖は細胞にとって最も重要な機能の 1 つであり，増殖機能に異常が生じると，たいへんな事態になる。例えば，増殖の制御が不能になると，細胞のがん化が引き起こされることもある。また，DNA 複製や染色体分離の際に生じた異常をそのままにしておくと，異常な細胞が増殖してしまうことにもなる。それらを防ぐために，細胞周期は厳密に監視されている。細胞周期の監視は**チェックポイント**（checkpoint）とよばれる 4 つの地点で行われ，DNA の損傷，DNA 複製のエラー，紡錘体の形成や染色体分離の異常などがチェックされている（図 1.27）。

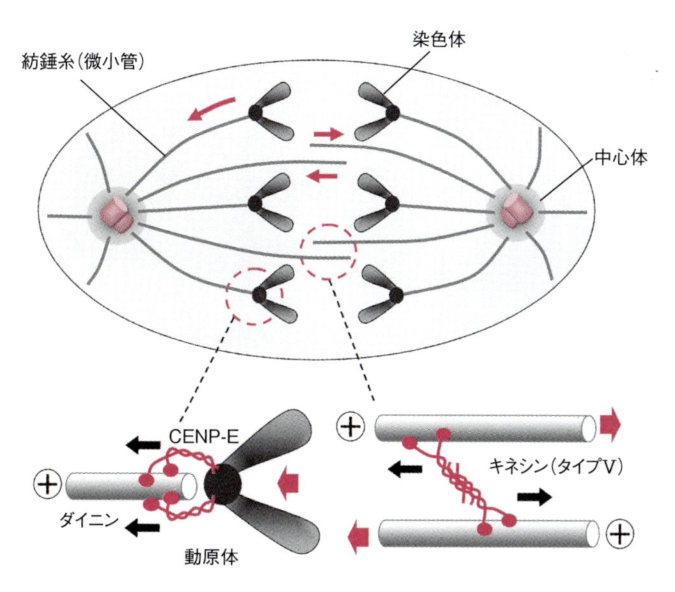

図 1.28 染色体分離

染色体の移動には CENP-E やダイニンが，そして，微小管どうしの滑るような移動にはキネシンがかかわっている。矢印はキネシンの移動方向(黒色矢印)と，その結果，微小管に及ぼされる力の方向(赤色矢印)を示す。

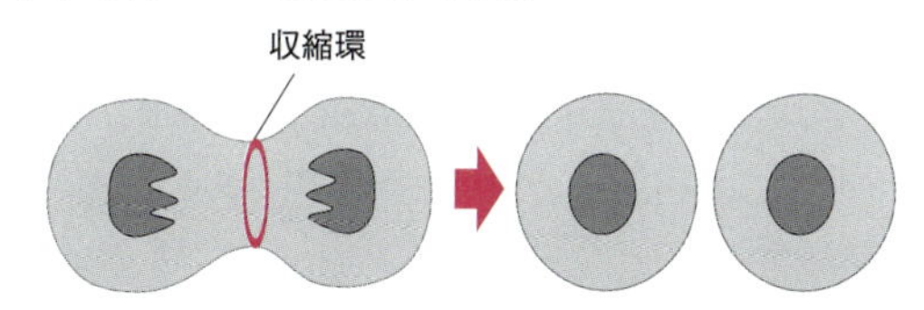

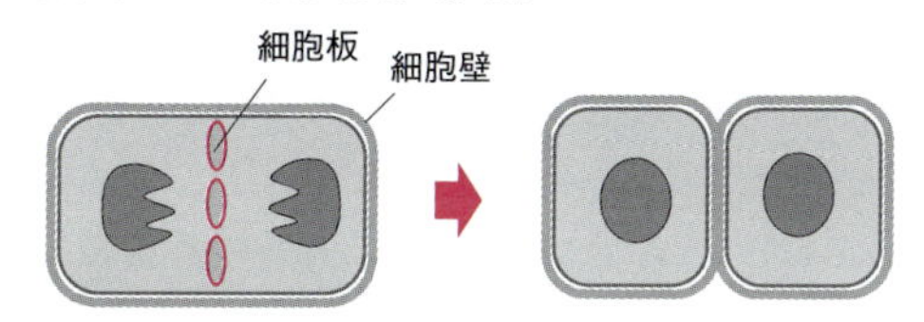

図 1.29 細胞質分裂

動物の細胞では収縮環により細胞が二分される。
植物の細胞では細胞板により細胞が二分される。

1.3.2 細胞分裂

細胞が増殖する際の分裂の仕方には，原核細胞などにみられる無糸分裂と真核細胞にみられる有糸分裂がある。前者は細胞がくびれるようにして染色体を分配し，後者は紡錘糸が染色体を両極に引っ張って分配する。

動物の細胞分裂では，M 期に移行すると中心体が複製されて 2 つになり，それぞれが細胞の両極に移動する。そして，中心体を起点にして形成された紡錘糸が染色体と結合し，染色体を両極に引っ張るようにして分離する。その際には，キネシンやダイニンなどのモータータンパク質が重要な役割を果たしている(図 1.28)。

動物の有糸分裂では，染色体の分離が完了すると，分裂細胞の赤道部分に**収縮環**(contractile ring)とよばれる構造が形成され，その環が収縮することにより細胞質が分離されて 2 つの娘細胞が形成される。収縮環はアクチンフィラメントとミオシンを中心に構成された構造で，ATP のエネルギーにより収縮する。一方，植物の細胞分裂では，染色体が分離した後の赤道面に**細胞板**(cell plate)とよばれるゴルジ体由来の小胞が形成され，それが細胞膜と融合して娘細胞が分離される(図 1.29，8.2.1 参照)。

1.4 組織と器官系

多細胞生物の動物や植物では，効率的な生命活動を営むために，特定の機能に特化した組織や器官とよばれる構造を発達させている。動物の体を構成する組織には，**上皮組織**(epithelial tissue)，**結合組織**(connective tissue)，**筋組織**(muscle tissue)，**神経組織**(nervous tissue)などがある。そして，それら

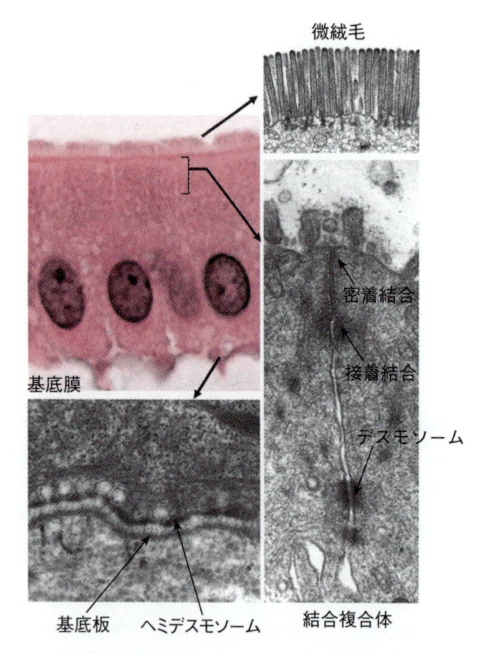

図 1.30　上皮組織

上皮細胞の基本構造を示す光学顕微鏡写真と電子顕微鏡写真。小腸の粘膜上皮の細胞の頂端側には微絨毛（microvilli）が形成され，細胞どうしが接着複合体で結合している。そして，基底側では基底膜（基底板）と結合している。

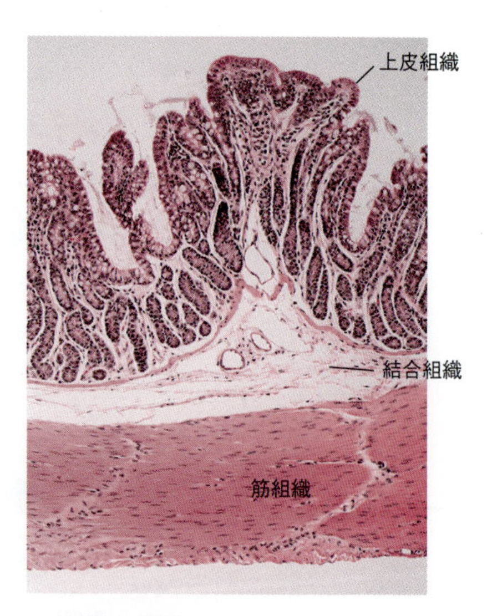

図 1.31　器官の構造

器官の１つである消化管の小腸を例に示す。4 種類の組織で構成され，神経叢とよばれる神経組織が結合組織と筋組織の中に存在する。

の組織が組み合わさって**器官**（organ）を形成している。動物の体を構成する器官系は，運動器系，消化器系，循環器系，呼吸器系，神経系，内分泌器系，泌尿器系，生殖器系，感覚器系，外皮系など，全部で 10 種類以上に分類され，それらが機能的に組み合わさって**個体**（organism）を形成している。

上皮組織は，細胞層を中心に構成された組織で，分泌，吸収，体の保護，養分の吸収，老廃物の排泄，ガス交換，感覚など，多様な役割を果たしている。上皮細胞には，**頂端側**（apical side），**基底側**（basal side），**側面側**（lateral side）の向き（**極性**，polarity）があり，基底側で細胞外基質からなる**基底膜**（basal membrane，基底板；basal lamina）と結合している。そして，細胞どうしは**結合複合体**（junctional complex）[9]とよばれる特殊な様式で結合している（図 1.30）。

線維性の結合組織は**コラーゲン繊維**（collagen fiber）や**弾性繊維**（elastic fiber）などを主成分とした構造で，組織や器官などを結合している。また，軟骨や骨などの固い基質から構成された結合組織は，体の支持や，運動機能などに重要な役割を果たしている。

筋組織は，収縮機能に特化した筋細胞を中心に構成された組織で，**骨格筋**（skeletal muscle），**心筋**（cardiac muscle），**平滑筋**（smooth muscle）の 3 種類がある。

神経組織には，脳や脊髄を構成する**中枢神経系**（central nervous system）と，感覚器，運動器，内臓などを中枢神経系と連絡する**末梢神経系**（peripheral nervous system）に分けられている。さらに，末梢神経系は，その機能の違いにより，**体性神経系**（somatic nervous system）と**自律神経系**（autonomic nervous system）に分けられている。

これらの組織が組み合わさり，特別の機能を効率的に行うための器官系を構成している。例えば，消化器系の小腸を例にあげると，養分の消化吸収を行う上皮組織，蠕動運動などを行う筋組織，上皮組織と筋組織を結合する結合組織，筋組織の運動と上皮組織の分泌機能などを制御する神経組織，そして，栄養や酸素を供給する血管などが組み合わさって形成されている（図 1.31）。

■ 演習問題

1.1　タンパク質が機能的な分子としての役割を果たすためには，その立体構造が重要である。その理由について説明せよ。

1.2　タンパク質などの立体モデルを作成し，その機能的な構造を観察せよ。

■ 注釈

1)　電気陰性度の高い窒素や酸素などと共有結合している水素原子は，電気的に弱い陽性を帯びているので，周囲に存在する電気的に陰性な原子との間で静電的な相互作用を行う。

2)　αヘリックスとβシートがいくつか合わさって形成された高次構造で，DNA 結合部位や Ca^{2+} 結合部位など，様々な機能をもった構造がある。

3)　生体膜の重要な構成成分であるコレステロールは，水酸基の部分を膜表面に向け，リン脂質の部分を生体膜の中に割り込ませるようにして存在する。そして，水酸基の部分でリン脂質のリン酸や周囲の水分子などと水素結合している。コレステロールの存在により，温度が低い時でも生体膜が動きやすい状態に保たれ，温度が高くなった時には生体膜の動きが抑えられている。

4)　ヌクレオチドがホスホジエステル結合で連結される際には，ヌクレオチドを構成する 5 単糖の 3′ 位と 5′ 位が，それぞれ，隣の糖の 5′ 位と 3′ 位の部分とリン酸を介して結合する。そのために，核酸の末端は 3′ 位と 5′ 位のどちらかになる。それぞれの末端を 3′ 末端と 5′ 末端とよんでいる。

5)　細胞膜に存在する受容体には，大きく分けて 3 つのタイプがある。それらは，(a) 受容体がリン酸化酵素などの機能をもつタイプ，(b) 受容体が G タンパク質（グアニンヌクレオチド結合タンパク質の略）と結合しているタイプ，(c) 受容体がイオンチャネルの機能をもつタイプである。

6)　ゴルジ体からの主要な物質輸送ルートは 3 つある。それらは，(a) 加水分解酵素だけが選別されて**リソソーム**（lysosome）に向けて輸送されるルート，(b) 細胞や組織の維持に必要なタンパク質（例えば，血中のアルブミンなど）を常に細胞外に分泌するためのルート（**構成性分泌**，constitutive secretion），(c) 外部からの刺激があると，細胞内に多量に蓄えておいた分泌物質（例えば，消化酵素など）を一気に分泌するルート（**調節性分泌**，regulated secretion）である。

7)　繊毛や鞭毛の中央に 2 本の微小管が存在し，それを取り巻くように二連構造（ダブレット構造）の微小管が 9 本存在している。そして，二連構造の微小管に結合しているモータータンパク質のダイニンが繊毛や鞭毛の運動を引き起こしている。

8)　真核生物の細胞周期を制御している主要なサイクリンには，A，B，D，E の 4 種類がある。A は S 期の終了を制御，B は M 期への進行を制御，D は G_1 期から S 期への移行を制御，E は S 期への移行を制御している。

9)　接着複合体は，細胞どうしを密着して結合させる**タイトジャンクション**（tight junction，密着結合），同種の細胞どうしを選択的に結合させる**アドヘレンスジャンクション**（adherens junction，接着結合；intermediate junction），細胞どうしを強く結合させる**デスモゾーム**（desmosome，接着斑）の組み合わせで構成されている。

2

生命を維持する代謝

生物の体は，アミノ酸，糖，脂質，塩基などの基本的な分子から構成されている。生物が自身の構造を構築し，生命活動を維持するためには，それらの分子の合成や分解，さらには，基本的な分子からより複雑な分子の合成などを常に行うことが必要である。同時に，それらの作業に必要なエネルギーの生産も絶えず行う必要がある。これらの一連の作業は**代謝**(metabolism)とよばれている。代謝は，エネルギーを用いて基本的な分子から複雑な分子を合成する**同化**(anabolism)と高分子化合物を分解してエネルギーなどを得る**異化**(catabolism)から成り立っている。本章では，生命活動の維持に必要な生物のエネルギー代謝と物質代謝の概要について述べる。

2.1　太陽光のエネルギーを用いた糖の合成

植物やシアノバクテリアなどは，太陽光のエネルギーを吸収して，それを化学エネルギーに変換すると同時に，その化学エネルギーを用いて二酸化炭素と水から糖などの有機物を合成している。この過程は光合成とよばれ，簡単な化学式で表すと

$$6\,CO_2 + 12\,H_2O \longrightarrow C_6H_{12}O_6 + 6\,O_2 + 6\,H_2O$$

となる。

また，光合成以外の方法で化学エネルギー獲得する特殊な生物も存在する。例えば，鉄や硫黄などを酸化して得られるエネルギーを用いて二酸化炭素を固定し，有機物を合成する鉄硫黄酸化細菌などである。このように，太陽光や無機物などから得られるエネルギーを用いて独自に有機物を合成している生物を**独立栄養生物**(autotroph)，それらの生物が合成した有機物を摂取して，そこから養分やエネルギーを得ている生物を**従属栄養生物**(heterotroph)とよんでいる。

2.1.1　光 合 成

光合成は，光合成細菌，藻類，植物など多くの生物で行われている生化学反応である。植物の葉緑体では，太陽光のエネルギーを利用して，NADPH(ニコチンアミドアデニンジヌクレオチドリン酸)やATP(アデノシン三リン酸)などの化合物を産生する。これらの分子はその内部にエネルギーを蓄えて運ぶ分子として知られている。NADPHの酸化反応とATPの加水分解によりエネルギー(自由エネルギー，free energy)が放出される。それらのエネルギーを用いて二酸化炭素と水から有機物が合成される。

太陽光のエネルギーを化学エネルギーに変換する過程は**明反応**(light reaction)，そして，その化学エネルギーを用いて有機物を合成する過程は**暗反応**(dark reaction)とよばれてきた。これらの概念は1900年代の初頭にブラックマン(Blackman, F. F., 1866-1947)により提唱されたもので，**電子伝達系**

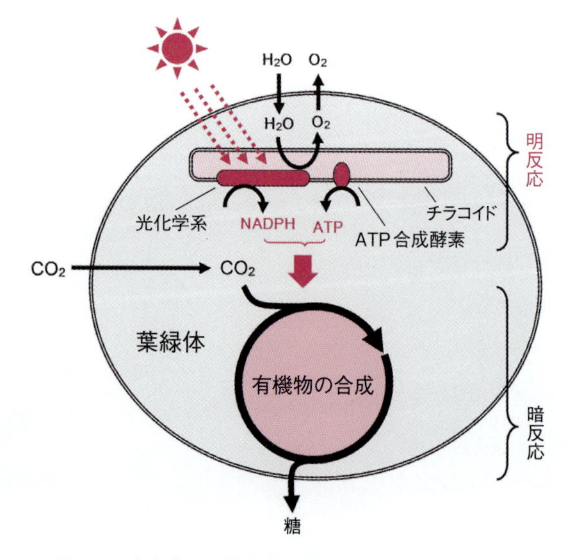

図 2.1　光合成の概要を示す模式図
植物の細胞では，光合成により水と二酸化炭素から糖などの有機物が産生され，酸素が放出される。

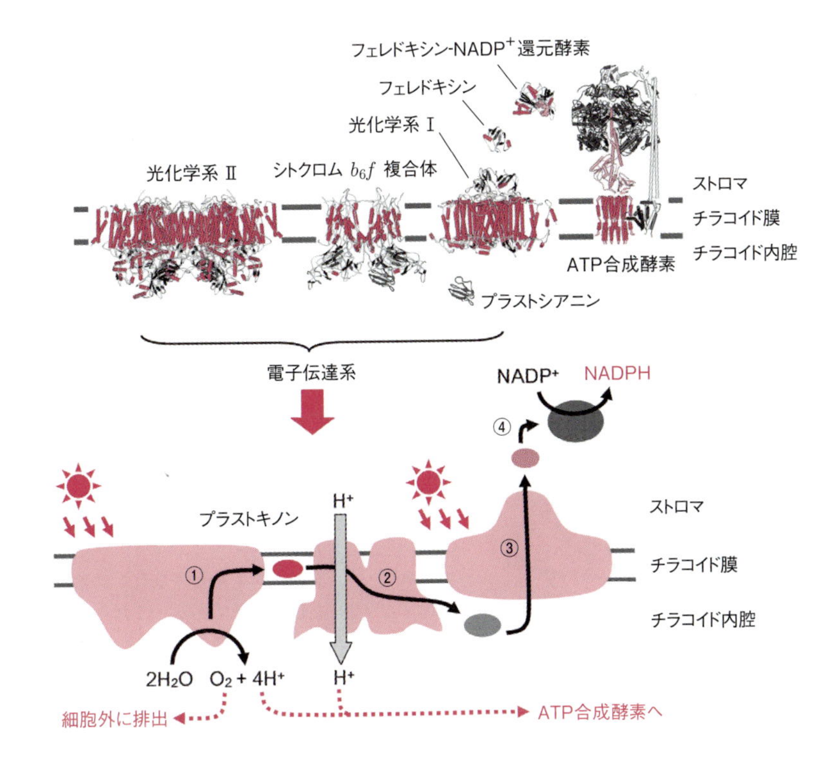

図 2.2　光合成における光化学系と ATP 合成酵素
上図はチラコイド膜に存在する光化学系と ATP 合成酵素の分子モデルを示す。下図は光化学系の中を電子が伝達される過程とその働きを示す。①～④の矢印は電子伝達を示す。

(electron transport system) や**カルビン－ベンソン回路** (Calvin-Benson cycle) などの光合成のメカニズムが具体的に明らかになった現在では，やや不適切な点があることもわかってきた。そのために，現在では，明反応と暗反応という用語はあまり使用されない傾向にあるが，明反応と暗反応は光合成を概念的に理解するためには便利な用語なので，ここではそれらを使用する (8.3 節参照)。

明反応を行っているのは葉緑体のチラコイド膜 (1.2.6 参照) に存在する一群の**光化学系** (photosystem) の分子と **ATP 合成酵素** (ATP synthase) で，暗反応を行っているのは葉緑体のストロマに存在する数多くの酵素である (図 2.1)。ストロマでは，光化学系が構成する電子伝達系により得られたエネルギーで ATP や有機物の合成が行われている。

(1)　明反応

光化学系は，光化学系 II，シトクロム b_6f 複合体，光化学系 I とよばれる 3 種類のタンパク質複合体を中心に構成された化学反応系である (図 2.2)。これらの複合体の中で，太陽光のエネルギーを吸収して電子を取り出す役割を果たしているのが光化学系 II と光化学系 I である。取り出された電子が電子伝達系を伝達される過程でエネルギーが放出され，このエネルギーを用いてチラコイド膜を隔てた水素イオンの濃度勾配の形成と NADPH の産生が行われる。

光化学系 II と光化学系 I の周囲には，**集光複合体** (light harvesting complex) とよばれる構造が数多く存在する (図 2.3)。集光複合体は太陽光のエネルギーを効率よく吸収するためのタンパク質複合体であり，この中には，クロロフィルや β-カロテンなど，青色と赤色を中心に吸収する色素分子が含まれている (図 2.4)。

集光複合体で集められた太陽光のエネルギーは，最終的に，光化学系 II と光化学系 I の**反応中心** (reaction center) に存在する特別なクロロフィルの二量体 (反応中心クロロフィル) に集中し，それらの分子を高エネルギー状態に励起する。高エネルギー状態になった分子から放出された電子は，電子伝達系を伝わる過程でエネルギーを放出する。このエネ

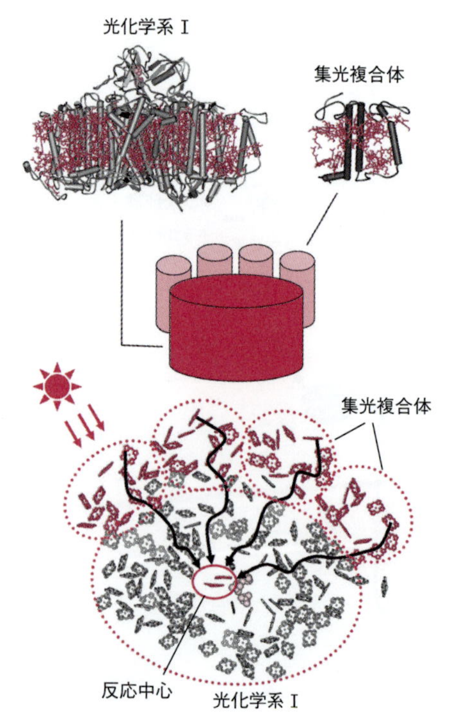

図 2.3　集光複合体
集光複合体で吸収された太陽光のエネルギーは光化学系の反応中心に集められる。下図は，光化学系 I と集光複合体に含まれるクロロフィルの環構造が示してある。黒色矢印は，集光複合体から反応中心に向かって電子が伝達される経路を示す。

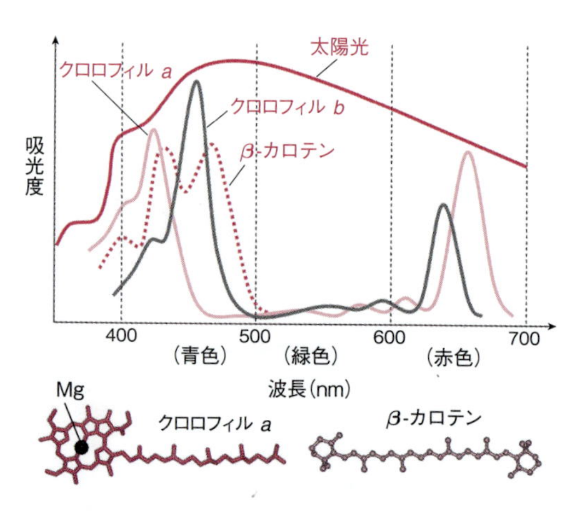

図 2.4　葉緑体の色素分子による太陽光の吸収スペクトル
クロロフィルとカロテンは光合成にかかわる主要な色素分子である。これらは青色と赤色の光を中心に吸収する。下図は，クロロフィル a と β-カロテンの分子モデルを示す。

ルギーを用いて，NADPH の産生（$NADP^+ + H^+ + 2e^- \rightarrow NADPH$）とチラコイド膜を隔てた水素イオンの濃度勾配が形成される。

光化学系が構成する電子伝達系は，酸化（電子の放出）と還元（電子の受容）による反応の連鎖から成り立っている。これら一連の電子伝達系の反応を，酸化還元電位に基づいて表したものが **Z 機構**（Z-scheme）とよばれるモデルである（図 2.5）。

葉緑体で ATP を合成しているのは，光化学系の分子とともにチラコイド膜に存在する ATP 合成酵素である。ATP 合成酵素はモーターのような構造をした分子である（図 2.6）。このモーターを高速回転させているのが，チラコイド膜を隔てた水素イオンの濃度勾配から得られるエネルギーであり，回転に伴って，ADP から ATP が合成される。これと同じものがミトコンドリアにも存在し，生物が必要とする ATP のほとんどを合成している。

(2)　暗反応

植物などの独立栄養生物は，太陽光のエネルギーを用いて二酸化炭素と水から糖などの有機物を合成している。この反応は**炭酸同化**（carbon assimilation）とよばれ，それを行っているのが**カルビン－ベンソン回路**（あるいは，**カルビン回路**）とよばれる一連の酵素反応系である（図 2.7）。カルビン－ベンソン回路は循環する反応系で構成されている。この回路で働く酵素は葉緑体のストロマに存在するため，炭酸同化はストロマで行われる（1.2.6 参照）。その際に必要なエネルギーは，チラコイド膜上の光合成で産生された NADPH と ATP が用いられる。

細胞内に取り込まれた二酸化炭素は，まず，カルビン－ベンソン回路のリブロース 1,5-ビスリン酸に組み込まれる。その後，一連の酵素反応系を経て，グリセリンアルデヒド 3-リン酸になる。その一部は，カルビン－ベンソン回路から外れて糖やデンプンの合成に用いられる。合成されたデンプンは葉緑体の中に蓄えられ（図 2.8），残りのグリセリンアルデヒド 3-リン酸は，再び，カルビン－ベンソン回路で二酸化炭素の固定に利用される。

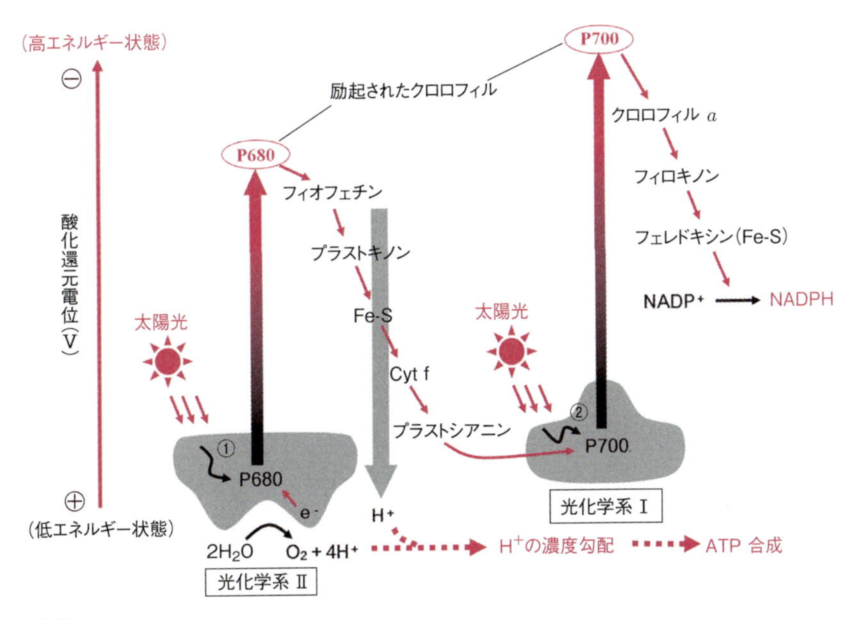

図 2.5　Z 機構

横軸は，光化学系 II と光化学系 I に存在する反応中心クロロフィルの P680 と P700 の電子が電子伝達系を伝達される過程を示す。縦軸は酸化還元電位を示す。電子伝達の過程が文字の Z のように表されているのがこの名称の由来である。太陽光からのエネルギーが反応中心クロロフィルに集められ（矢印①と②），クロロフィルを高エネルギー状態に励起する（太い赤色矢印）。励起された P680 と P700 からの細い赤色矢印は電子伝達の経路を示す。

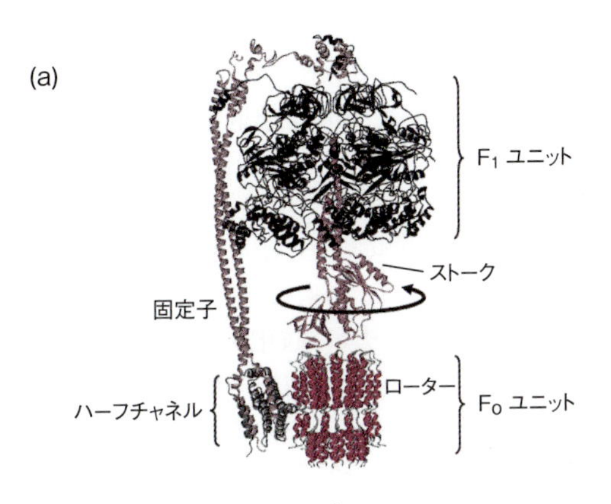

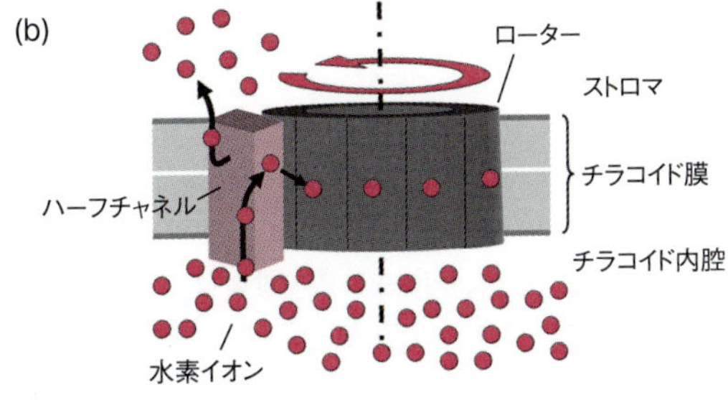

図 2.6　ATP 合成酵素

(a) ATP 合成酵素は F_o と F_1 ユニットにより構成されている。F_o ユニットはモーターのような働きをする部分で，チラコイド内膜を隔てた水素イオンの濃度勾配のエネルギーで回転する。ローターが回転すると，そこに結合しているストークも回転する。ストークの回転に伴い F_1 ユニットの部分で ADP から ATP が合成される。

(b) モーターの回転は，水素イオンが F_o のローターに沿って移動（黒色矢印）する際に生じる静電的な相互作用の力によって引き起こされる。

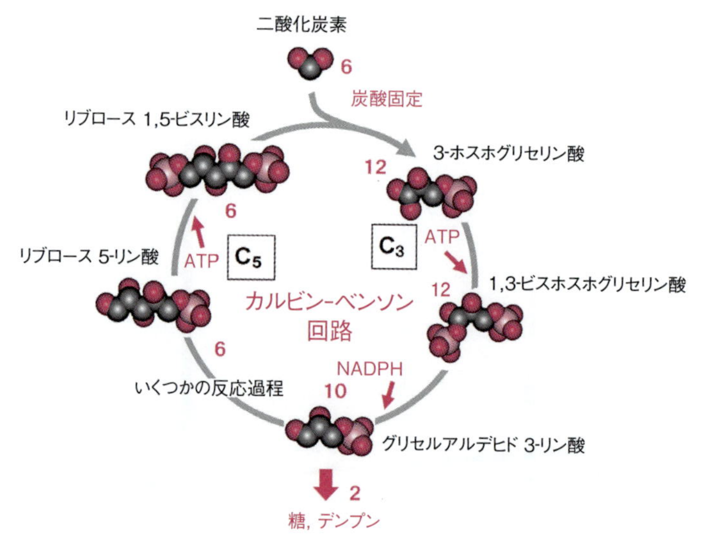

図 2.7　カルビン－ベンソン回路

カルビン－ベンソン回路における炭酸同化の経路を示す。6 分子の 2 酸化炭素がカルビン－ベンソン回路で固定されると，2 分子のグリセルアルデヒド 3–リン酸が回路を外れて，糖などの形成へと向けられる。消費される NADPH と ATP の総数は，それぞれ 12 分子と 18 分子である。分子モデルは，原子をファンデルワールス半径の球体で示す空間充填モデル（space-filling model, CPK モデル）で示してある。四角内は分子に含まれる炭素数，赤い数字は分子の数を示す。

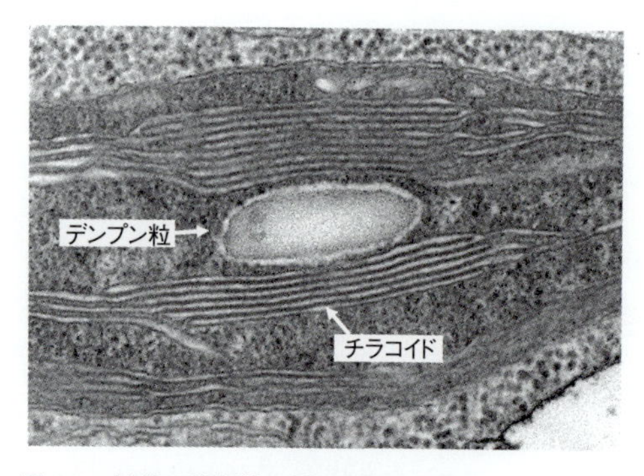

図 2.8　植物の葉緑体の電子顕微鏡写真

カルビン－ベンソン回路で合成された糖からデンプンが生産され，それがデンプン粒として葉緑体に蓄積される。

2.2　糖の分解とエネルギーの産生

光合成で合成された糖は，生物の構造をつくる分子として用いられたり，エネルギーを貯蔵するための物質として利用されたりする。ここでは，光合成で合成された糖が分解されてエネルギーが取り出される過程について述べる。この過程は，バクテリアでは細胞質に存在する**解糖系**（glycolytic pathway）が中心であるが，細胞内にミトコンドリアが存在する動物や植物では，解糖系とともにミトコンドリアが重要な役割を果たしている。

2.2.1　解糖系による糖の分解

真核生物の解糖系である**エムデン－マイヤーホフ経路**（Embden-Meyerhof pathway）では，最初の過程で，グルコースからグリセルアルデヒド 3–リン酸が産生され，その際に，2 分子の ATP が消費される。このグリセルアルデヒド 3–リン酸からピルビン酸が産生される次の過程で，4 分子の ATP と 2 分子の NADH（ニコチンアミドアデニンジヌクレオチド）が産生される。その結果，解糖系の全過程で，1 分子のグルコースから 2 分子の ATP と 2 分子の NADH が産生されることになる。NADH は NADPH と同じように，その内部にエネルギーを蓄えて運ぶ分子として知られ，その酸化反応によりエネルギーを放出する（図 2.9）。また，好気的な条件下では，解糖系で産生されたピルビン酸はミトコンドリアに取り込まれ，TCA 回路でさらに分解されてエネルギーが取り出される（図 2.11）。

嫌気的な条件下で生息する乳酸菌や酵母菌などは，解糖系で得られたピルビン酸をさらに分解し，乳酸やアルコールなどを産生している（**発酵**，fermenta-

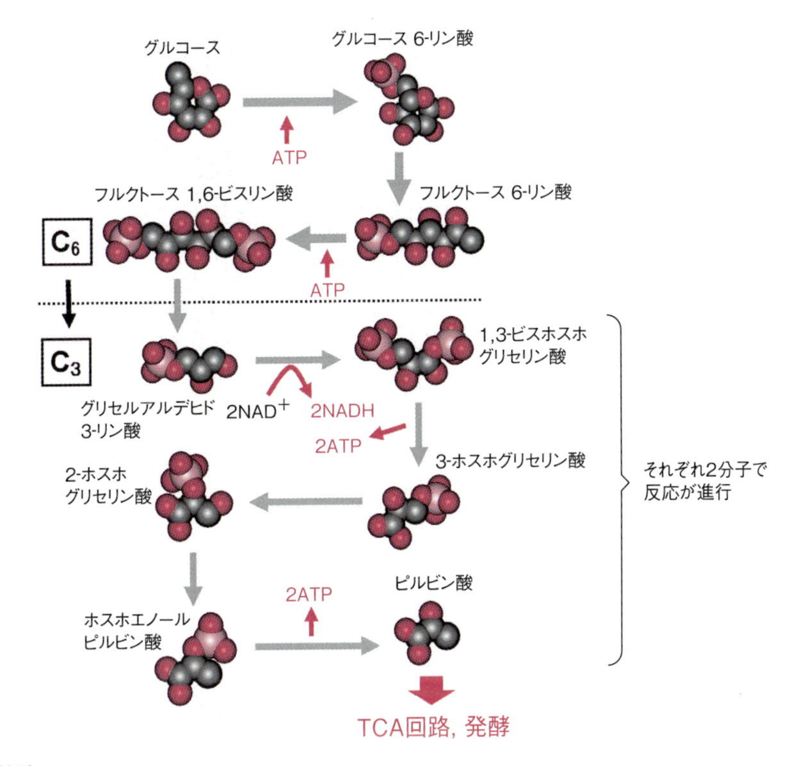

図 2.9　解糖系

解糖系では，グルコースが分解されてピルビン酸を産生する。そのピルビン酸は，酸素の存在下ではTCA回路により，そして，無酸素化では発酵などによりさらに分解される。四角内は分子に含まれる炭素数を示す。

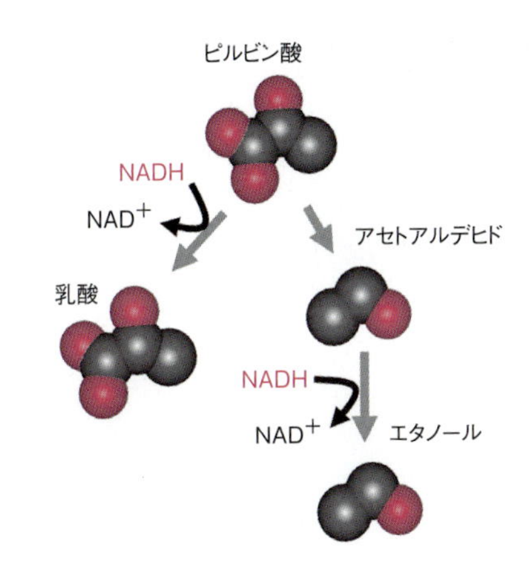

図 2.10　発酵

発酵では，ピルビン酸が乳酸やエタノールに分解される。この過程では，NADH（還元型NAD）からNAD^+（酸化型NAD）が産生され，そのNAD^+が解糖経路に供給される。

tion）（図2.10）。その過程で，NADHを酸化してNAD^+を産生し，それを解糖系に供給するので嫌気的な条件下でも解糖系の働きを維持できる。乳酸発酵と同じ反応がバクテリアだけでなく動物の細胞でもみられる。例えば，活発な運動を行っている筋細胞では，酸素の供給が不足するとミトコンドリアによるエネルギーの供給が低下する。それを補うため，ピルビン酸を乳酸に分解してNAD^+を産生し，解糖系を促進させている。

2.2.2　ミトコンドリアのTCA回路と電子伝達系

(1)　TCA回路

TCA回路（tricarboxylic acid cycle，別名，クエン酸回路；citric acid cycle，図2.11）はミトコンドリアのマトリックス（図1.24参照）に存在する8つの酵素からなる反応系であり，解糖系から得られるピルビン酸をさらに分解してエネルギーを得る働きとともに，その回路で得られた中間産物を他の代謝経路に供給する働きもある（図2.14）。解糖系で産生されたピルビン酸はミトコンドリアのマトリックス内に輸送された後，補酵素A（コエンザイムA，CoA）と結合してアセチルCoAを産生する。アセチルCoAはTCA回路のオキザロ酢酸にアセチル基を

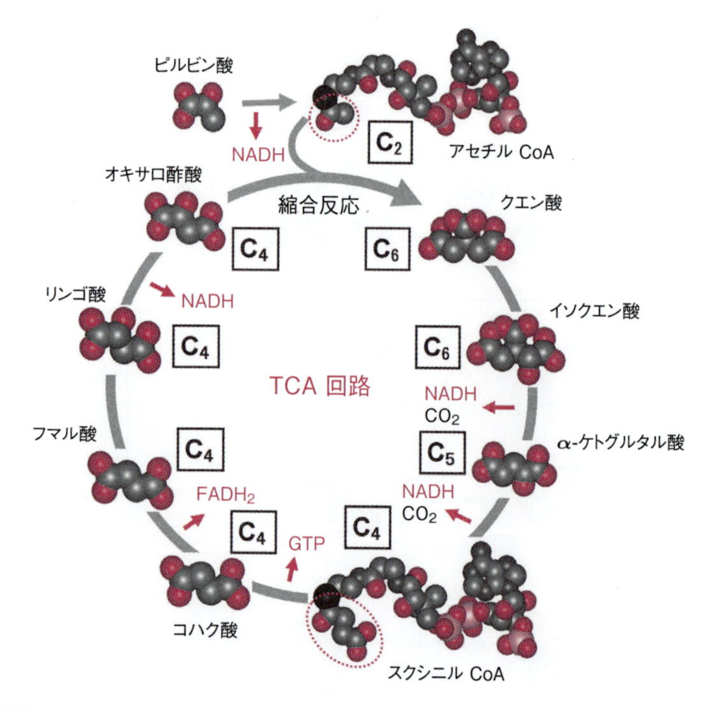

図 2.11　TCA 回路

TCA 回路の代謝経路を示す。四角内は分子に含まれる炭素数を示す。赤い点線で囲んだ部分は補酵素の CoA のチオール基に結合した TCA 回路の分子を示す。アセチル CoA とスクシニル CoA の場合は，それらに結合した TCA 回路の分子の炭素数を示す。

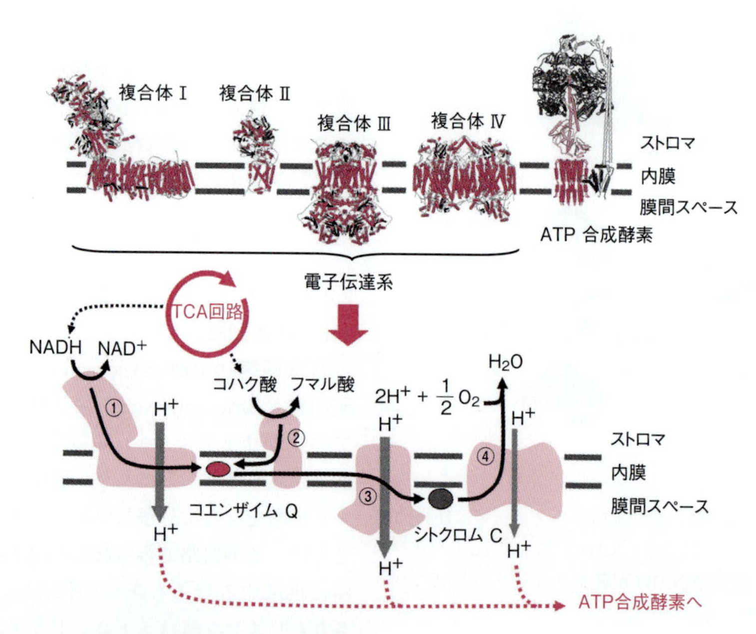

図 2.12　ミトコンドリアの電子伝達系と ATP 合成酵素

上図はミトコンドリア内膜に存在する電子伝達系と ATP 合成酵素の分子モデルを示す。下図は電子伝達系を伝わる電子の伝達経路とその働きを示す。NADH は複合体 I で，$FADH_2$ は複合体 II で電子伝達系に電子を渡す。①～④の矢印は電子伝達を示す。

付加してクエン酸を産生する。その後の反応過程で CO_2 が切り離され，2 分子の NADH が産生される。これに続く一連の過程では，GTP，$FADH_2$，NADH が産生される。その結果，TCA 回路が 1 回転すると，3 分子の NADH，1 分子の $FADH_2$，1 分子の GTP が産生される。そのうちの NADH と $FADH_2$ は，ミトコンドリア内膜に存在する電子伝達系に送られて ATP の合成に用いられる。

(2) ミトコンドリアの電子伝達系と ATP 合成

ミトコンドリア内膜が内部に陥入して形成されたクリステには，電子伝達系と ATP 合成酵素が存在する（図 2.12）。葉緑体では太陽光のエネルギーを利用して ATP が産生されるが，ミトコンドリアでは，TCA 回路で産生された NADH と $FADH_2$ のエネルギーを利用して ATP が産生される[1)]。ミトコンドリアでは，4 種類のタンパク質複合体（複合体 I，II，III，IV）を中心に電子伝達系が構成されている。NADH と $FADH_2$ の酸化により水素イオンと電子が放出される。放出された電子は電子伝達系を経て酸素と反応し水を生成する。この過程で得られるエネルギーにより水素イオンがミトコンドリア内膜を能動輸送されて，膜を隔てた水素イオンの濃度勾配が形成される。そして，この濃度勾配のエネルギーを用いて ATP が合成される。このような電子伝達系と共役した ATP 合成（ADP のリン酸化）は，**酸化的リン酸化**（oxidative phosphorylation）とよばれている。

2.3 物 質 代 謝

物質代謝とエネルギー代謝は密接に関連している。例えば，糖，アミノ酸，脂質などの合成と分解の経路をみると，エネルギー代謝で中心的な役割を果たす TCA 回路と密接に連携していることがわかる（図 2.13）。

2.3.1 アミノ酸の代謝

アミノ酸はタンパク質の構成要素として重要な分子であるが，その他に，糖，脂質，ヌクレオチドなど，様々な物質代謝にも深くかかわっている。アミノ酸の代謝経路は独立栄養生物と従属栄養生物では異なり，さらに，従属栄養生物の食性の違いによっても少し異なる。

(1) アミノ酸の合成

独立栄養生物ではすべての種類のアミノ酸を自身で合成することができるが，従属栄養生物では通常そのような能力はない。それは，従属栄養生物の場合，アミノ酸を食物から容易に摂取できるので，合成するのがたいへんな種類のアミノ酸は自身で合成しない方が得策だからであろう。自身で合成できないアミノ酸は**必須アミノ酸**（essential amino acid）と

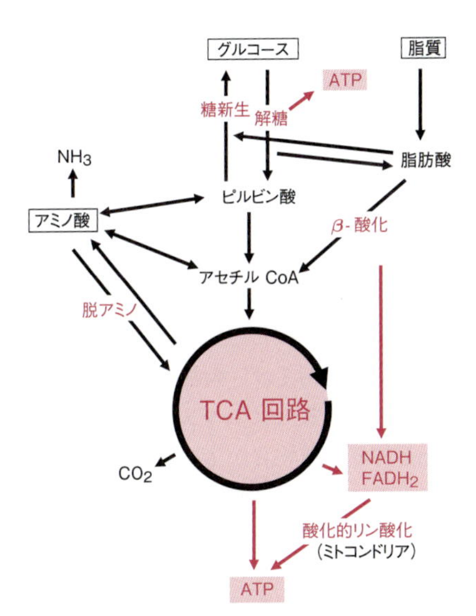

図 2.13 アミノ酸，糖，脂質の代謝における相互的な関連
細胞内で行われている様々な物質代謝の関連性を示す。

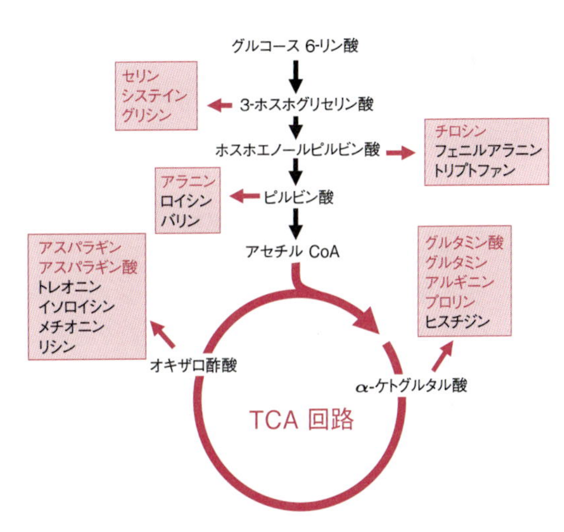

図 2.14 アミノ酸の合成
20 種類のアミノ酸を合成できる独立栄養生物の場合を示す。黒字で示した 9 つのアミノ酸は，ヒトがほとんど合成できない必須アミノ酸である。

(a)

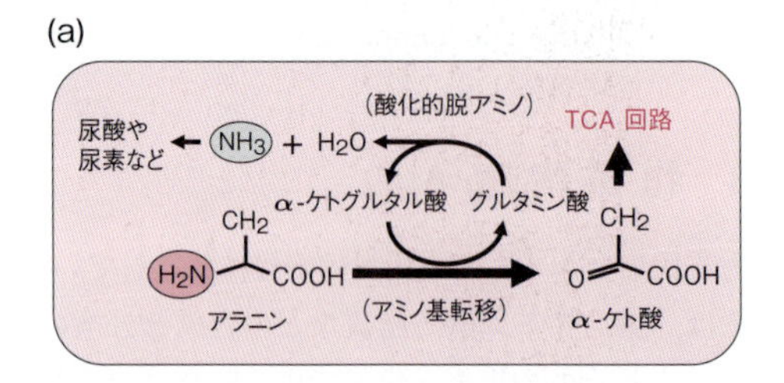

(b)

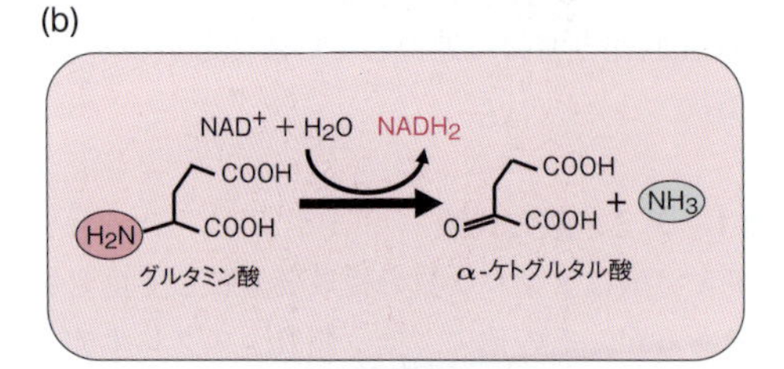

図 2.15 アミノ基の転移と酸化的脱アミノ反応
(a) アミノ基の転移と酸化的脱アミノ反応の関係を示す。(b) 酸化的脱アミノ反応の過程を示す。

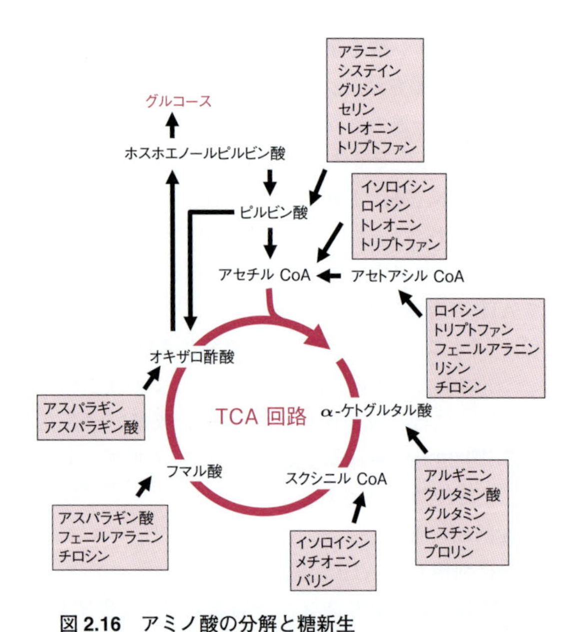

図 2.16 アミノ酸の分解と糖新生
糖原性アミノ酸は脱アミノ化を経て分解された後，それらの炭素骨格が糖新生に用いられる。

よばれる。ヒトでは約 9 種類のアミノ酸が必須アミノ酸であり，それらは食物からの摂取に依存している。

アミノ酸は解糖系や TCA 回路の中間体から合成される。独立栄養生物の植物では 20 種類のアミノ酸が 5 つの経路で合成され，従属栄養生物の動物では 4 つの経路で合成される（図 2.14）。

(2) アミノ酸の分解

アミノ酸は，糖，ケトン体，脂肪酸などを合成する際の材料としても用いられる。その際には，アミノ基転移とよばれる化学反応によりアミノ基がアミノ酸から除去され，*α*-ケトグルタル酸などのアミノ基受容体に転移される。アミノ基が除去されたアミノ酸は *α*-ケト酸になり，糖，ケトン体，脂肪酸などの合成に用いられる（図 2.15(a)）。

アミノ基が転移された *α*-ケトグルタル酸はグルタミン酸になる。グルタミン酸はミトコンドリア内膜を通過できるので，ミトコンドリア内膜を通過してミトコンドリアに取り込まれ，そこで**酸化的脱アミノ反応**（oxidative deamination）[2] により，*α*-ケトグルタル酸とアンモニアに分解される（図 2.15(b)）。このアンモニアは有毒なので，ほとんどの脊椎動物では，**尿素回路**（urea cycle）[3] で尿素に変換されて体外に排出される。また，鳥類のように，アンモニアから尿酸を産生し，それを体外に排出する場合もある。

ほとんどのアミノ酸は糖の合成に利用することができるので，それらを**糖原性アミノ酸**（glycogenic amino acid）とよんでいる。糖原性アミノ酸からアミノ基が取り除かれたケト酸は TCA 回路に入り，ホスホエノールピルビン酸を経てグルコースの合成に用いられる（図 2.16）。一方，ロイシン，リシン，フェニルアラニン，チロシン，イソロイシン，トリプトファンなどの一部のアミノ酸は，ケトン体と脂肪酸の合成に用いられるので，それらは**ケト原性アミノ酸**（ketogenic amino acid）とよんでいる。これらのアミノ酸は，おもに，アセチル CoA を経て，脂肪酸とケトン体の合成に用いられる。 また，アミノ酸から**脱炭酸**（decarboxylation）反応[4] を経てカルボキシ基が外されると，生理活性をもつ一級アミンが産生される。例えば，動物では，強い生理活性をもつアミンであるセロトニン，ヒスタミン，ドーパミンなど神経伝達物質が生成される。また，植物でも同じように，アミノ酸の脱炭酸反応により強い生理活性をもつアルカロイドなどが産生される。

2.3.2 脂質の代謝

細胞には，脂肪酸，トリグリセリド，リン脂質，ステロイド，糖脂質など，様々な種類の脂質が存在する。脂質は生体膜などの構成要素として重要な分

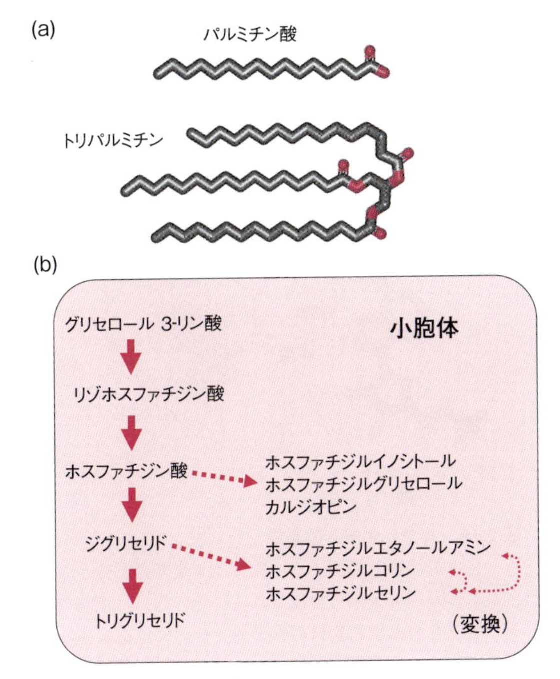

図 2.17 トリグリセリドとリン脂質の合成
(a) 脂肪酸のパルミチン酸(炭素数 16), 3 分子のパルミチン酸とグリセロールから形成されたトリパルミチンを示す。(b) 小胞体で行われるトリグリセリドとリン脂質の合成経路を示す。

子であるが, それとともに, 必要に応じて分解されてエネルギーが取り出される。

脂肪酸は, 複数(2～22 個)の炭素が鎖状に連結された構造で, その一端にカルボキシ基が結合している(図 2.17(a))。脂肪酸には炭素数が 12～20 個連なったもの(長鎖脂肪酸)が多く, その一部には C=C の 2 重結合をもつもの(不飽和脂肪酸)がある。脂肪酸はアセチル CoA から合成される。最初に, TCA 回路の中間体であるクエン酸がミトコンドリアから細胞質に輸送され, アセチル CoA とオキザロ酢酸が産生される。そのアセチル CoA がカルボキシ化されてマロニル CoA になる。そして, マロニル CoA を原料として, 脂肪酸合成酵素による炭素鎖の伸長反応を経て脂肪酸が合成される。

(1) コレステロールの合成

コレステロールは生体膜の重要な構成要素であるとともに, ステロイドホルモンや胆汁酸の前駆体としての役割も果たしている。コレステロールの合成過程では, アセチル CoA から 3-ヒドロキシ 3-メチルグルタリル CoA を経てメバロン酸が産生され, メバロン酸からスクアレンを経てコレステロールが合成される。

(2) トリグリセリドとリン脂質の生合成

トリグリセリドやリン脂質の合成は小胞体で行われる(図 2.17(b))。トリグリセリドはグルセロールに 3 分子の脂肪酸が結合した**中性脂肪**(neutral fat)の一種で, 動植物の細胞内に蓄えられる貯蓄脂質として知られている。トリグリセリドは, 解糖系や脂質の分解で生じるグリセロール 3-リン酸から合成される。産生されたトリグリセリドは脂質の一重層の膜で覆われた脂肪滴として細胞内に蓄えられる。

リン脂質の合成は, 新たに合成される**デノボ合成**(*de novo* synthesis)と, リン脂質間における相互変換の経路がある。例えば, 生体膜を構成する主要成分のグリセロリン脂質についてみると, グリセロール 3-リン酸からホスファチジン酸を経て産生されるデノボ合成の経路と, ホスファチジン酸からジグリセリドを経由して産生される相互変換経路がある。

(3) β 酸化

脂質を分解してエネルギーを得る方が, 糖やタンパク質を分解してエネルギーを得るよりもはるかに効率的である[5]。動物では, 細胞に蓄えた脂質を分解してエネルギーを取り出す作業が頻繁に行われているが, 植物では発芽中の種子などでこの作業がみられる。

脂肪酸の分解は, その β 位を酸化してエネルギーを得る **β 酸化**(beta oxidation)とよばれる方法で行われる。β 酸化は, 植物ではペルオキシソームが行っているが, 動物ではペルオキシソームとミトコンドリアの両方が共同で行っている。脂肪酸の分解がミトコンドリアで行われる場合には, 細胞質に蓄えられた脂肪酸はそのままではミトコンドリアの膜を通過できない。そのために, 脂肪酸は脂肪酸アシル CoA に変換された後, カルニチンと結合して脂肪酸アシルカルニチンになる。これがミトコンドリア内膜を通過してマトリックス内に取り込まれる。その後カルニチンが外されて再び脂肪酸アシル CoA になり, さらに β 酸化により分解される。

β 酸化では, FAD による酸化, 水和, NAD^+ による酸化(脱水素化), チオール開裂の 4 つのステップを 1 サイクルとする反応が繰り返される。この過程で脂肪酸のカルボキシ末端側から 2 炭素ずつ分解され, アセチル CoA が産生される。生じたアセチル CoA は TCA 回路で分解され, その 1 分子から,

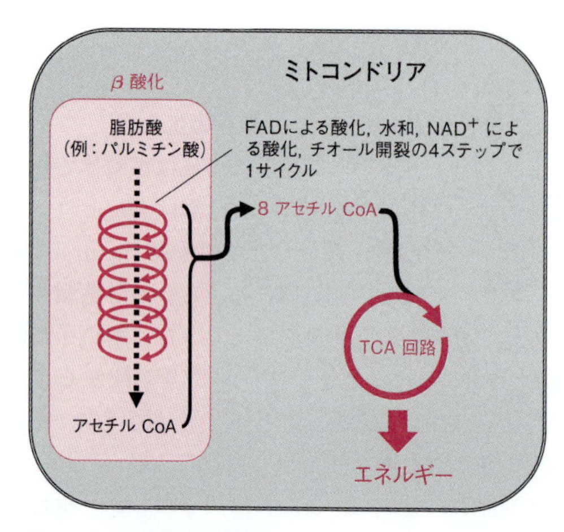

図 2.18　脂肪酸の β 酸化
パルミチン酸（炭素数 16）が β 酸化により分解される例を示す。炭素鎖の炭素が 2 つずつ順次分解され，7 サイクルの分解過程を経ると，8 つのアセチル CoA と 7 つの $FADH_2$ と 7 つの NADH が得られる。そして，アセチル CoA は TCA 回路でさらに分解されてエネルギーが取り出される。

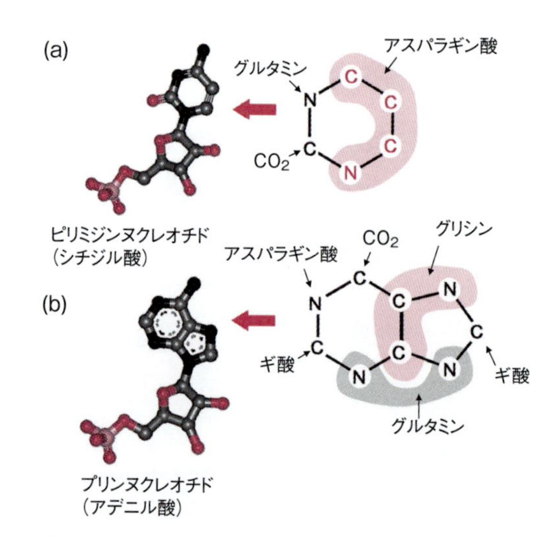

図 2.19　ヌクレオチドの合成
ヌクレオチドのデノボ合成では，塩基の部分がいくつかの分子から合成される。その際に，塩基の各部を合成する素材の分子名とその部位を示す。

1 分子の GTP，1 分子の $FADH_2$，3 分子の NADH が得られる。$FADH_2$ と NADH は，ミトコンドリアの電子伝達系に供給されて ATP 合成に利用される（図 2.18）。

2.3.3　ヌクレオチドの代謝

(1)　ヌクレオチドの合成

ヌクレオチドの合成には，**デノボ合成**と，食物から摂取した核酸から得られるヌクレオシドを再利用する**サルベージ経路**（salvage pathway）の 2 つの方法がある。

(i)　デノボ合成

プリンヌクレオチドの場合，最初に糖とリン酸からなる 5-ホスホリボシル 1α-二リン酸が合成される。それをもとにアミノ酸（グルタミン，グリシン，アスパラギン酸）やギ酸などを材料にしてプリン環が合成される（図 2.19）。一方，ピリミジンヌクレオチドの場合，最初にアミノ酸（グルタミン，アスパラギン酸）などを材料にしてピリミジン環が合成され，それに 5-ホスホリボシル 1α-二リン酸が付け加えられてピリミジンヌクレオチドができる。

(ii)　サルベージ経路

従属栄養生物では，食物の摂取などにより得られた核酸は塩基とリボースに分解されて細胞内に取り込まれる。必要に応じて，塩基の一部はヌクレオチド合成の材料としてリサイクルされる。

(2)　ヌクレオチドの分解

プリンヌクレオチドの場合，リボースが除かれて生じたプリン塩基はキサンチンを経て尿酸に変えられる。霊長類，鳥類，爬虫類などでは，この段階で腎臓から体外に排出される。両生類や魚類ではアラントイン酸や尿酸にまで分解され，海産の脊椎動物では，さらに，アンモニアにまで分解されて体外に排出される。ピリミジンヌクレオチドの場合は，リボースが除かれて生じたピリミジン塩基は β-アラニン，アンモニア，二酸化炭素に分解される。β-アラニンから産生されたアセチル CoA は，TCA 回路を経て脂肪酸の合成などに再利用される。

■ 演習問題

2.1　地球上には，炭酸同化に必要なエネルギーを太陽光以外から得ている独立栄養生物が存在する。それらがエネルギーを得ている方法について説明せよ。

2.2　生体膜を隔てた水素イオンの濃度勾配により，どのようにして ATP が産生されるのか説明せよ。

2.3　ヒトの骨格筋細胞でみられる乳酸発酵について説明せよ。

2.4　TCA 回路で産生された高エネルギー化合物の NADH と $FADH_2$ はミトコンドリアの電子伝達系で

酸化されてエネルギーを放出する。さらに，その過程で生じた電子が酸素に供給され，水が産生される過程でもエネルギーが放出される。それら一連の化学反応で放出されるエネルギー全体について説明せよ。

■ **注釈**

1) 例えば，NADH が酸化され，その電子が電子伝達系を経て水分子を生成する過程では，218 kJ/mol のエネルギーが放出される。

$$\mathrm{NADH} + \mathrm{H}^+ + \frac{1}{2}\mathrm{O}_2 \longrightarrow \mathrm{H}_2\mathrm{O} + \mathrm{NAD}^+$$

そのエネルギーを用いて ATP が合成される。ATP 合成には，30.5 kJ/mol のエネルギーが必要である。

$$\mathrm{ADP} + \mathrm{Pi} \longrightarrow \mathrm{ATP}$$

2) グルタミン酸はグルタミン酸デヒドロゲナーゼによる酸化的な脱アミノ反応により分解（グルタミン酸 → 2-イミノグルタル酸＋NADH＋H^+ → α-ケトグルタル酸＋アンモニア）され，アミノ基受容体の α-ケトグルタル酸とアンモニアになる。この反応が酸化的脱アミノ反応とよばれ，おもに，肝臓や腎臓のミトコンドリア内で行われている。

3) 肝細胞で働いており，**オルニチン回路**（ornithine cycle）ともよばれる。アンモニアを尿素に変換して無毒化する経路である。

4) カルボキシ基（-COOH）をもつ有機化合物のカルボン酸から二酸化炭素を取り除く反応。その切断は脱炭酸酵素（デカルボキシラーゼ）により行われる。

5) 例えば，糖やタンパク質の分解で得られるエネルギーは 4 kcal/g 程度であるのに対して，脂質の分解で得られるエネルギーは 9 kcal/g にもなる。

3 生物の遺伝情報の維持とその働き

「生命」とは何だろうか。生命の重要な特徴は，細胞から構成され，環境に適応しつつ自己を維持するためのプログラムをもち，さらにこのプログラムを複製して次世代に伝えることである。したがって，生命にとっては「情報」というものが重要であり，それをどのように維持し，複製するかが問題である。本章では，こうした「情報」，つまり遺伝情報の実体，維持，働きについて紹介する。

3.1 生物の遺伝情報

3.1.1 遺伝子と染色体

親の性質が子に伝わる，という遺伝現象自体は古くから知られていたが，遺伝情報を担う**遺伝子**の存在とその次世代への受け渡しを初めて明らかにしたのは，メンデル（Mendel, G. J., 1822–1884）による**遺伝の法則**の発見，そしてその再発見[1)]である。それでは，遺伝情報はどこにあるのだろうか。19世紀の半ばには細胞内で**染色体**（chromosome）とよばれるひも状の構造体が発見されていた。細胞には生物ごとに決まった数の染色体が存在しており，まったく同じ染色体セットが，細胞分裂で娘細胞へ伝達される。生殖細胞の減数分裂と受精により次世代の個体にも伝えられることも明らかになり，20世紀初頭，遺伝子は染色体上に存在するという**染色体説**が，ボヴェリ（Boveri, T. H., 1862–1915）やサットン（Suttonn, W. S., 1877–1916）により提唱されるに至った。

染色体上での実際の遺伝子の配置については，モーガン（Morgan, T. H., 1866–1945）とその弟子たちによりショウジョウバエを用いた研究で示された。モーガンらは，突然変異がどのように次世代へ伝えられるかを調べ，多数の遺伝子が染色体上に1列に並んでいることを見いだした。彼らは，対合した相同染色体の間で切断・再結合により対立遺伝子が入れ替わること（**遺伝的組換え**）を示したうえ，組換えの頻度（組換え率）が遺伝子間距離と相関することに基づき，**遺伝的地図**の作成に成功した。

こうした一連の古典的研究により，遺伝子の存在とその維持，伝達機構の基本が明らかにされたのである。

3.1.2 遺伝子の実体としてのDNA

遺伝子の実際の機能は何であろうか。この疑問への解答は，アカパンカビを用いた研究で見いだされた。アミノ酸の生合成経路にかかわる変異体の解析により，1つの遺伝子が1つの酵素をコード[2)]することが明らかにされたのである（**一遺伝子一酵素説**）[3)]。この概念はその後に拡張され，遺伝子は各々が特定のポリペプチドをコードすると考えられるに至った。遺伝子の分子的実体は，当初はタンパク質と考えられていた。一方で，1869年にはすでにミーシャー（Miescher, J. F., 1844–1895）により**デオキシリボ核酸**（**DNA**）が発見されていた。これこそが遺伝子の本体であることは，グリフィスおよびアベリーの実験，そしてハーシーとチェイスの実験により明らかになった。

グリフィス（Griffith, F., 1879–1941）は，病原性をもつS型と病原性をもたないR型という2種類の肺炎レンサ球菌[4)]の株を用いた（1928年）。加熱して死滅させたS型菌と生きたR型菌は，それぞれ単独ではマウスを殺さないが，両者を混ぜて接種したマウスは発病して死亡した。死んだマウスからはR型菌に加えて生きたS型菌が分離された。これより，グリフィスは死滅したS型菌に含まれる物質によりR型菌がS型に「転換」したと考えた。この現象は**形質転換**（transformation）とよばれる。この物質の正体は，この時点では不明だったが，これはまさに遺伝物質と見なすことができる（図3.1(a)）。

アベリー（Avery, O. T., 1877–1955）とその共同研究者たちはこの研究を発展させた（1944年）。彼ら

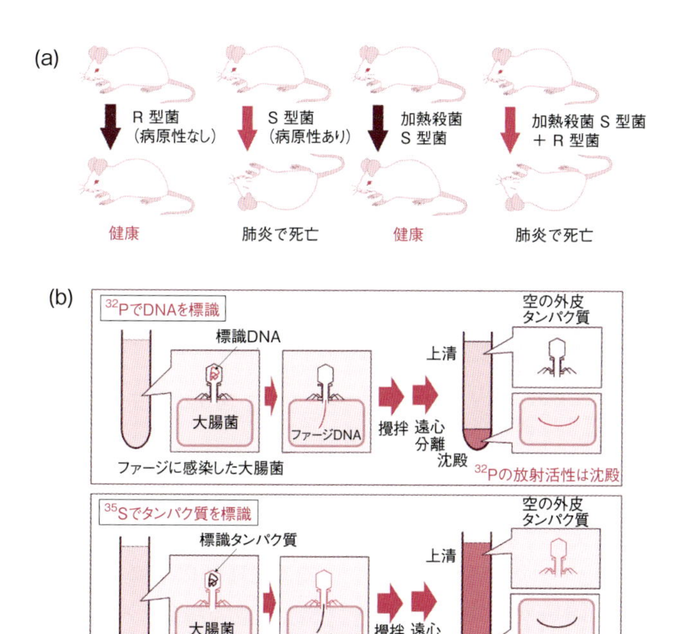

図 3.1 遺伝子の本体としての DNA
(a) グリフィスの実験，(b) ハーシーとチェイスの実験

は，S 型菌の破砕物をタンパク質分解酵素で処理してR型菌に与えてもS型への形質転換が起きるが，DNA 分解酵素で処理した場合には形質転換が起きないことを見いだした。この結果は，遺伝子の本体はタンパク質ではなく，DNA であることを示していた。

最終的に遺伝子がDNAであることを示したのが，ハーシー(Hershey, A. D., 1908-1997)とチェイス(Chase, M. C., 1927-2003)の実験である(1952年)(図 3.1(b))。彼らが用いたT2ファージは大腸菌に感染するウイルスであり，菌体内で増殖すると細菌を溶解し，新たな細菌に感染する。ファージはDNAとタンパク質からできている。2人は，ファージのDNAをリンの放射性同位体 ^{32}P で，タンパク質を硫黄の同位体 ^{35}S で標識した。放射性標識されていない大腸菌を標識ファージで感染したうえで激しく撹拌してファージを剥がし，遠心分離によりファージの殻と感染した大腸菌を分離した。その結果，^{32}P は菌体，^{35}S はファージの殻で検出された。この結果により，大腸菌に導入されたファージの遺伝物質はDNAであることが裏づけられた。

DNA は**リボ核酸**(**RNA**)とともに核酸とよばれる物質であり，これらはそれぞれ，デオキシリボヌクレオチド，リボヌクレオチドとよばれる化学物質の重合体である(1 章参照)。遺伝子の機能を知るためには，DNA の構造を明らかにする必要があったが，この偉業を成し遂げたのがワトソン(Watson, J. D., 1928-)とクリック(Crick, F. H. C., 1916-2004)である。2 人は，DNA に関するシャルガフの法則[5)]，そして，フランクリン(Franklin, R. E., 1920-1958)とウィルキンス(Wilkins, M. H. F., 1916-2004)から入手したDNAのX線解析データなどをもとに，2 本の DNA 鎖が逆向きに塩基を介して並列してらせんをつくるという**二重らせんモデル**を1953 年に提唱した[6)](1 章参照)。

この二重らせん構造により，DNA は重要な性質をもつ。すなわち，一方の DNA 鎖の塩基の並び方が決まれば，対応する他方の鎖での塩基の並び方も自動的に決まる。この性質を**相補性**とよぶ(1.1.3 参照)。核酸中の塩基の並び方，つまり塩基配列こそが DNA，そして染色体に含まれる遺伝情報そのものである。ある生物の各細胞は特定の組合せの染色体をもっており，有性生殖をする生物の場合は父親由来，母親由来の 2 セットの染色体をもつ。この場合の 1 セット，つまり半数体である生殖細胞に含まれる DNA の総体を**ゲノム**（genome）とよぶ。

3.1.3　遺伝情報の細胞内での流れ：セントラルドグマ

遺伝子の主要な機能はタンパク質の構造を決定することである（3.1.2 参照）。個々のタンパク質は，20 種のアミノ酸が特定の配列で 1 列に重合し，固有の折畳みにより立体構造を獲得した高分子である。では，塩基配列はどのようにタンパク質のアミノ酸配列をコードするのであろうか。

DNA のもつ遺伝情報の流れに関する基本的な原理は，1958 年にクリックにより提唱された**分子生物学のセントラルドグマ**として知られる（図 3.2）。これによると，遺伝情報は，DNA から RNA（**転写**，transcription），RNA からタンパク質（**翻訳**，translation）へと伝えられる。一方，DNA は自身をもとに新たなコピーをつくりだす（**複製**，replication）[7]。この基本原理は，原核生物，真核生物を問わず，すべての生物で成立する。遺伝子がタンパク質に変換されて機能を発揮することを，遺伝子発現とよぶ。転写，翻訳，複製で用いられる核酸（DNA または RNA）をこれらの反応の**鋳型**とよぶ。

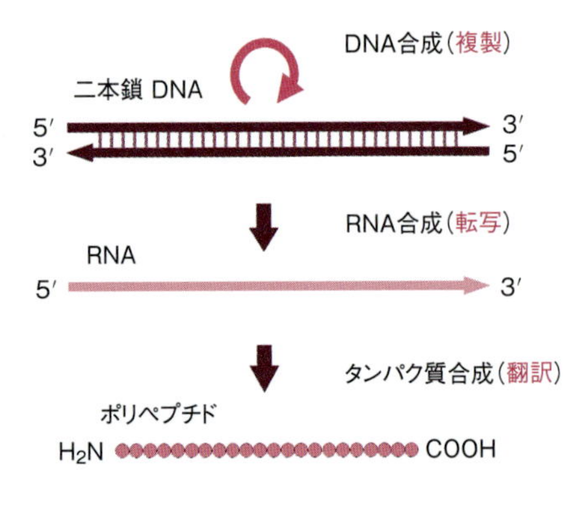

図 3.2　分子生物学のセントラルドグマ

3.1.4　遺伝情報としての塩基配列

特定塩基配列の DNA は，転写の結果，相補的な塩基配列の RNA に変換される。特にタンパク質をコードする場合，**メッセンジャー RNA**（**mRNA**）とよぶ。RNA 塩基配列がアミノ酸配列に変換される際のルールは，「連続した 3 塩基の配列が特定アミノ酸を指定する」というものであり，この 3 塩基のセットを**コドン**（codon）とよぶ。RNA の場合，塩基は A，G，C，U の 4 種であるため，可能なコドンは $4^3 = 64$ 通りであり，20 種のアミノ酸をコードするには十分である（図 3.3）。

この中で，AUG というコドンは，メチオニンを

第 1 文字目	第 3 文字目	U		C		A		G	
U	U	UUU	フェニルアラニン	UCU		UAU	チロシン	UGU	システイン
	C	UUC		UCC	セリン	UAC		UGC	
	A	UUA		UCA		UAA	終止	UGA	終止
	G	UUG		UCG		UAG		UGG	トリプトファン
C	U	CUU	ロイシン	CCU		CAU	ヒスチジン	CGU	
	C	CUC		CCC	プロリン	CAC		CGC	アルギニン
	A	CUA		CCA		CAA	グルタミン	CGA	
	G	CUG		CCG		CAG		CGG	
A	U	AUU		ACU		AAU	アスパラギン	AGU	セリン
	C	AUC	イソロイシン	ACC	スレオニン	AAC		AGC	
	A	AUA		ACA		AAA	リシン	AGA	アルギニン
	G	AUG	開始 / メチオニン	ACG		AAG		AGG	
G	U	GUU		GCU		GAU	アスパラギン酸	GGU	
	C	GUC	バリン	GCC	アラニン	GAC		GGC	グリシン
	A	GUA		GCA		GAA	グルタミン酸	GGA	
	G	GUG		GCG		GAG		GGG	

図 3.3　遺伝暗号を示すコドン表

表 3.1　様々な生物での遺伝子数とゲノムサイズ

生物種	遺伝子数（個）	ゲノムサイズ（塩基対数）	遺伝子密度（10^6 塩基対あたりの個数）
ヒト	約 22,000	30 億	7
マウス	約 21,000	26 億	8
ショウジョウバエ	約 14,000	1.7 億	83
出芽酵母	約 6,300	1,200 万	525
大腸菌	約 4,300	460 万	950

（太田 2013 より引用）

コードするとともに翻訳開始を指令する配列でもあり，**開始コドン**とよばれる。3 種のコドン UAG, UAA, UGA は**終止コドン**とよばれ，翻訳反応の終了を指令する。なお，複数のコドンが 1 つのアミノ酸をコードすることが多く，この現象は**縮重**（degeneracy）とよばれる。

転写産物の中には，それ自体は翻訳されず，RNA として特定の分子機能をもつものも知られており，**ノンコーディング RNA（ncRNA）**とよばれる。この中にはリボソーム RNA（rRNA）や転移 RNA（tRNA）も含まれるが（3.4 節参照），近年様々なノンコーディング RNA が，遺伝子の発現制御などにおいて重要であることが明らかになりつつある（1 章参照）。

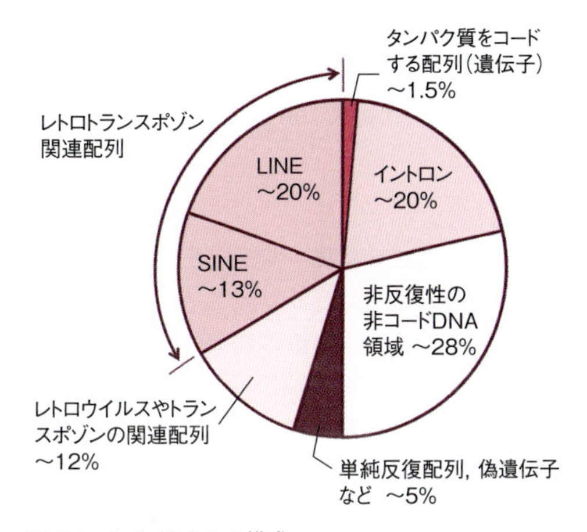

図 3.4　ヒトゲノムの構成
ヒトゲノム DNA の大半がタンパク質をコードしない領域になっている。（太田 2013 より改変）

3.1.5　ゲノムの構成

生物の異なる分類群，種の間で 1 細胞あたりのゲノム DNA 量は大きく異なる。一般に，真核生物は原核生物に比べて DNA 量が多い。真核生物の中では構造の複雑化した生物ほど多い傾向がみられる（表 3.1）。ただし，近縁種でも大きな違いがみられることもあり，ゲノムサイズが高等かどうかを正確に反映するわけではない。

ゲノムの配列情報，そして遺伝子数については，1990 年代の大規模配列決定プロジェクト（**ゲノムプロジェクト**）以降，多くの生物種で明らかになりつつある。その結果，遺伝子数は，大腸菌では約 4,300 個，ヒトでは約 22,000 個と推定されるなど，違いは意外に小さい。生体の構造の複雑化は遺伝子の使い方の問題であると考えられる。ゲノムサイズが真核生物で大きいのは，タンパク質をコードする領域に比べ，コードしない領域が非常に多いことを反映しており，哺乳類の場合，コード領域は全ゲノム DNA の 1.5% とされる。残りについては必ずしも機能はわかっておらず，がらくた DNA とよばれる。その中には，機能がわかってない繰り返し配列（反復配列）に加え，イントロン（3.3.2 参照），あるいは ncRNA の遺伝子も含まれている（図 3.4）。

3.2　DNA の複製：遺伝情報の次世代への伝達

細胞が自己複製をするためには，もとの DNA を鋳型としてまったく同じ 2 セットの DNA を準備し，2 個の娘細胞に引き継がせることになる。二重らせん構造をとっている鋳型 DNA は，複製に際しては一本鎖にほどける必要があり，これを担うのが **DNA ヘリカーゼ**である。引き続き，各一本鎖を鋳型とし，**DNA ポリメラーゼ**が，先行する DNA 鎖の 3′ 末端にあるデオキシリボースの 3′ の位置に，4 種のデオキシリボヌクレオシド三リン酸（dATP, dGTP, dCTP, dTTP；まとめて dNTP とよぶ）の

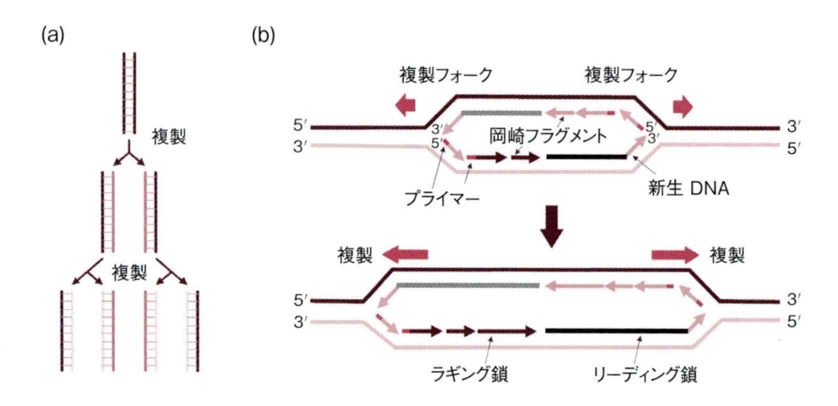

図 3.5 DNA 複製
(a) 半保存的複製，(b) 複製フォークにおける DNA 複製と岡崎フラグメント (Alberts, B., *et al.* 2016 より改変)

いずれかを，相補性に従って連結させる[8]。

この反応を連続的に行うことで，鋳型鎖と相補的な新生 DNA 鎖が，鋳型鎖の 3′ 側から 5′ 側の方向に対応して 5′ → 3′ の方向に伸長する。この結果，生じた 2 本の DNA 鎖は，いずれも鋳型となった DNA 鎖と新生鎖からなっており，DNA 鎖が半分引き継がれることから，この反応様式を**半保存的複製**とよぶ (図 3.5 (a))。

DNA ポリメラーゼは，既存の核酸鎖の 3′ 末端に働いてその延長を担当する。それでは，DNA 鎖新生で最初の引き金となるのは何であろうか。それは **DNA プライマーゼ**とよばれる別の酵素である。プライマーゼは，鋳型 DNA 鎖上で，**プライマー**とよばれる短い相補的 RNA を合成できる。このプライマーの 3′ 末端にある水酸基が以降の DNA 複製の起点となるのである。なお，プライマーは複製進行過程で除去される (図 3.5 (b))。

二本鎖 DNA がほどけて DNA 複製が起きる部位は，ふたまたに分かれたその形状から**複製フォーク**とよばれる。2 本の腕の一方では複製反応の方向が DNA 複製フォークの進行方向と一致しており，DNA 鎖の伸長は連続的である (**リーディング鎖**)。しかし，他方の鋳型鎖では方向が逆となるため，DNA 複製は不連続となる。つまり複製フォークの進行方向と逆方向に短い新生鎖が合成され (**岡崎フラグメント**)[9]，これらは最終的には **DNA リガーゼ**により連結される (**ラギング鎖**)。

多くの原核生物やミトコンドリアでゲノム DNA は環状であり，複製反応は 1 か所で開始し，ゲノム全体が 1 つの複製単位 (**レプリコン**，replicon) となる。一方，真核生物の場合，ゲノム DNA は直鎖状である。サイズが大きいため，複製開始点，そしてレプリコンは多数存在する。この場合，末端 DNA 領域 (**テロメア**，telomere) は，DNA ポリメラーゼでは複製できないが，実際には**テロメラーゼ** (telomerase) により維持される[10]。

複製反応は通常極めて高い精度で行われており，遺伝情報を維持することが保証されている。例えば，DNA ポリメラーゼには，複製時に誤って取り込んだヌクレオチドを除去し，正しいものと入れ替える**校正機能** (proofreading) がある。しかし，それでも 10^{-9} の頻度で塩基の変化，つまり突然変異が起きるうえ，紫外線や化学物質などの環境要因によって突然変異頻度は上昇する。これを放置すれば細胞や個体は，老化，アポトーシスなどの細胞死，がんを含む各種疾患に至ることになり，個体は生命の危機にさらされる。幸い，細胞には損傷の生じた DNA の修復を行う多様な機構が備わっており (**DNA 修復**)[11]，最終的な誤りの頻度は 10^{-11} ～ 10^{-12} と推定されている。

3.3 遺伝子発現の基本過程：転写

遺伝子が機能するためには，まず鋳型 DNA から RNA への転写反応が起きる。真核生物の場合，さらに成熟 mRNA への加工が必要である。以下では主として真核生物について説明する。

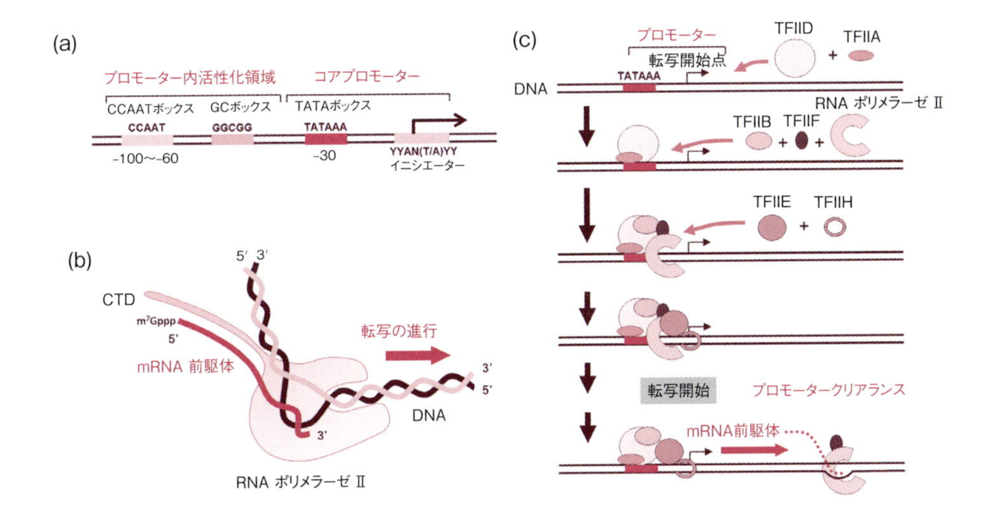

図 3.6 転写反応
(a) 転写開始点，(b) RNA ポリメラーゼによる転写反応，(c) 転写開始点における転写開始複合体の形成。TATA への TFIID の結合を引き金として基本転写因子が複合体を形成し，引き続いて転写を開始する（プロモータークリアランス）。((c) Alberts, B., *et al.* 2016 より改変)

3.3.1 基本的転写反応

遺伝子の転写反応は，DNA 成分とタンパク質成分により制御されており，それぞれシスエレメント，トランス作用因子とよばれる。シスエレメントは，遺伝子周辺の特定配列部位であり，これを認識して実際に転写を制御するタンパク質がトランス作用因子である。シスエレメントの１つである遺伝子の転写開始部位を**プロモーター**とよぶ（図3.6 (a)）。この部分に RNA ポリメラーゼが結合し，転写を開始する。遺伝子の多くで，転写開始点から約 30 bp 上流に，TATAAA を基本とする配列をもつことから TATA ボックスとよばれる部位が存在する[12]。

タンパク質をコードする遺伝子の転写を担当するのは **RNA ポリメラーゼⅡ**である[13]（図 3.6 (b)）。プロモーターを認識して転写開始を実行するトランス作用因子は**基本転写因子**[14]とよばれ，特に重要なものは TFIID である。これ自体多数のタンパク質からなる複合体であり，この中の TATA 結合タンパク質 (TBP) が TATA ボックスに結合する。TFIID をコアとして基本転写複合体が形成されると，RNA ポリメラーゼⅡがよび寄せられ，**転写開始前複合体**が生じる（図 3.6 (c)）。RNA ポリメラーゼⅡは，その C 末端部位（CTD）がリン酸化されることでプロモーターから移動を始め，RNA 合成が始まる。転写の伸長には基本転写因子は関与せず，ポリメラーゼだけが鋳型 DNA を移動する。合成された転写産物は速やかに鋳型 DNA を離れ，DNA は二本鎖に戻る。転写終結は，原核生物ではターミネーターとよばれる部位で起きるが，真核生物での詳細はわかっていない。

3.3.2 転写産物のプロセシング

真核生物の場合，転写産物には様々な加工（プロセシング）が行われる（図 3.7）。転写直後の mRNA 前駆体の 5′ 末端には，メチル化グアノシンが伸長方向と逆に結合する。この**キャップ構造**はリボソームの結合と翻訳開始に必要である。転写反応がコード領域を通過した後，ポリ A 付加配列[15]とよばれる配列の 20〜30 塩基下流で転写産物は切断され，3′ 末端に 200 個前後のアデニン残基が連続して付加される（**ポリ A 配列**）。ポリ A は mRNA の安定化，翻訳効率の調節にかかわる。

真核生物の大きな特徴として，遺伝子が分割され，転写領域内に，必要な配列と別に不要な配列が含まれている。これらをそれぞれ**エキソン**，**イントロン**とよぶ。イントロン領域は mRNA 前駆体から**スプライシング** (splicing) とよばれる反応で除去され，残ったエキソンが連結されて mRNA が完成する。こうした一見複雑な反応はどうして可能になるのだろうか。各イントロンの 5′ 末端と 3′ 末端の周

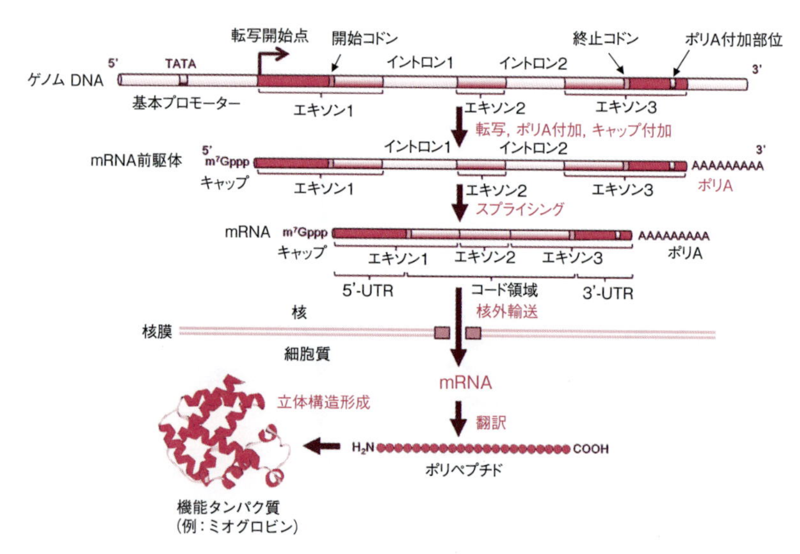

図 3.7 真核生物における転写産物のプロセシング
(Gilbert, S. F. 2015 より改変)

辺には多くの遺伝子で保存されている配列があり[16)]，核内低分子 RNA とスプライシング因子がこれらの特徴を認識する結果，**スプライソソーム**(spliceosome) とよばれる巨大な複合体を形成し，この中でイントロンの除去とエキソンの連結が進行するのである。

完成した mRNA 配列は，5′ 末側の非翻訳領域 (5′-UTR)，コード領域，3′ 末側の非翻訳領域 (3′-UTR) に区別される。5′-UTR はリーダー配列ともよばれ，翻訳効率にかかわる。一方，3′-UTR はしばしば mRNA の安定性を決定する。

原核生物の場合，転写で生じた mRNA はそのまま以下に述べる翻訳の鋳型となるのに対し，真核生物では，プロセシングにより成熟した mRNA は核外に輸送され，そこで翻訳にかかわることになる。

3.4 遺伝子発現の基本過程：翻訳

遺伝情報，具体的には mRNA の配列に基づいてタンパク質を合成する反応を**翻訳**とよぶ (図 3.8)。この反応には，mRNA に加え，**リボソーム RNA** (**rRNA**) と**転移 RNA** (**tRNA**) が重要である。rRNA は多数のタンパク質とともに，タンパク質の合成装置として**リボソーム** (ribosome) という巨大なタンパク質 -RNA 複合体を構成する (コラム 1.2)。tRNA はリボソームにおいて，mRNA の塩基配列をアミノ酸配列に変換するアダプターとして重要である。tRNA 分子には mRNA 上のコドン配列と相補的なアンチコドンがあり，3′ 末端にはコドンと対応するアミノ酸がカルボキシル基を介して結合する[17)]。このアミノアシル tRNA がリボソーム上で mRNA 配列に従ってよび寄せられる結果，アミノ酸が連結される。以下では真核生物の翻訳反応について説明するが，原核生物でも大筋は同じである。

まず，開始段階においては，**開始因子** (initiation factor) の働きで mRNA の 5′-UTR にリボソームの小サブユニットが結合する[18)]。引き続き，開始コドンの部位に，アンチコドン (CAU) をもつメチオニル tRNA (原核生物ではホルミルメチオニル tRNA) が結合し，大サブユニットも加わって，開始複合体 (initiation complex) が形成される。この際，メチオニル tRNA は大サブユニット内で P 部位[19)]とよばれる領域に配置される。

伸長段階になると，次のコドンに対応するアミノアシル tRNA が，P 部位の隣にある A 部位で mRNA のコドンと結合する。すると，この tRNA の 3′ 末端に結合したアミノ酸のアミノ基に，P 部位にある先行アミノアシル tRNA のアミノ酸が転移し，カルボキシル基を介してペプチド結合をつくる。アミノ酸が除去された P 部位の先行 tRNA はリボソームから遊離し，A 部位にあった tRNA は新生ペプチド鎖を連結したまま mRNA とともに P 部位に移動す

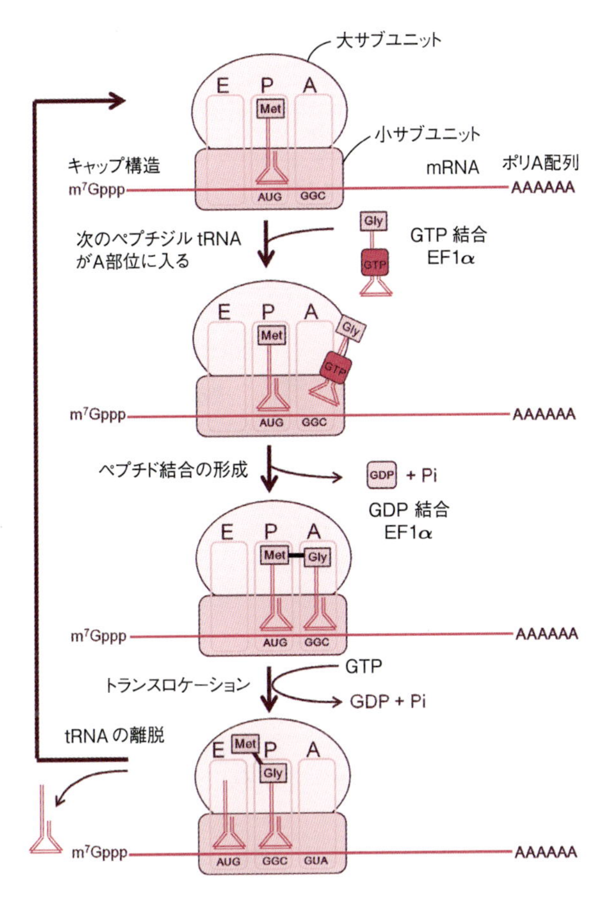

図 3.8 翻訳によるタンパク質の合成
（武村 2007 より改変）

る。これに続き，第 3 のコドンに対応するアミノアシル tRNA が空になった A 部位に入る。以上の反応は EF1 α などの**伸長因子**（elongation factor）と GTP を必要としており，この繰返しにより，リボソームは mRNA 上を 5′ → 3′ の方向に移動し，新生ポリペプチド鎖の合成が進行する。

リボソームが最終的に mRNA 上の終止コドンに到達し，このコドンが A 部位に入ると，リボソームは大小のサブユニットに解離する。P 部位にあった tRNA は遊離し，新生ポリペプチドを切り離してタンパク質合成が終了する。

3.5 遺伝子発現の調節：転写調節

細胞のゲノムは，生物種により程度の差はあるが，多数の遺伝子を含む。しかし，これらはランダムに発現するわけではない。細胞は，必要に応じ，適切な遺伝子を，適切なレベル，適切なタイミングで発現する。多細胞生物の場合，個体は多様な細胞から構成されるが，これらは基本的に同じ遺伝情報をもっており，遺伝的に等価とされる。それにもかかわらず，多様な細胞が出現するのは，各細胞が，多数ある遺伝子の一部を，適切な時期，レベル，必要な領域で発現することによる（**差次的遺伝子発現**）（7 章参照）。遺伝子の発現制御はいくつかの異なるレベルで行われるが，染色体 DNA からの転写が特に重要であり，DNA の塩基配列に基づいた制御機構，そしてより高次の制御機構が関与する。

3.5.1 塩基配列に基づいた制御

転写は通常，シスエレメントとトランス作用因子により制御されている（3.3 節参照）。シスエレメントの 1 つであるプロモーターは，転写開始点を決定するうえで重要であるが，転写の強さ，発現する細

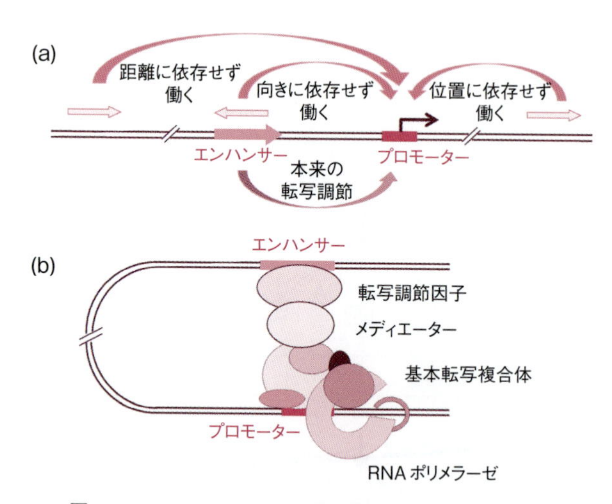

図 3.9　エンハンサーによる転写制御
(a) エンハンサーの特徴, (b) エンハンサーの作用機構

胞や組織, 時期 (時期特異性, 組織特異性) を決定する能力はないことが多い[20]。転写活性を決定するのは, さらに上流, 下流, あるいはイントロンに存在するシスエレメントであり, これを**エンハンサー** (enhancer) とよぶ。典型的なエンハンサーは, 遺伝子からの距離, 遺伝子に対する位置, 遺伝子に対する方向によらず働くことが知られている。つまり, 遺伝子の近傍にあってもはるかに離れても, 遺伝子の上流, 下流いずれにあっても, さらに向きを逆にしても同様に働く (図 3.9 (a))。エンハンサーに対するトランス作用因子は**転写調節因子** (**転写因子**, transcription factor) とよばれる様々な核タンパク質であり, 各々が特定エンハンサーに特異的に働く。なお, 逆に遺伝子の転写を抑制する転写調節領域も知られており, 特にサイレンサーとよぶことがある。エンハンサーと同様に, サイレンサーにも時期, 細胞特異性がみられる。

エンハンサーの特徴的な働きを可能にする分子機構は最近詳細がわかってきている。エンハンサーに結合する転写調節因子は, DNA をループさせることによりプロモーターに接近し, 基本転写複合体やクロマチンに作用する結果, プロモーターの転写効率を制御する。エンハンサーやそれに結合した転写調節因子と基本転写複合体の相互作用には**メディエーター**とよばれるタンパク質複合体がかかわる (図 3.9 (b))。転写調節因子, あるいはメディエーターは, ヒストンアセチル化酵素, ヒストンメチル化酵素などをプロモーター周辺に集合させ, 周辺のヌクレオソーム構造をゆるめるなど, エピジェネティクス制御によりクロマチンの転写活性を調節することも多い (3.5.2 参照)。

3.5.2　エピジェネティクス：クロマチンレベルの発現制御機構

遺伝子の転写は, DNA の塩基配列のみで決まるわけではない。真核生物の場合, ゲノム DNA は核内タンパク質とともに**クロマチン** (chromatin) とよばれる複合体を形成する。遺伝子発現は, クロマチンを舞台として, さらに高次のレベルで制御されており, これが多細胞生物の細胞分化と体制の複雑化に貢献している。こうした制御機構を**エピジェネティクス** (epigenetics) とよぶ。エピジェネティクスは, 行動や記憶, そしてヒトの様々な生活習慣病, 精神疾患, 発がん, 代謝異常, 老化などにもかかわっており, 現在, 活発な研究が進められている。

(1)　ヒストンの化学修飾

ヒストンの化学修飾が, ゲノム DNA の状態の調節で重要であることが知られている。コアヒストンのアミノ末端領域は, ヌクレオソームの本体 (コア粒子) から外部に伸びていることからヒストンテールとよばれ, この部分のメチル化やアセチル化がクロマチンの機能調節において重要である。

ヒストンのアセチル化は, コアヒストンの H3 や H4 において, 正電荷をもつリシンの側鎖で起きる。

ヒストンは，リシンなどの塩基性アミノ酸を多く含むために全体として正電荷をもっており，負電荷をもつDNAと強く結合する。しかし，アセチル化の結果として電荷を失うため，ヌクレオソームの構造がゆるみ，転写されやすくなるのである。アセチル化はヒストンアセチル基転移酵素（HAT）により，アセチル基の除去はヒストン脱アセチル化酵素（HDAC）により触媒されており，この結果，転写はダイナミックに制御される。

ヒストンのメチル化は，ヒストンメチル化酵素により触媒されるが，メチル化の役割は部位により異なる（図3.11）。例えば，H3の4番目のリシン（K）に3個のメチル基が付加されると（H3K4me3と表記），クロマチンの転写レベルが上昇するが，H3の9番目のリシンがメチル化されると（H3K9），転写は強く抑制される。なお，メチル基の除去を行うヒストン脱メチル化酵素も存在しており，ヒストンメチル化も細胞内で厳密に制御されている[21]。

(2)　DNAのメチル化による転写の抑制

転写は遺伝子周辺領域における**DNAのメチル化**で抑制されており，転写の活性化は脱メチル化を必要とする（図3.12(a)）。メチル化は，シトシン残基の次にグアニンが並ぶ場合（CpG）のシトシンの5の位置に限定されている（**5-メチルシトシン**）[22]。

コラム3.1：転写調節因子の基本的構造とファミリー

転写調節因子は異なる機能をもつ複数の領域から構成されており，これらをドメインとよぶ（図3.10(a)）。一般的には，DNA結合ドメインと転写調節ドメインをもつ。DNA結合ドメインはエンハンサーなどのDNAを認識するドメインであり，特定塩基配列に結合する（図3.10(b)）。転写調節ドメインは，実際に転写レベルを制御する領域であり，プロモーター上の基本転写複合体や各種クロマチン修飾タンパク質と相互作用して転写を制御する。また，多くの転写調節因子は単量体としてではなく，二量体で働くが，この際のタンパク質間結合は相互作用ドメイン（二量体形成ドメイン）を介して行われる。この他，ステロイドホルモン受容体のように，ホルモンなどの結合で活性化される転写因子ファミリー（核受容体ファミリー）があり，この場合はリガンド結合ドメインがホルモンなどの結合に必要となる。

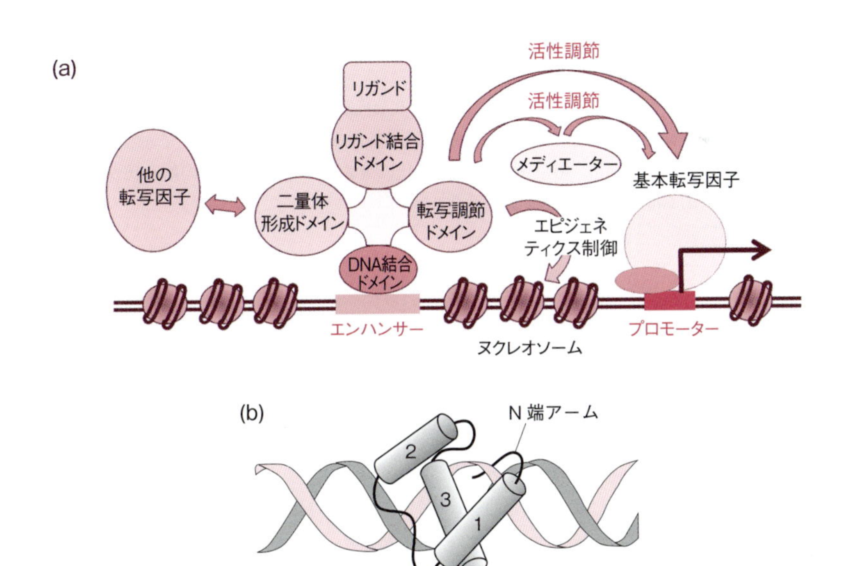

図3.10　転写調節因子
(a) ドメイン構造と転写の調節，(b) ホメオドメイン。典型的なDNA結合ドメインであり，ホメオドメイン転写因子とよばれる多くの転写調節因子でみられる。3個のαヘリックスでDNAに結合する。

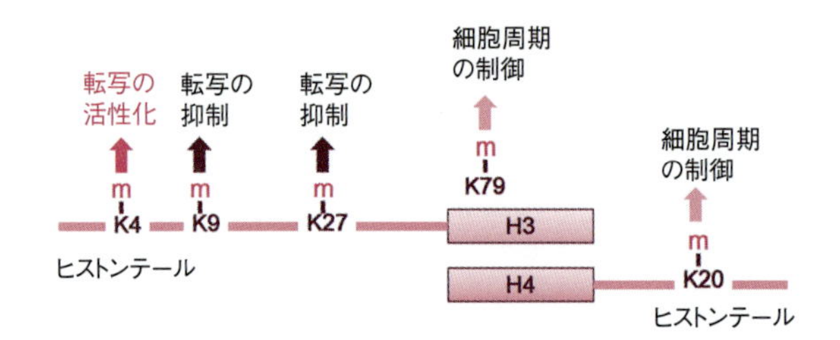

図 3.11　ヒストンのメチル化

コアヒストンの H3 と H4 におけるおもなメチル化部位を示す。（眞貝 2005 より改変）

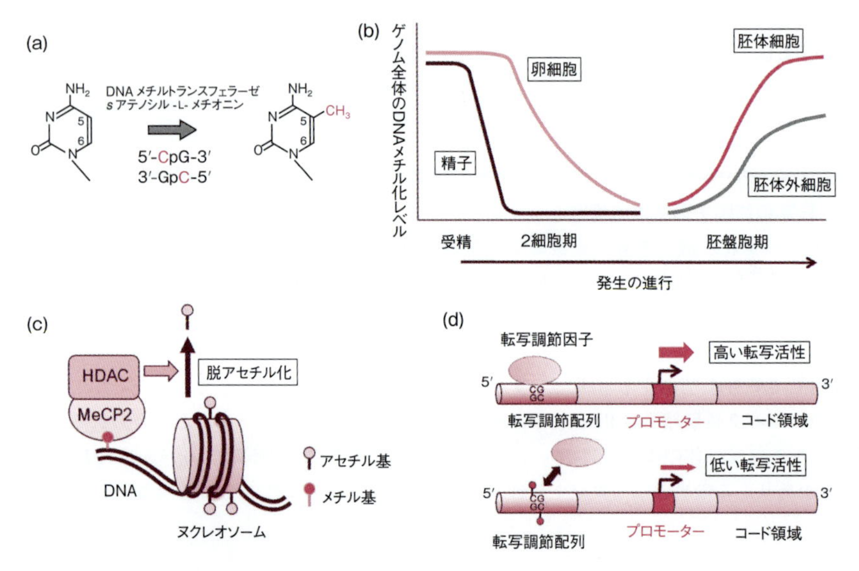

図 3.12　DNA のメチル化による転写制御

(a) DNA メチル化反応。(b) マウス初期発生でのゲノム DNA のメチル化レベル。精子，卵由来ゲノム，胚体細胞，胚体外細胞系列（それぞれ内部細胞塊，栄養外胚葉由来）のゲノムについて示す。(c) DNA メチル化部位でのヒストンの脱アセチル化。(d) DNA のメチル化による転写活性化因子の結合阻害。((b) 田中・塩田 2005 より改変，(c)，(d) Gilbert, S. F. 2015 より改変)

DNA のメチル化が起きると，その部位は転写調節因子の結合を邪魔することになる。また，メチル化部位には，MeCP2 タンパク質が結合し，これが転写抑制にかかわるヒストンメチル化酵素，脱アセチル化酵素をよび寄せる。結果的に，DNA メチル化は遺伝子周辺のクロマチン構造を閉じた状態とすることになる（図 3.12 (c)，(d)）。

DNA のメチル化は哺乳類の個体発生で厳密に制御されている。始原生殖細胞の形成時にはほぼ全遺伝子で脱メチル化が起きる。その後，配偶子が分化する過程で新たなメチル化が起きるが，成熟配偶子が受精し，発生が始まると，DNA のメチル化パターンは再び減少する（図 3.12 (b)）。これは発生に先立ったエピジェネティクス制御の初期化と考えられる。その後，胚体では再度 DNA メチル化が進行し，これが様々な細胞分化に関与する[23]。

上述のように，発生過程で DNA のメチル化レベルはダイナミックに変動するが，この変化には DNA のメチル化と脱メチル化が関与する（図 3.13）。メチル化酵素としては新規にメチル化（**新規メチル化**）する Dnmt3 があり，いったん生じたメチル化パターンの維持には（**維持メチル化**），Dnmt1 が必要となる。脱メチル化については，メチル化の維持が働かない状況で DNA が複製すると

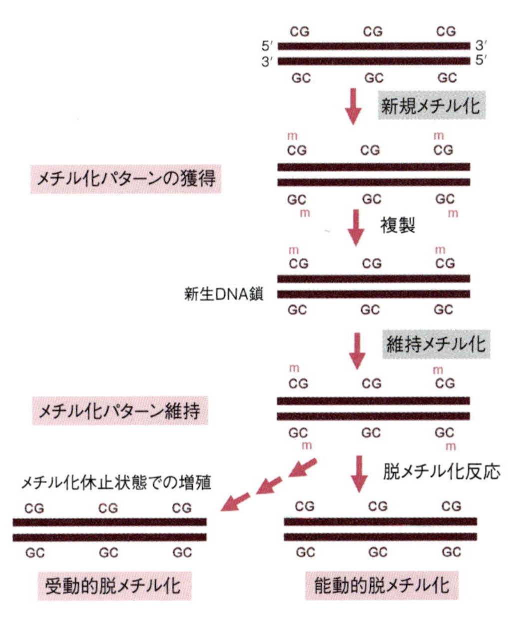

図 3.13 DNA のメチル化反応と脱メチル化反応

結果的にメチル化パターンが消失するが（**受動的脱メチル化**），これと別に特異的な脱メチル化反応（**能動的脱メチル化**）が近年見いだされている。

3.6 遺伝子発現の調節：転写後調節

遺伝子の発現とは，その産物であるタンパク質が適切に働くことであり，(1) 転写レベルに加え，(2) 機能的な mRNA へのプロセシング，(3) 核から細胞質への移行，(4) タンパク質の合成（翻訳），(5) タンパク質の機能獲得のための適切な加工（化学修飾，切断）においても制御される。したがって，これら転写に続く遺伝子発現の調節機構（**転写後調節**）を理解する必要がある。

3.6.1 RNA のプロセシングとその制御

転写産物のスプライシングにおいて，異なるエキソンの組合せが起きることがあり，**選択的スプライシング**とよばれる。結果として，1 個の遺伝子から複数の異なる mRNA，そしてタンパク質が産生されることになり，これらはスプライシングアイソフォームとよばれる（図 3.14）。組織，細胞特異的なエキソンの選択はスプライシング因子と総称されるタンパク質に依存しており，これにより組織，細胞特異的スプライシングが生じる。動物の遺伝子数は意外なほど種間で似ており（表 3.1），細胞分化の複雑さのレベルが大きく異なる 1 つの理由はむしろ選択的スプライシングであるとされる。ヒトの場合，92％の遺伝子がスプライシングアイソフォームをもつ。

3.6.2 翻訳反応および翻訳後の過程における制御

mRNA 自体の安定性は遺伝子ごとに異なっており，安定な mRNA ほど大量のタンパク質が合成される。一般に，mRNA はポリ A 配列が長いほど安定であり，ポリ A の長さによりタンパク質合成の調節が行われる。また，3′ 側の非翻訳領域（3′-UTR）も安定性にかかわっており，この場合の安定性の制御には，マイクロ RNA（1 章参照）が関与する。翻訳反応自体が制御されることも知られている。例えば，卵母細胞中に蓄えられている mRNA の翻訳は，受精前には抑制されており，受精が引き金となっていっせいに活性化される。

遺伝子発現最終段階は翻訳産物，つまりタンパク質のレベルで行われる。ある種のペプチド性物質や

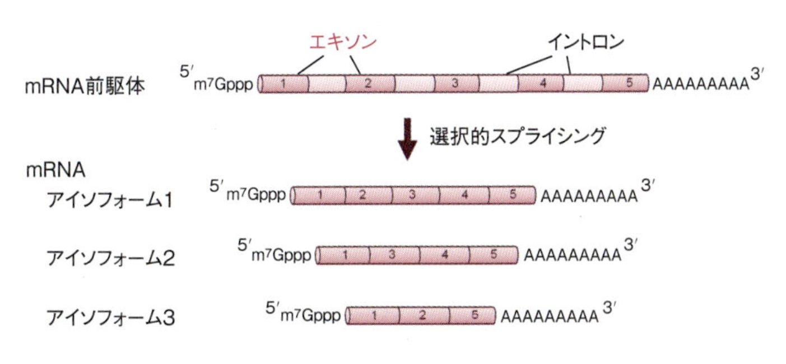

図 3.14 選択的スプライシング
1 つの遺伝子から異なる mRNA が産生される。

酵素は，前駆体タンパク質の適切な切断で活性化される[24]。細胞表層，核，小胞体，ゴルジ体などの細胞小器官，リボソームなどで働くタンパク質は，それらの構造体への輸送のレベルで制御が行われている。

3.7 ゲノム研究のインパクト

3.7.1 ゲノムプロジェクト

ゲノムプロジェクトは，特定生物について，全ゲノム塩基配列を決定し，タンパク質コード領域やその他のゲノム領域の特徴，機能に関する注釈をつける（アノテーション）ことで，生命にかかわる遺伝情報を解読することを目的とする。ヒトゲノムプロジェクトが一連のゲノムプロジェクトに先行して開始され，二重らせん構造の発見から50年となる2003年に完了した。当初の対象はヒト，そして重要なモデル生物だったが，その後，多様な生物種に拡大している。公的研究機関が国際的なチームを組んで行うことが多いが，企業による解読もなされている[25]。

3.7.2 ポストゲノム研究

生物科学において，塩基配列情報はもちろん重要であるが，それだけではゲノムの理解には不十分である。ゲノム情報から生命の仕組みを解明するために現在行われているゲノム解読以降の研究を総称して**ポストゲノム研究**という。

生命の仕組みを理解するためには，生体分子自体に関する網羅的な解析が必要である。多細胞生物の場合，基本的にすべての細胞でゲノムは同一であるが，細胞ごとに発現する遺伝子の種類が異なっており，それらの組合せが細胞の性質や機能を決める。したがって，mRNA，つまり転写産物（transcript）の種類や量（プロファイル）を調べることで，ゲノムの働きを知ることができる。こうして，mRNA全体を表す**トランスクリプトーム**（transcriptome）の研究が重要な研究アプローチとなった。

その他，細胞で発現するタンパク質（protein）の全体像は**プロテオーム**（proteome），代謝産物（metabolite）の総和は**メタボローム**（metabolome）とよばれ，現在盛んに研究されている。これらの分野の名称は語尾が -omics となることが多いため，関連する網羅的研究は**オミックス**（omics；プロテオームを扱うプロテオミクスなど）とよばれており，医薬開発などへの貢献が期待されている。

なお，トランスクリプトーム解析では**マイクロアレイ法**が一般的である。この手法では，ガラスなどの基盤に何万もの遺伝子配列を高密度でスポットし，これに多検体由来 mRNA より合成した蛍光標識 cDNA を相補性により結合させる。これをスキャナーで検出，定量することで，多数の遺伝子の発現を網羅的に解析する（図 3.15）。

また，大量の塩基配列情報をコンピューターで解析する**バイオインフォマティクス**（bioinformatics）が重要となっている。これは生命科学と情報科学が

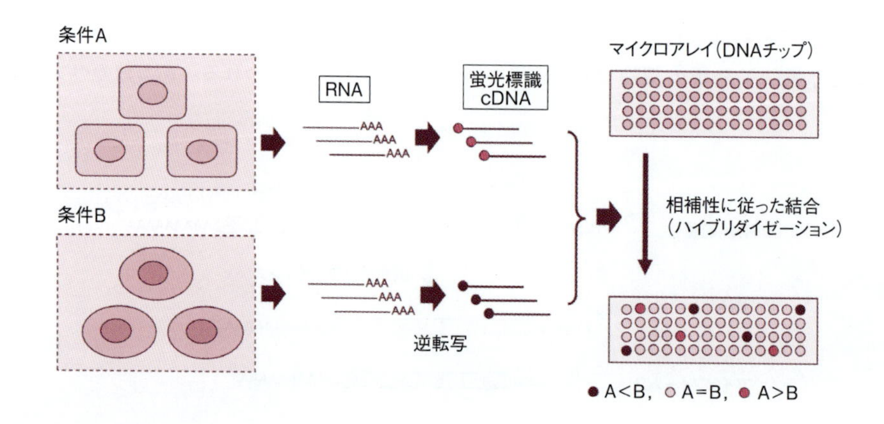

図 3.15 マイクロアレイ解析

条件 A と条件 B で発現する mRNA から異なる波長で蛍光標識された cDNA を合成し，DNA マイクロアレイに結合させる。蛍光を検出することで，A と B での発現レベルを多数の遺伝子について網羅的に比較できる。

融合した分野であり，膨大な塩基情報データからゲノムに関して様々な情報を取り出すことが可能である。現在，こうした解析を通し，生命現象をネットワーク，あるいはシステムとして総合的に捉えようとする**システム生物学**が注目されている。このアプローチは，医学やバイオテクノロジーでも貢献が期待される。様々な難治性疾患に関連する遺伝子や分子を特定すること，そして，これらについて，分子機能や物理化学的性質，他生物での役割や関連する遺伝子ネットワークなどの生物学的情報，関連する疾患は何か，など，多くの関連情報を得ることができるのである。

■ 演習問題

3.1　遺伝子が染色体に存在することはどのような根拠から示されるか述べよ。

3.2　1つのDNA分子からまったく同じ2つの分子に複製される仕組みを何とよぶか答えよ。また，その仕組みを簡単に説明せよ。

3.3　遺伝子の転写について，塩基配列に基づいた制御機構，塩基配列より高次の制御機構の各々について簡単に説明せよ。

3.4　遺伝子発現の転写後調節にはどのようなものがあるか説明せよ。

3.5　トランスクリプトーム解析について，何を調べるのか，何がわかるのかについて述べよ。

■ 注釈

1)　メンデルの法則は発表時(1865年)にはほとんど無視されており，1900年に3人の研究者(コレンス，チェルマク，ド・フリース)によって独立にその意義が再発見された。

2)　塩基配列がアミノ酸配列，つまりタンパク質の構造を決定することを「コードする」という。

3)　アメリカの2人の遺伝学者ビードルとテイタムにより提唱された。

4)　肺炎球菌ともいう。かつては肺炎双球菌とよばれた。S型菌の細胞は多糖類でできた皮膜で覆われており，宿主免疫系に抵抗性をもつ。

5)　「DNA中のGとC，AとTの分子数はそれぞれ常に同じになる」とする塩基の比率に関する法則。エルヴィン・シャルガフにより1951年に報告された。

6)　DNAの二重らせんモデル提唱の経緯に関する研究者たちの物語はワトソンの著書，「二重らせん」で詳しく描かれている。

7)　例外的に，RNAを鋳型としたDNAやRNAの合成がウイルスで知られる。

8)　dNTPは5′側にある高エネルギーリン酸結合部位で切断され，放出される化学エネルギーを用いて既存DNA鎖の3′末端にある水酸基とホスホジエステル結合を形成する。

9)　岡崎フラグメントの名称は，岡崎令治により発見されたことによる。

10)　通常の体細胞ではテロメラーゼの活性が弱く，テロメアの短縮とその結果としての細胞老化が起きることも知られている。

11)　異常となったヌクレオチドや塩基を除く除去修復，塩基対のミスマッチを正しく書き換えるミスマッチ修復，紫外線により生じた損傷を除去する光回復などがある。

12)　原核生物の場合，同様の機能をもつものとして−35ボックスと−10ボックスが知られている。

13)　真核生物の場合，rRNA遺伝子とtRNA遺伝子の転写はそれぞれRNAポリメラーゼⅠ，RNAポリメラーゼⅢが担当する。

14)　タンパク質をコードする遺伝子の場合，TFIIA，TFIIB，TFIID，TFIIE，TFIIF，TFIIHの6種が重要である。

15)　通常AATAAAという配列である。

16)　特に，イントロンの5′末端と3′末端はそれぞれAT(mRNA上ではAU)，GCであることから，これはAT-GC則(あるいはAU-GC則)とよばれる。

17)　アミノアシルtRNA合成酵素によりATPを用いて触媒される。

18)　原核生物ではShine-Dalgarno配列という結合部位があるが，真核生物ではmRNAの5′末端にあるキャップ構造が認識部位となる。

19)　P部位(peptidyl site)は新生ポリペプチド鎖と結合したtRNAの結合部位，A部位(aminoacyl site)はアミノアシルtRNAが結合する部位である。

20)　このようなプロモーターを特に基本プロモーターという。上流の調節領域を含めてプロモーターということもあり，この場合は転写活性自体も制御する。

21)　ヒストンメチル化は転写の他，細胞周期，DNA修復にもかかわることがわかっている。

22)　哺乳類では，このDNA修飾による転写の抑制機構が顕著であり，実際ゲノム中の約5%のシトシンがメチル化されている。一方で，ショウジョウバエなど，DNAメチル化がほとんどみられない動物も知られている。

23)　栄養外胚葉などの胚体外組織では低レベルのメチル化状態が維持される。

24)　ホルモン，神経ペプチド，消化酵素の例が知られる。

25)　ヒトゲノムプロジェクトは，各国の公的機関や大学などによる国際ヒトゲノム配列コンソーシアムによって組織されたものだが，最終的には私的企業であるセレラ・ジェノミクス社の貢献もあった。

4

動物の生命維持にかかわる各種器官

多細胞動物では，細胞が形態的・機能的に分化して，固有の機能を担う組織・器官を形づくっている。多様な器官は，消化・循環・呼吸・排出・運動などの機能ごとに連携し，器官系を構成する。本章では，動物の各器官の構造と機能について概説する。

4.1 消化系

動物は他の生物，もしくはその分解物を摂取し，そこから取り出した低分子の**栄養素**を自らのエネルギー源や体をつくる材料として利用している。食物を物理的に破砕し，化学的に変性，分散，溶解させ，酸や酵素により無害かつ吸収しやすい低分子に分解し，体内に吸収する過程を担うのが消化系である。

4.1.1 胃水管腔と消化管

消化系は，概ね初期胚の**原腸**に由来する。二胚葉性動物のヒドラや単純な三胚葉性動物のプラナリアでは，出入口を1つだけもつ袋状もしくは分岐管状の**胃水管腔**が消化の場となる（図 4.1 (a), (b)）。胃水管腔は，呼吸などの機能も兼ねている。より高等な動物では，原口とは別に外界と通じる開口が設けられ，食物摂取から残渣排出に至る一方向の流れのある**消化管**をもつ。線形動物から節足動物に至る**旧口動物**では，原口が摂取口となり，あとから生じたもう一方の開口が排出口となる。一方，棘皮動物から脊椎動物に至る**新口動物**では，原口が肛門となり，もう一方が口となる（9.8.3 参照）。

消化管は，機能の異なるいくつかの領域に分けられる。その構成には，進化の過程で生じた多様性が認められる（図 4.1 (c)-(f)）。

4.1.2 ヒトの消化管

ヒトの消化管（図 4.1 (f)）は，口腔から咽頭―食道―胃―十二指腸―空腸―回腸―結腸―直腸を経て肛門へと至る食物の通り道である。基本は粘膜で覆われた1本の管であるが，結腸の手前で盲腸が分岐する。消化管を囲む平滑筋は，自律神経により制御

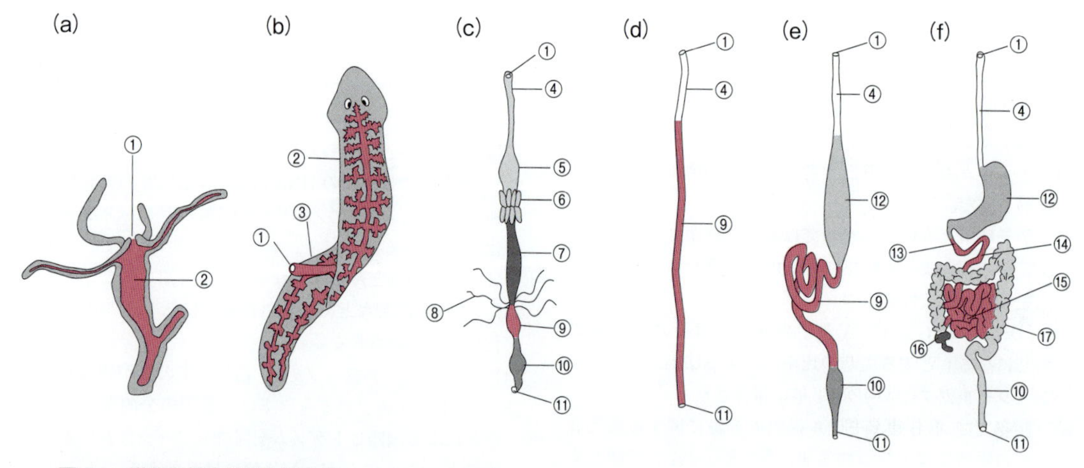

図 4.1　動物の胃水管腔と消化管

(a) ヒドラ，(b) プラナリア，(c) バッタ，(d) ヤツメウナギ，(e) サンショウウオ，(f) ヒト
①口，②胃水管腔，③咽頭，④食道，⑤砂嚢，⑥胃盲嚢，⑦中腸（胃），⑧マルピーギ管，⑨小腸，⑩直腸，⑪肛門，⑫胃，⑬十二指腸，⑭空腸，⑮回腸，⑯盲腸，⑰結腸

された蠕動運動により，食物を一方向に移動させる。

口腔では，咀嚼（噛むこと）による食物の物理的な破砕が行われる。**唾液**は嚥下（飲み込むこと）を助け，リゾチーム[1]などが口腔内を清浄に保つ。また，***α*-アミラーゼ**などの消化酵素が食物の部分消化を行い，舌の味受容器による味のチェックが行われる。**咽頭**は，鼻腔から喉頭を通って気管へと抜ける空気の通り道（気道）と，口腔から食道への食物の通り道とが交差する領域である。

胃（stomach）は，食物を貯蔵する腸の膨大部で，消化の機能も担う[2]。食物は噴門から入り，粥状に消化されたのち，幽門から小腸に送り出される。胃の粘膜上皮には多数のくぼみ（**胃小窩**）があり，そこに胃腺が開口する。胃腺からはペプシノーゲンや酸および粘液が分泌される。ペプシノーゲンはタンパク質分解酵素**ペプシン**の不活性型前駆体であり，酸およびペプシン自身による部分分解を受けて，活性型酵素となる。ヒトの胃液はヒトペプシンの至適 pH に一致して概ね pH 1.5～pH 2 である。胃の粘膜上皮自体は比較的高い pH の粘液で覆われており，自身のペプシンによる自己消化を免れている。この保護機能が損なわれ，胃壁が傷害された状態が胃潰瘍である。

食物の部分消化物が十二指腸に入ると，セクレチンやコレシストキニン（CCK）などの腸ホルモンが分泌される。これらが**膵臓**（pancreas）と胆囊に作用して膵液および胆汁の分泌を刺激することで，本格的な化学消化が始まる。膵液には，トリプシンや**キモトリプシン**などのプロテアーゼの他に，アミラーゼ，リパーゼ，ヌクレアーゼなどの消化酵素と重炭酸イオン（HCO_3^-）が含まれている。十二指腸腺（ブルンナー腺）からも HCO_3^- を含む粘液が分泌され，これが胃酸を中和することで化学的消化に至適な環境が整えられる。なお，膵臓には**膵島**が散在し，インスリンやグルカゴンを分泌する内分泌腺としての顔ももつ（5.6.5 参照）。

肝臓（liver）は代謝の中心的器官として多様な機能をもつが，本来は，消化管から派生した胆管が樹枝状に分岐してできた外分泌器官である。胆管末端部の上皮である肝実質細胞では，コレステロールやビリルビンをはじめとする脂溶性低分子がタウリンやグルクロン酸による修飾を受けて可溶化され（**抱合化**），**胆汁**として胆管へと分泌される。胆汁は，胆囊に蓄えられたのち，適宜十二指腸に放出される。コレステロールの抱合体である**胆汁酸**は，界面活性剤として働き，食物中の脂肪を分散させ，数十 nm ほどの小油滴（ミセル）にする。**ミセル化**は，膵リパーゼが油脂と接触する界面の表面積を増大させ，脂質消化を助ける。胆汁酸は小腸で再吸収され，**門脈**を経て肝臓に戻り，再び胆汁として十二指腸に分泌される。この再利用のループを**腸肝循環**という（図 4.2）。

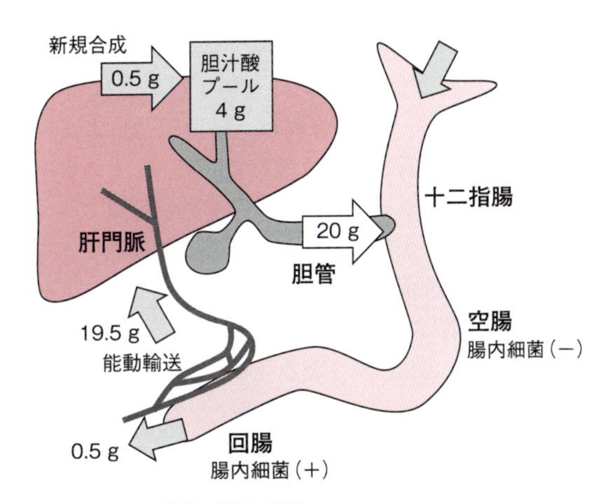

図 4.2 胆汁酸の腸管循環
胆汁酸は 1 日に約 20g 分泌されるが，そのほとんどが回腸で再吸収されて肝臓に戻る。

小腸（small intestine）は，十二指腸，空腸，回腸の 3 領域に分けられる。空腸という名称は，胆汁酸の殺菌効果により腸内細菌が育たず，内容物も粥状で，空っぽにみえる外観に由来する。小腸粘膜は，**輪状ひだ**（高さ～1cm），**絨毛**（～1mm），**微絨毛**（～1μm）という階層的な折り畳み構造をもち，広い吸収表面積が確保されている。吸収された糖やアミノ酸，短中鎖脂肪酸などの栄養素は，絨毛の毛細血管から肝門脈を経て肝臓に運ばれる。一方，長鎖脂肪酸は中性脂肪（おもにトリグリセリド）となり，**キロミクロン**とよばれる腸型のリポタンパク質に荷積みされる。**リポタンパク質**は，体内で脂質を運ぶためのいわば貨物船である。キロミクロンは，絨毛のリンパ管（乳糜管（にゅうびかん））に入り，胸管を経て左鎖骨下静脈に入る。肝臓を経ずに体循環を巡り，全身の組織にトリグリセリドが運ばれる。なお，キロミクロンの供給が途絶える食間は，肝臓由来の超低密度リポタンパク質（**VLDL**）が脂質の運搬を支えている。

ヒトの**大腸**（large intestine）は，盲腸，結腸，直腸からなる。大腸は小腸よりも太く，絨毛を欠く。

便からの水分吸収を担っており，乾燥に適応した陸生動物で発達している。また，**腸内フローラ**が形成され（コラム 4.1），特に盲腸は，腸内細菌による発酵の場として草食動物で発達している。ヒトの盲腸は数 cm 程度と短く，盲端付近に虫垂が付属する。虫垂は，盲腸の先端が退縮して生じる突起物で，退化中の不要な部位と考えられてきたが，実際にはその粘膜下組織にはリンパ小節が密集し，IgA 産生 B リンパ球を大腸に送る主要な免疫器官として働いている。

4.2 呼吸系と循環系

体のサイズが大きくなれば体積（≒細胞数）に対する体表面積の比が小さくなる。ミクロンスケールの微小動物では，自然拡散によるガス交換，栄養吸収，老廃物の排出は容易だが，サイズのより大きな動物では，これらを促す特別な形状や仕組みが必要となる。二胚葉性動物ではすべての細胞が外環境に接しており，消化腔を広げることで体のサイズを大きくできる（9.8.2 参照）。三胚葉性の扁形動物では，扁平な形状によりガス交換のための表面積を確保し，複雑に分岐した消化腔や排出管（原腎管）を張り巡らせることで，栄養吸収および老廃物排出のための表面積を確保している。より大型の動物では，外界と接する表面積の確保に加え，体液の循環系を発達させて，深部の組織への物質移動を可能にしている。

4.2.1 ガス交換と呼吸器

真核生物は，好気呼吸を行うミトコンドリアとの細胞内共生関係をもつことで繁栄してきた。酸素を取り入れ二酸化炭素を排出するため，動物は呼吸器を発達させ，外気（または外水）と接する広い体表

コラム 4.1：腸内フローラとの共生

腸内には真正細菌や古細菌，原生生物や菌類などの多様な共生生物が住み，**腸内フローラ**（gut flora）を形成している。宿主と相利共生関係にある生物もみられる。例えば，シロアリは，セルラーゼを合成する原生生物を腸内にもつことで，木材のセルロースを食材として利用できる。また，ウサギは腸内細菌に富む盲腸でつくられる特殊な便（盲腸便）を排泄し，自身でこれを食べることでビタミンを補給している。ヒトでも，ビタミンの一部を腸内細菌に依存している。腸内フローラが未発達な新生児では，ビタミン K 欠乏が原因で生じる内出血による死亡例も少なくない。そのため，出生時のビタミン K 投与が一般に行われている。腸内フローラの構成は食習慣によって大きく変わるが，逆に，宿主動物の代謝や嗜好も腸内フローラによって影響を受ける。ヒト肥満児や肥満マウスの腸内細菌を正常なマウスの腸内に移植すると，移植されたマウスは肥満になる（図 4.3）。腸内細菌は，自分たちにとって快適な腸内環境になるよう宿主を操作しているのかもしれない。

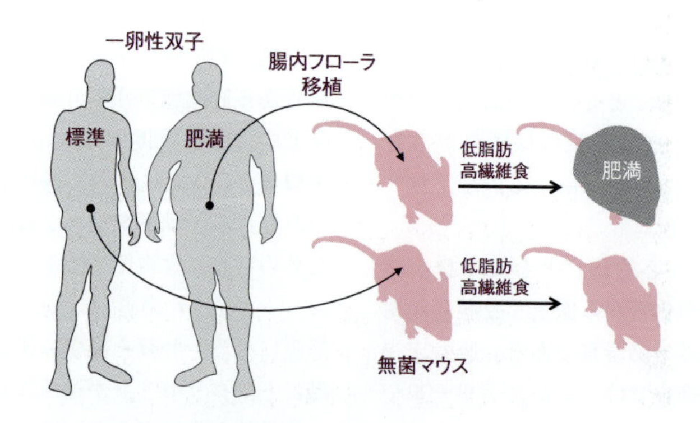

図 4.3　腸内細菌の移植実験
（Ridaura, V. K. *et al.* 2013 より改変引用）

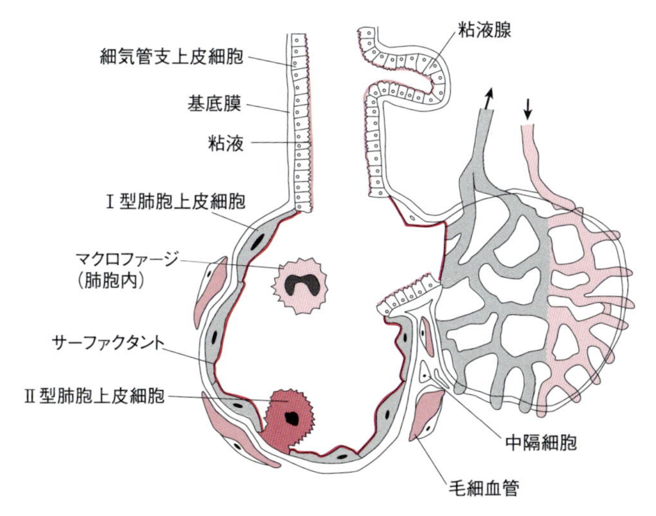

図 4.4　肺胞の構造

面積を確保している。水生の節足動物や魚類では，体表や消化管の一部を櫛状や格子状にした鰓をもち，これに送水して高い効率のガス交換を行っている。陸上の昆虫などは表皮にある気門から体内へと延びた分岐管状の**気管系**をもつ。セミのように，気管の盲端付近に気嚢とよばれる膨大部をもち，これを周囲の外骨格により周期的に圧縮することで，強制的に気管内部の空気を入れ換えることができる種も多い。また，陸生の脊椎動物は，消化管が分岐して生じた**肺** (lung) を発達させた。肺は硬骨魚類の浮袋と同じ起源をもつ。浅瀬に追いやられた硬骨魚の祖先がガス交換機能を備えた気嚢を獲得し，それが肺や浮袋に転じて子孫の繁栄を支えている。

4.2.2　ヒトの呼吸器

空気の通り道である気道は，鼻腔から咽頭を経て喉頭に至る上気道と，喉頭から気管，気管支，細気管支を経て肺胞に至る下気道からなる。気管から末端部の肺胞までには二十数回もの分岐があり，そのたびに管径が小さくなっていく。気道の粘膜上皮は，湿潤環境を保つとともに，繊毛により粘液と一緒に異物を喉頭へと送り出す機能をもっている。

肺胞は，毛細血管に裏打ちされた直径約 200 μm の球体で，I 型 (扁平) 細胞および II 型 (顆粒) 細胞からなる単層の肺胞上皮でできている (図 4.4)。その数は両肺で約 3 億個にのぼる。I 型細胞と内皮細胞は扁平で，互いに近接しており，ガスの拡散移動を容易にしている。II 型細胞は，腔内に界面活性物質 (**サーファクタント**) を分泌する。これは，肺胞が水の表面張力により潰れてしまうのを防いでいる。呼吸の際には，(1) 横隔膜と外肋間筋の収縮により胸郭が拡大することで，胸郭内が陰圧となり肺に空気が入る，(2) 両筋の弛緩により胸郭が縮小することで自然と空気が吐き出される，の 2 ステップが繰り返される。

4.2.3　循 環 系

酸素や栄養分を体内の全細胞に行き渡らせるには，これらを取り込んだ体液 (細胞外液) を攪拌し，循環させる必要がある。小型の動物では，体の動きに応じて細胞外液が攪拌されれば事足りるが，大型の動物では，整流弁のついた脈管をもち，体の運動やポンプ (心臓) により体液を還流させている。例えば，チョウの幼虫の背脈管は，体の蠕動運動に伴い，各体節に開いた孔 (心門) から体液を吸い込み，頭部にある開放端へと送る (図 4.5 (a))。ヒトの静脈やリンパ管も整流弁をもち，骨格筋の収縮に伴い，血液やリンパ液を一定方向に送る。一方，ヒトの心臓血管系は，さらに**心臓** (heart) という強力な圧力ポンプで送液する仕組みをもつ。特殊な例では，棘皮動物の水管系がある。**水管系**は，体腔に由来する輸送路で腔内には浮遊細胞もみられるが，管腔は水管[3]を通じて体外と繋がっていて，体液というよりほぼ海水とよぶべき液で満たされている。

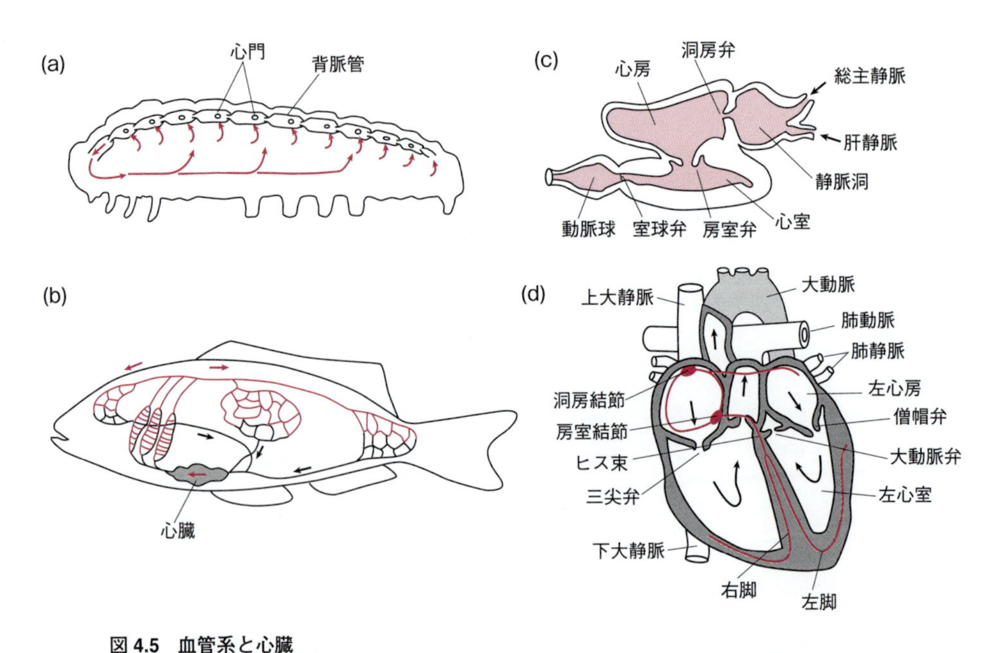

図 4.5　血管系と心臓
(a) チョウの幼虫の開放血管系，(b) 魚の閉鎖血管系，(c) 魚類の心臓，(d) ヒトの心臓

4.2.4　脊椎動物の循環系

脊椎動物の循環系は，心臓，動静脈と毛細血管からなる心臓血管系，そしてリンパ管から構成される。血管網は閉じられ，脾臓(ひぞう)などの一部の例外を除き，赤血球は漏出しない（**閉鎖血管系**）（図 4.5 (b)）。

魚類は 1 心房 1 心室の心臓をもつ（図 4.5 (c)）。心房に入った静脈血は，心室からまず鰓に向かい，動脈血となってさらに全身へと送られる。心房は心室が収縮中でも逆流を防ぎつつ効率よく静脈血を集めるための前室として機能し，静脈洞はさらにその前室として機能する。両生類の成体では肺循環が確立されており，2 心房 1 心室の心臓をもつ。爬虫類では心室に不完全ながら隔壁を生じており，鳥類と哺乳類では完全に心室が分かれて 2 心房 2 心室の心臓をもつ（図 4.5 (d)）。心筋の収縮は，**洞房結節**（sinoatrial node: SA node）にあるペースメーカーによって，リズムが保たれている（4.4.3 参照）。**房室結節**（atrioventricular node: AV node）は，心房の収縮と心室の収縮に，適切な時間差を生じさせる。

動脈の壁は，心室が押し出す血液の圧力（血圧）に耐えられるよう，厚い平滑筋と弾性繊維でできている。静脈には整流弁があり，重力に逆らって脚から心臓へと血液を送ることができる。毛細血管網は緻密にできており，体内のほぼすべての細胞が，血管から概ね 30 μm 以内に配置されている。

4.2.5　血　　液

成人では，体重の 10%（約 6L）の血液が，血管内を循環している。血液は約 45% を占める細胞成分（赤血球，白血球，血小板）と約 55% を占める液性成分（**血漿**）からできている。ヒト血漿は，0.9% NaCl，0.1% グルコースなどを含む水溶液である。おもに HCO_3^- がもつ緩衝作用により動脈血で pH 7.35〜pH 7.45 の狭い範囲に保たれている。

細胞成分の 95% を占める**赤血球**（red blood cell, erythrocyte）は，血液 1 μL あたり約 500 万個含まれている。赤血球は細胞 1 個あたり数億分子もの酸素結合タンパク質（**ヘモグロビン**）を積載し，もっぱら酸素運搬を行う。哺乳類の赤血球は無核で中心部がへこんだ円板状をしている。この形状は，胎盤の毛細血管のように細い血管を通過するのに優れている。

ヒトの酸素結合タンパク質には，ヘモグロビンの他に，筋肉のミオグロビン，神経のニューログロビン，その他の細胞のサイトグロビンの 4 種類が知られている。ヘモグロビンは肺胞から各組織へ酸素を運び，他のグロビンは細胞内の酸素運搬を担う。成人のヘモグロビンは，α と β のサブユニットが 2 つずつ会合した四量体として機能する。あるサブユニットに酸素 1 分子が結合すると，他のサブユニットに酸素がより結合しやすくなる性質をもつ[4]。その

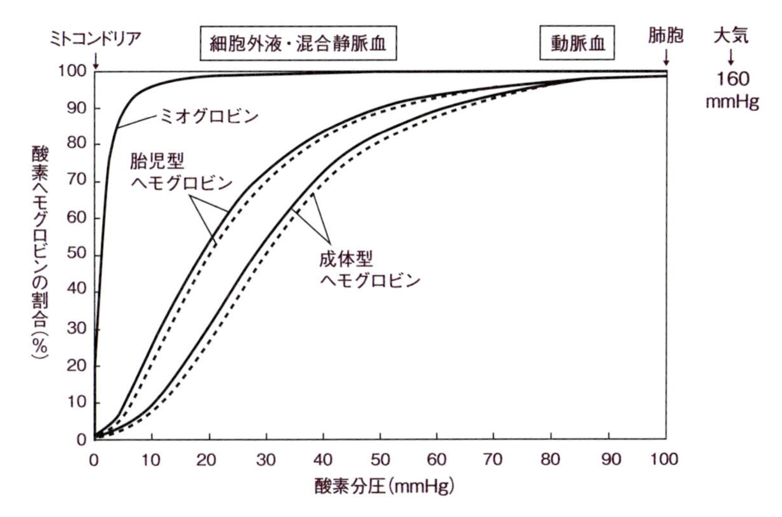

図 4.6　ミオグロビンとヘモグロビンの酸素結合曲線

二酸化炭素分圧が低い場合（点線），ボーア効果によりヘモグロビンは酸素を放出しやすい。

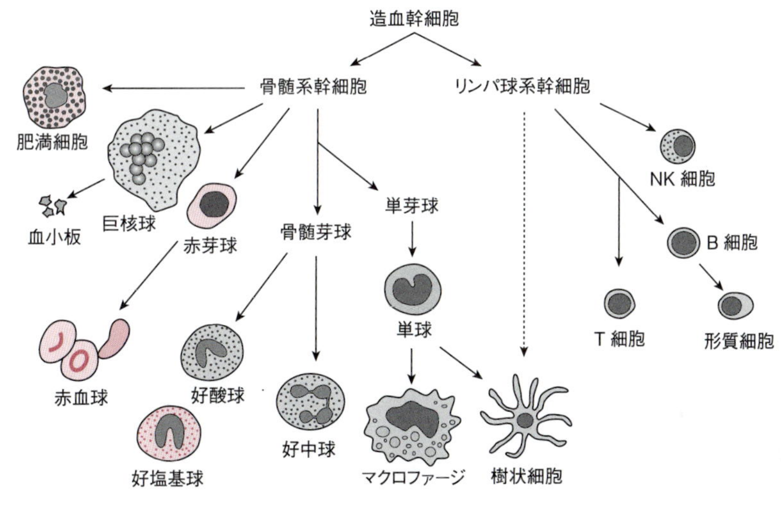

図 4.7　血球の分化

ため，酸素濃度と結合度（酸素飽和度）をグラフに描くとシグモイド型（S 字型）の曲線を描く（図 4.6）。ヘモグロビンと酸素の結合は，CO_2 濃度によっても影響を受ける。例えば，呼吸の盛んな組織や，末梢にあって CO_2 分圧が大きい組織では，ヘモグロビンが酸素を手放しやすくなっている。これを**ボーア効果**という。一方，単量体で双曲線型の結合曲線を描くミオグロビンなどは，細胞内の低い酸素濃度域での酸素運搬に適している。

血小板（platelet, thrombocyte）は，巨核球という骨髄にある血球の一部がちぎれて生じる直径 2 μm ほどの無核の細胞断片である（図 4.7）。血管の損傷に応じて傷口に凝集することで失血を防ぐ役割を担う（**一次止血**）。また，活性化した血小板は，凝固因子を放出して血漿中の凝固系酵素を活性化させる。その結果，血漿に含まれるフィブリノーゲンから不溶性の**フィブリン**繊維を生じ，融合した血小板と絡まり合って血餅となることで血栓が強化される（**二次止血**）。一方，血餅はプラスミンなど線溶系酵素によって分解される。凝固と線溶のバランスの乱れは，エコノミークラス症候群をはじめ，多くの病気の原因となる。

白血球（white blood cell, leukocyte）は，体内に侵入してきたウイルス，細菌，寄生虫，がん細胞を排除する役目を担う。ヒトでは顆粒球系（好中球，好酸球，好塩基球），単球系（単球，マクロファージ，樹状細胞など），リンパ球系（T 細胞，B 細胞，NK 細胞）に大別される。このうち好中球やマクロファージはファゴサイトーシスにより異物を取り込む貪食能をもつ。リンパ球を除く白血球は無脊椎動物にも広くみられる。

4.2.6 リンパ系

閉鎖血管系とされる脊椎動物の血管系だが，血漿成分や遊走性の白血球は比較的自由に血管外へと漏出し，組織の細胞間を抜けて一部はリンパ管に移行する。この際，液体成分は，血漿から**組織液**（組織の細胞外液），そして**リンパ液**へと名前を変える。リンパ管は互いに合流して，最終的に左右の鎖骨下静脈に開口する。この経路は，組織液を血液の体循環へと戻す「第 2 の静脈」として働いている。また，キロミクロン（4.1.2 参照）を小腸から体循環に運ぶ経路ともなる。

リンパ管は重要な免疫機能も担っている。リンパ管網に点在するリンパ節は，各組織からのリンパ液や白血球をチェックする関所であり，異物の侵入などに対応して適切なリンパ球を動員する。扁桃，回腸パイエル板，虫垂などには集合リンパ小節が発達し，免疫センターとして機能している。この他，免疫の司令役である **T リンパ球**の分化を担う胸腺，B

コラム 4.2：胎児の血液循環

胎児は胎盤を通じて母親から栄養や酸素の供給を受けている。その血液循環路は，肺呼吸をする新生児や成体とは大きく異なる（図 4.8）。おもな違いとして，(1) 胎盤と胎児を結ぶ臍動脈・臍静脈，(2) 臍静脈から酸素に富む血液を心臓に運ぶ静脈管，(3) 左右の心房間に開く卵円孔，(4) 肺動脈から体循環へバイパスする動脈管，の存在がある。酸素に富む臍静脈血は，通常の肝門脈を経て肝臓に向かう経路と静脈管を経て直接心臓へと向かう経路に分かれ，ともに下大静脈を経て右心房に入る。成体では，右心房に入った血液はすべて右心室を通って肺へと送られる。しかし，胎児では，機能していない肺へは向かわず，卵円孔や動脈管という抜け道を通って体循環に送られる。また，胎児はヘモグロビンも特殊で，母体内という低酸素環境に適応した特性を有している（図 4.6）。新生児には生理的な**黄疸**がみられるが，これは余剰な胎児型ヘモグロビンが分解されて大量のビリルビンを生じるためである。

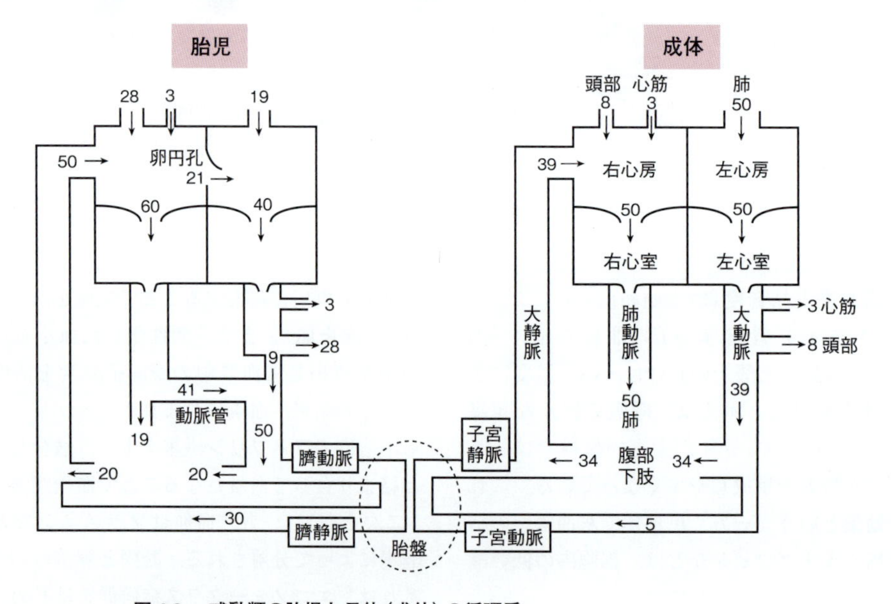

図 4.8　哺乳類の胎児と母体（成体）の循環系
数値は両心室の拍出量の合計を 100 とした場合の各部位の流量の例。
（Freed, M. D. 1992 より改変引用）

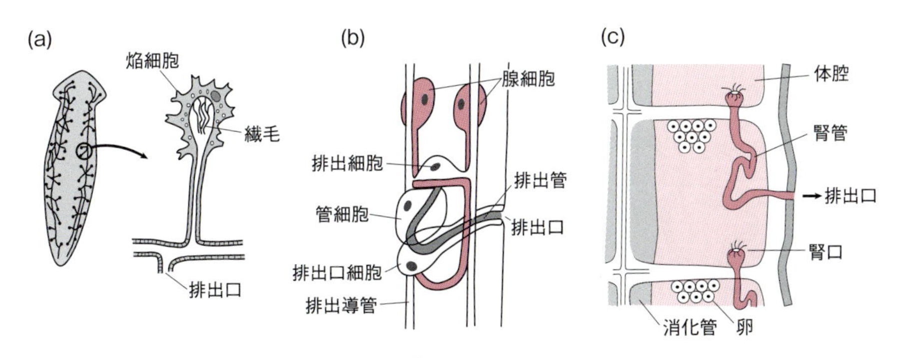

図 4.9 無脊椎動物の排出器官
(a) プラナリアの原腎管，(b) 線虫の排出系，(c) ミミズの腎管

リンパ球の成熟と古い血球の分解を担う脾臓，造血とリンパ球の分化を担う骨髄，などがリンパ系を構成している。**B リンパ球**は抗体を生産し，中和（細菌の保定やウイルスの不活性化に働く）やオプソニン化（異物を修飾し貪食細胞が取り込みやすくする）に働く。なお，骨髄における造血は，哺乳類の他に両生類・爬虫類でみられるが，鳥類では総排泄口近くにあるファブリキウス嚢が代替する。また，魚類では前腎（コラム 4.3）が造血と B リンパ球の成熟を担う。

4.3 排 出 系

代謝により生じた老廃物や摂取された毒物を体外へと排出する装置が排出系である。排出系は，体液の無機イオン濃度，浸透圧，pH などを調節する機能も担っている。淡水動物では水の排出，陸生動物では水の保持と再吸収にも働く。

4.3.1 腎管と原腎管

脊椎動物から節足動物まで，真体腔をもつ動物では，体腔に開く穴（**腎口**）から細管を経て表皮や消化管内腔へと通じる**腎管**（nephridium）がみられる。腎管は排出系の主役を担っている。しかし，昆虫では腎管が退化し，消化管から延びた盲管である**マルピーギ管**がおもな排出器官となっている（図 4.1 (c)）。陸生脊椎動物では，水分保持のために尿を濃縮・貯留する能力を高めた腎臓・膀胱の発達がみられる（4.3.2 参照）。これら泌尿器系器官の他に，広義には鰓，肝臓，皮膚腺などが排出系を構成する。

扁形動物などの無体腔動物でも，中胚葉組織の組織液から不要物質を体外へ排出する管系があり，**原腎管**（protonephridium）とよばれる（図 4.9 (a)）。原腎管は表皮から樹枝状に延びた細管で，各盲端には**焔細胞**をもつ。焔細胞は，原腎管の内液を送り出すための長い繊毛をもっている。また，線虫（*C. elegans*）の排出系はたった 5 個の細胞ながら非常に精巧にできている（図 4.9 (b)）。

4.3.2 陸生脊椎動物の排出器官：腎臓と膀胱

腎臓（kidney）は，血液から尿を生成し，水溶性の不要物を排出する器官である。その実質部は，**ネフロン**（nephron）とよばれる単位構造が集合してできている。ネフロンは，**腎小体**（糸球体とそれを包むボーマン嚢），近位尿細管，ヘンレのループ，遠位尿細管，集合管から構成される（図 4.10）。**糸球体**は，特殊な内皮細胞と蛸足細胞からなる限外濾過器で，血球やアルブミン（分子量 68K）を血中にとどめ，それよりも小さな物質を濾し出す。この濾液が**原尿**である。近位尿細管では，原尿からグルコースなど，生体に必要な物質が再吸収される。また，薬物などの排出も行われる。**ヘンレのループ**は，対向流増幅系[5]により髄質の深部（ループの先端側）ほど浸透圧を高くする装置であり，上行脚で能動的に Na^+ が間質に汲み出されることで浸透圧の勾配が維持されている。この勾配を利用して，下流にある集合管での水の再吸収（尿の濃度調節）が行われている。水の再吸収は**抗利尿ホルモン**（**ADH**）によって調節されている。乾燥に耐える陸生脊椎動物では，ヘンレのループが特に発達している。

遠位尿細管では，イオンの吸収や排出により，体液のイオン組成や pH の調節が行われる。糸球体と隣接する部位には，丈の高い特殊な上皮が密集した

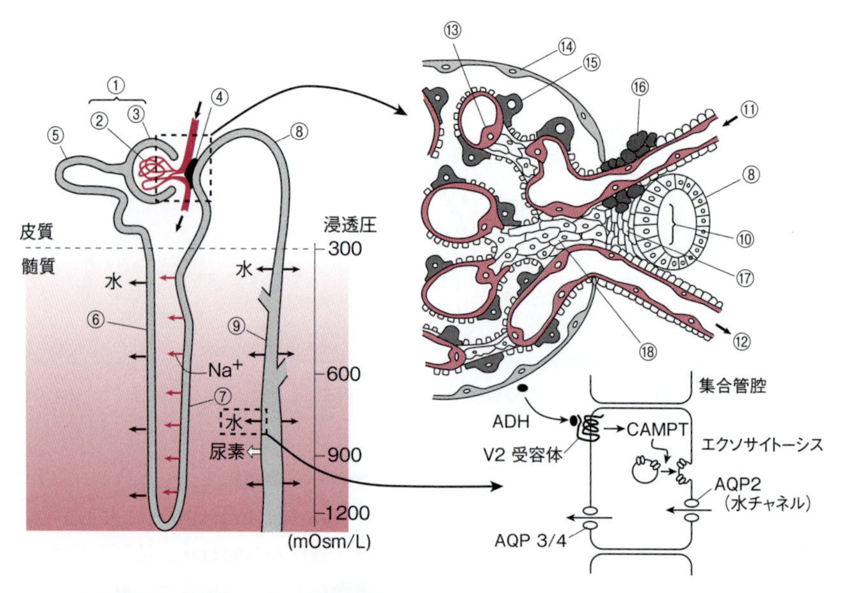

図 4.10　ネフロンの構造と抗利尿ホルモンの作用

①腎小体，②糸球体，③ボーマン嚢，④傍糸球体装置，⑤近位尿細管，⑥ヘンレのループ下行脚，⑦ヘンレのループ上行脚，⑧遠位尿細管，⑨集合管，⑩緻密斑，⑪輸入細動脈，⑫輸出細動脈，⑬毛細血管内皮細胞，⑭ボーマン嚢上皮細胞，⑮蛸足細胞，⑯傍糸球体細胞，⑰糸球体外メサンギウム細胞，⑱メサンギウム細胞

抗利尿ホルモン(ADH)は，バソプレシン受容体Ⅱ型(V2R)を介して水チャネル AQP-2 を集合管管腔に面した細胞膜上に移動させて，水の再吸収に働く。

緻密斑があり，原尿の Cl^- 濃度をモニターしている。Cl^- 濃度が高いと，隣接する輸入細動脈の平滑筋を収縮させて糸球体への血流量を減らす。一方，Cl^- 濃度が低い場合，**傍糸球体**細胞から**レニン**が分泌され，腎への血流量を増やす。

尿は，尿管を通って膀胱に蓄えられ，尿道あるいは総排泄腔を経て体外に排出される。膀胱でも水の再吸収が行われる場合がある。一方，飛翔する鳥類は，軽量化のためか，膀胱をもたない。

4.3.3　泌尿器系以外の排出器官

肝臓(liver)は，脂溶性低分子を抱合化し，胆汁として腸内に排出する(4.1.2 参照)。これは脂溶性の毒物や薬物を解毒し排出する仕組みでもある。抱合化物は，そのまま排出されるか，再吸収されて血中に戻り，腎臓から排出される。モルヒネなど一部の薬物は腸肝循環にとどまることで効果が持続しやすい。肝臓はアミノ酸代謝で生じたアンモニアを解毒して尿素を生成する機能も担う。

魚類などでは，鰓がイオンの排出や浸透圧調節において中心的な役割を担う。海鳥の鼻腺や軟骨魚の直腸腺など，塩の排出を行う塩類腺をもつ海生動物もいる。

4.4　運 動 系

個体の運動は，細胞の運動の総和として起こる。細胞運動は，細胞骨格となる微小管およびアクチンフィラメントの伸長・短縮，および繊維の上を動くキネシン，ダイニン，ミオシンなどのモータータンパク質によって生み出される(1.2.5 参照)。ここでは，アクチンフィラメントとミオシンとの相互作用により生じる筋収縮をみてみよう。

4.4.1　骨 格 筋

筋肉は，横紋筋と平滑筋に大別される。**横紋筋**(striated muscle)は脊椎動物に特有のものであり，収縮の単位構造である**サルコメア**(sarcomere)が，規則的な縞模様(＝横紋)として観察される。横紋筋には，骨格筋と心筋がある。**骨格筋**(skeletal muscle)は中枢神経系の支配を受ける随意筋で，腱を介して骨格に付着し，筋収縮により関節の運動や顔の表情をつくりだす。骨格筋の筋細胞は，複数の細胞が融合して繊維状となった多核の細胞で，**筋繊維**とよばれる。筋繊維は，階層的に束ねられて筋肉を構成する(図 4.12)。

筋繊維には，持続的な有酸素運動に適した**遅筋繊維**(Ⅰ型繊維)と瞬発的な無酸素運動に適した**速筋繊維**(Ⅱ型繊維)がある。遅筋繊維は，ミオグロビンに富み，赤みを帯びる。速筋繊維は，当座のエネルギー源となるクレアチンリン酸を多く蓄えたⅡb型繊維，Ⅰ型とⅡb型の中間型であるⅡa型繊維などに細分される。遅筋繊維の多い筋肉は赤筋，速筋繊維の多い筋肉は白筋とよばれる。持久力が求められる赤身魚(マグロ)と瞬発力が求められる白身魚(ヒラメ)の生態を思い浮かべれば，筋肉の特性が理解できよう。

筋繊維の内部には，何本もの**筋原繊維**が通っている。筋原繊維は，アクチンでできた細いフィラメントとミオシンでできた太いフィラメントが規則的に

コラム 4.3：腎臓の 3 度目の正直

ヒトの腎臓は，3 つ目の腎だというのはご存知だろうか？　腎には，前腎，中腎，後腎があり，いわゆる腎臓は後腎をさす(図 4.11)。前腎は，すべての脊椎動物で胚期に生じる腎で，左右 1 本の前腎管から数本の前腎小管が延びて体腔に開口している。開口部(腎口)に近い体腔には糸球体様の毛細血管が突き出ていて，全体として 1 個のネフロン様構造をもつ。前腎は，ヒトでは痕跡だけだが，魚類や両生類では幼生期の排出機能を担い，円口類では生涯にわたり排出器官の主役である。中腎は，前腎より後方の位置に，時期も遅れて登場する第 2 の腎である。腎口に通じる中腎小管の途中が特殊に変化し，体腔に開口せずに毛細血管を包み込んで腎小体(マルピーギ小体)を形成する。中腎は，ネフロンを数十個ほど有し，魚類と両生類では成体の排出器官として機能している。ヒトの胚期でも，一時的に中腎が排出器官としての役割を担う。最後に発生する後腎は，中腎管後部の尿管芽から生じる。尿管芽から延びた尿管は，先端部が樹枝状に分岐して集合管となる。また，その周囲の後腎間葉組織から，腎小体および尿細管がつくられる。ヒト腎臓のネフロンの数は片腎で約 100 万個にも及ぶ。このような腎臓の発生は「個体発生は系統発生を繰り返す」という**反復説**の根拠の 1 つとなってきた。なお，後腎ができれば中腎は退縮するが，オスでは，胎児期の雄性ホルモンの作用により中腎管(**ウォルフ管**)は退縮を免れ，精子を排出する排精管(精巣上体と輸精管)として「再利用」される。

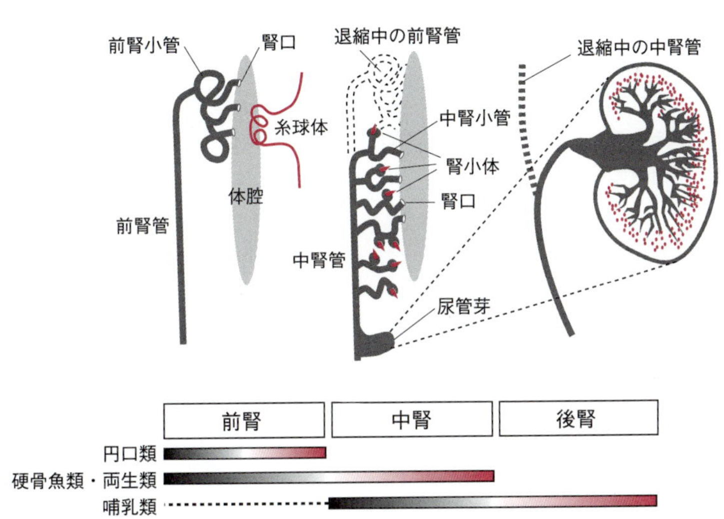

図 4.11　腎臓の系統発生
バーの灰色は幼生(胎児)期，赤は成体期に機能する腎を示す。点線は痕跡的に形成されるものの機能しない。

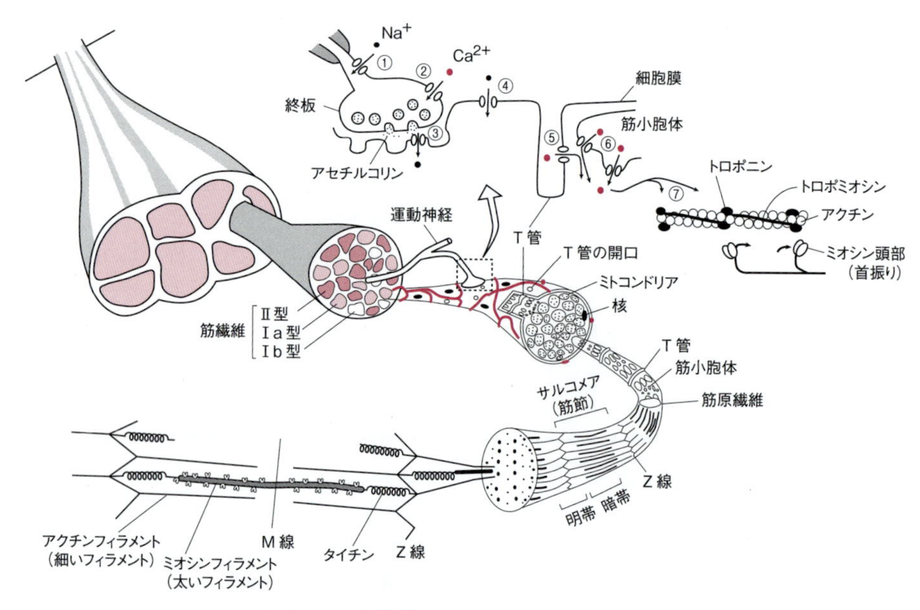

図 4.12　骨格筋の構造と収縮の仕組み

束ねられたものである。筋原繊維は筋小胞体により囲まれており，筋小胞体は細胞膜の延長である横行小管（**T管**）と接している。

4.4.2　筋 収 縮

骨格筋収縮の仕組みを図4.12に示す。運動神経の興奮（活動電位）（①）が**神経筋接合部**（終板）に届くと，神経終末にある電位感受性カルシウムチャネル N型（②）が開いて Ca^{2+} が流入し，シナプス間隙にアセチルコリンが放出される。筋細胞側には，アセチルコリンによって開くナトリウムチャネル（ニコチン受容体）（③）があって，Na^{+} が筋細胞内に流入する。その結果，筋細胞の膜電位が脱分極し，興奮する（④）。この興奮は，T管を通じて細胞内に届けられる。T管には電位感受性カルシウムチャネル L型（ジヒドロピリジン受容体 DHPR）（⑤）があって，これが膜の興奮により開口すると，Ca^{2+} が筋細胞内へ流入する。これがよび水となって，筋小胞体の膜上にある Ca^{2+} 依存性カルシウムチャネル（リアノジン受容体 RyR[6]）（⑥）が連鎖的に開き，多量の Ca^{2+} が筋原繊維へと流入する。Ca^{2+} は，アクチンフィラメントとミオシン頭部の接触を妨げているトロポニン - トロポミオシン複合体（⑦）の構造を変化させる。ミオシン頭部がアクチンと接触できるようになると，頭部の首振り運動により，アクチンを引っ張る。こうして両繊維の**滑り運動**が起こり，筋が収縮するのである。サルコメアは，太いフィラメント（＝ミオシン）がある暗帯[7]と細いフィラメント（＝アクチン）だけがある明帯[7]が交互に並び，収縮時は明帯が短縮する。

4.4.3　心筋と平滑筋

心筋（heart muscle; myocardium）は横紋筋であるが，骨格筋と異なり，単核の筋細胞からなる不随意筋である。細胞どうしは**ギャップ結合**により電気的に繋がっていて，細胞膜の興奮が細胞間を速やかに伝播する。これが，心房や心室内の血液を一気に押し出すための同調した収縮を可能にしている。心臓には，比較的速いペースで自発的に脱分極する**ペースメーカー**があり（4.2.4参照），これが一定のリズムで興奮することで心臓の拍動を生んでいる。

横紋のない筋は，**平滑筋**（smooth muscle）と総称される。横紋筋のサルコメアのような規則正しい構造はみられないが，Ca^{2+} の流入がスイッチとなってアクチンフィラメントとミオシンフィラメントの滑り運動を生じさせ，収縮する点は同じである（図4.13）。平滑筋の収縮の場合，アクチンフィラメントが（Z膜ではなく）細胞膜下に散在する**緻密体**を足場としており，Ca^{2+} が（トロポニンではなく）**カルモジュリン**と結合してミオシン軽鎖キナーゼを活性化させ，ミオシンのリン酸化と首振り運動を促す点で，骨格筋と異なっている。

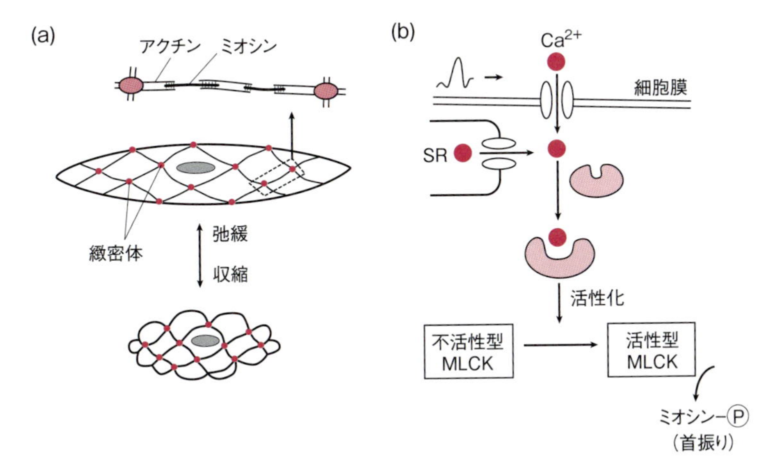

図 4.13　平滑筋の収縮

■ 演習問題

4.1　外界から体内への物質移動は概ね自由拡散に頼っている。表面積が広く，距離が短いと，効率のよい物質移動が行える。ヒトの小腸と肺において，効率よく栄養素の吸収やガス交換が行われるために発達したと考えられる構造上の特徴を述べよ。

4.2　胃は胃液により肉などの食物を消化する。食物とほぼ同じ材料でできた胃の細胞自体は，なぜ胃液によって消化されないのかを説明せよ。

4.3　胆汁酸が分泌されてから回収されて再利用されるまでの経路を述べよ。

4.4　エコノミークラス症候群は，長時間同じ座った姿勢をとることで静脈に血栓ができ，立った際にそれが剥がれて運ばれ，動脈を塞いでしまうことで生じる。血栓が運ばれるルートと，塞がれる動脈名，および塞がれたことにより予想される影響を述べよ。

4.5　ヘモグロビンと酸素の結合は，二酸化炭素濃度によって影響を受ける。どのように影響を受けるか，また，その特性にはどのような意義があるか述べよ。

4.6　原尿の成分は，血漿および尿の成分とどのような違いがあるか述べよ。

4.7　マグロとヒラメの筋繊維の組成の違いを，生態の違いと関連づけて説明せよ。

4.8　骨格筋が収縮するとき，サルコメアの明帯・暗帯の長さがどのように変化するか述べよ。

■ 注釈

1）　リゾチーム：ライソザイムともいう。涙や卵白にも含まれる酵素で，グラム陽性細菌の細胞壁をつくる多糖を分解する。

2）　胃の中に未消化の食物があると，幽門部付近の胃腺の腺底にある G 細胞からガストリンが血中に分泌され，これが壁細胞からの胃酸分泌などを促進する。

3）　水管：ヒトデやウニを裏返したとき 5 放射状に無数に並んだ動く管である。

4）　ある分子 A に分子 B が結合するとき，分子 B の結合が，分子 A 内の別の場所（= allosteric）における同じ（= homo）種類の分子 B′ の結合を促進させることから，正のホモトロピックなアロステリック効果とよばれる。正のホモトロピックアロステリック効果を示す場合，結合曲線は S 字型となる。

5）　対行流増幅系：例えば，手足の動脈と静脈は互いに近接し，反対方向に血液が流れるように配置されている。これは動脈がもつ熱を静脈に効率よく受け渡すことで，中枢から末梢に向けた温度勾配が保たれ，ひいては体温を保つための工夫である。同様に，ヘンレのループでは，下流の上行脚から上流の下行脚へと NaCl が受け渡されることで，浸透圧勾配が保たれている（実際は，上行脚で NaCl が間質へ排出され，下行脚では水が吸い取られることで原尿の塩濃度が上がる）。

6）　RyR にはいくつかのサブタイプがある。骨格筋型 RyR は，細胞内 Ca^{2+} 依存性に開口するだけでなく，活性化した DHPR と直接相互作用して開口し，Ca^{2+} を通す。T 管と隣接する部位では，この直接作用が細胞質への Ca^{2+} 流入を起こし，そのシグナルが周辺へと伝播する際には，Ca^{2+} 依存的な RyR の開口が働く。一方，心筋型 RyR には DHPR との直接的な相互作用はみられない。

7）　暗帯は anisotropisch（= 複屈折性）の頭文字をとって A 帯ともいう。明帯は isotropisch（= 単屈折性）の頭文字をとって I 帯ともいう。

5

動物の体内環境の維持

動物は，温度や光，酸素や二酸化炭素の濃度，海水や淡水の組成や浸透圧など，自身を取り巻く環境（外部環境）が変化しても，体内の状態を一定に維持している。同様に，体内の細胞にとって体液は環境（体内環境）の一種と考えられ，この状態（温度，浸透圧，組成，pH など）もほぼ一定に保たれている。このような性質を**恒常性**（**ホメオスタシス**，homeostasis）とよぶ。恒常性は動物にとって極めて重要であり，生体内ではこれを維持するために，神経系（**自律神経系**，autonomic nervous system）や**内分泌系**（endocrine system，ホルモンによる調節系）などの調節機構が機能している。一般に，自律神経系による調節は迅速な反応を，一方，ホルモンによる調節系はゆっくりとした反応を引き起こし，両者は協調して恒常性の維持を担っている。

5.1　自律神経系

自律神経系は，肺，胃，膀胱，汗腺などの様々な器官や分泌腺などに信号を伝える末梢神経系で，**交感神経系**（sympathetic nervous system: SNS）と**副交感神経系**（parasympathetic nervous system: PNS）に分けられる。自律神経は，起始部から支配する器官に至るまでの間に神経節（自律神経節）を介して神経を一度乗り換える。神経節に至る神経を節前ニューロン，神経節から支配する器官に至る神経を節後ニューロンとよぶ（図 5.1）。

交感神経は，脊髄の胸と腰の部分（胸髄と腰髄）から発し（節前ニューロン），神経節でシナプスを介して節後ニューロンに乗り換え，支配している標的器官の機能を調節する。なお，節前ニューロンからは**アセチルコリン**が，節後ニューロンからは**ノルアドレナリン**が神経伝達物質として放出される。一方，副交感神経は，中脳と延髄並びに脊髄の下部（仙髄）から発し，神経節で節後ニューロンに乗り換えた後，標的器官の機能を調節する。この場合，節前ニューロンおよび節後ニューロンからはともにアセチルコリンが放出される。これら両神経系により，体の多くの器官や分泌腺の機能は拮抗的（促進的あるいは抑制的）な二重支配を受けている（表 5.1）。

例えば，心臓の拍動の調節をみてみよう。心臓は自律的に拍動するが，この拍動は交感神経と副交感神経（迷走神経）により調節されている。体の運動などで組織や細胞などにおける酸素消費量が増え，血液中の二酸化炭素濃度が高まると，延髄の心臓中

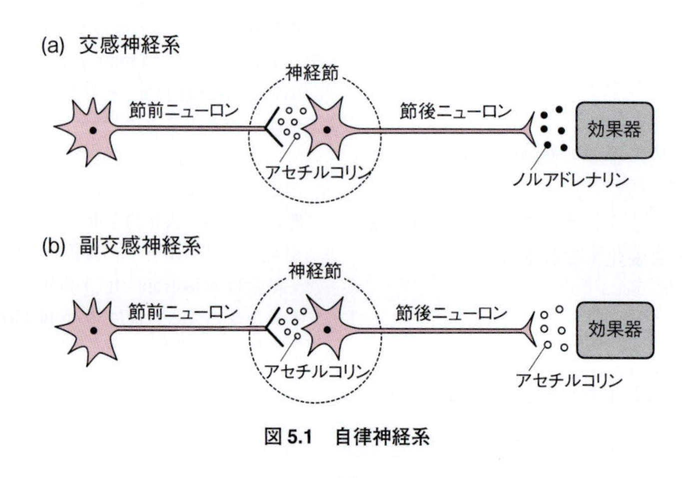

図 5.1　自律神経系

表 5.1　ヒトの体内のおもな器官に対する自律神経系の作用

	交感神経	副交感神経
心拍数	増加	減少
気管支の平滑筋	弛緩	収縮
胃腸の平滑筋	蠕動運動抑制	蠕動運動促進
胃腸の腺	分泌抑制	分泌促進
膀胱の排尿筋	弛緩＊1	収縮＊2
汗腺	発汗促進	—
立毛筋	収縮	—
瞳孔散大筋	収縮＊3	—
瞳孔括約筋	—	収縮＊4
唾液腺	粘液分泌促進	漿液分泌促進

＊1：排尿筋の弛緩により排尿が抑制される。＊2：排尿筋の収縮により排尿が促進される。
＊3：瞳孔散大筋の収縮により瞳が拡大する。＊4：瞳孔括約筋の収縮により瞳が縮小する。

枢が興奮する。この興奮が交感神経を介して心臓に伝えられることで，拍動数が増加し，心筋の収縮速度が速くなる。その結果，血液流量が増し，血圧も上昇することで，組織や細胞などへの酸素供給量が増える。逆に，副交感神経（迷走神経）からの信号が伝わると，心拍数や心筋の収縮速度が減少するため，血液流量や血圧が低下する。

5.2　ホルモンの定義と分類

ホルモン（hormone）という用語は，ギリシア語の「harmao（刺激する）」に由来する。ホルモンは当初，「生体のある特定の器官で産生され，血液により運ばれて，他の標的器官で特有の生理作用を引き起こす物質」として定義された。しかし，この定義に従って物質が作用する**内分泌**（endocrine）に加えて，血管系に入ることなく組織液中を拡散することで近傍の標的細胞に作用する**傍分泌**（paracrine），拡散した物質が分泌細胞自身に作用する**自己分泌**（autocrine），さらに，ニューロンがその軸索末端から生理活性物質を血液中に放出して標的細胞に作用する**神経内分泌**（neuroendocrine）などの新たな細胞間情報伝達様式が明らかになるにつれ，ホルモンの概念も拡大してきた（図 5.2）。この概念の拡大やホルモン分子の解析技術の進歩などにより，今日では脊椎動物や無脊椎動物から多数のホルモンが同定されている。このうち，哺乳類におけるおもなホルモンを表 5.2 に示す。

これらのホルモンは化学的性状により，ペプチド・タンパク質ホルモン，アミノ酸誘導体ホルモン（アミン系ホルモン，甲状腺ホルモン），ステロイドホルモン，脂肪酸誘導体ホルモンなどに分類される（表 5.2）。

5.3　ホルモンの分泌調節機構

ホルモンの血中濃度は，**フィードバック調節**（feedback control）により適正な濃度に維持されている。例えば，ヒトにおける視床下部—下垂体—甲状腺軸をみてみよう。視床下部から下垂体門脈系へと放出される甲状腺刺激ホルモン放出ホルモンは，下垂体前葉からの甲状腺刺激ホルモンの分泌を刺激する。次に，甲状腺刺激ホルモンは甲状腺からの甲状腺ホルモンの分泌を促す。甲状腺ホルモンは，血中濃度が高くなると，視床下部や下垂体前葉に抑制的に作用し，甲状腺刺激ホルモン放出ホルモンや甲状腺刺激ホルモンの分泌を抑制する。このように，視床下部—下垂体—末梢内分泌腺では階層的なホルモン分泌の調節がなされ，階層的に下位のホルモンが上位のホルモンの分泌を抑制する。これを**負のフィードバック調節**とよび，最も基本的な制御系と考えられている（図 5.3（a））。これとは逆に，下位のホルモンが上位のホルモンの分泌を促進する**正のフィードバック調節**も知られ（図 5.3（b）），この調節によりホルモンの分泌を大量に誘起することが可能となる。例えば，ヒトの女性においてみられる下垂体前葉からの黄体形成ホルモンの大量分泌（LH サージ）は正のフィードバック調節の典型的な例とし

表 5.2　哺乳類におけるおもなホルモンとその生理作用

おもな分泌器官	ホルモン	化学的性状	おもな作用器官	受容体のタイプ	おもな生理作用
視床下部	生殖腺刺激ホルモン放出ホルモン[*1] Gonadotropin-releasing hormone (GnRH)	ペプチド・タンパク質	下垂体前葉	GPCR	黄体形成ホルモンと卵胞刺激ホルモンの放出を刺激
	甲状腺刺激ホルモン放出ホルモン Thyrotropin-releasing hormone (TRH)	ペプチド・タンパク質		GPCR	甲状腺刺激ホルモンの放出を刺激
	成長ホルモン放出ホルモン Growth hormone-releasing hormone (GHRH)	ペプチド・タンパク質		GPCR	成長ホルモンの放出を刺激
	成長ホルモン放出抑制ホルモン[*2] Growth hormone release-inhibiting hormone (GHIH)	ペプチド・タンパク質		GPCR	成長ホルモンの放出を抑制
	プロラクチン放出抑制ホルモン[*3] Prolactin release-inhibiting hormone (PIH)	アミノ酸誘導体（アミン系）		GPCR	プロラクチンの放出を抑制
	副腎皮質刺激ホルモン放出ホルモン Corticotropin-releasing hormone (CRH)	ペプチド・タンパク質		GPCR	副腎皮質刺激ホルモンの放出を刺激
脳下垂体前葉	黄体形成ホルモン[*4] Luteinizing hormone (LH)	ペプチド・タンパク質（糖タンパク質）	精巣 卵巣	GPCR	アンドロゲンの分泌促進 排卵の惹起，黄体形成の促進，エストロゲンとプロゲステロンの分泌の促進
	卵胞刺激ホルモン[*4] Follicle-stimulating hormone (FSH)	ペプチド・タンパク質（糖タンパク質）	精巣 卵巣	GPCR	精子形成の促進 卵胞の発育と成熟を促進，エストロゲンの分泌の促進
	甲状腺刺激ホルモン Thyroid-stimulating hormone (TSH) [*5]	ペプチド・タンパク質（糖タンパク質）	甲状腺	GPCR	甲状腺ホルモンの分泌を刺激
	成長ホルモン Growth hormone (GH)	ペプチド・タンパク質	肝臓 全身	酵素共役型	インスリン様成長因子の分泌の促進
	プロラクチン Prolactin (PRL)	ペプチド・タンパク質	乳腺	酵素共役型	乳腺の発育，乳汁の産生促進
	副腎皮質刺激ホルモン[*6] Adrenocorticotropic hormone (ACTH)	ペプチド・タンパク質	副腎皮質	GPCR	副腎皮質ホルモン（特にグルココルチコイド）の分泌を刺激
脳下垂体中葉	メラニン細胞刺激ホルモン[*7] Melanocyte-stimulating hormone (MSH)	ペプチド・タンパク質	メラニン細胞	GPCR	メラニン合成の促進
脳下垂体後葉	オキシトシン[*8] Oxytocin (OT)	ペプチド・タンパク質	乳腺 子宮	GPCR	乳腺の筋上皮細胞を収縮させて乳汁射出作用（射乳）の促進 子宮平滑筋の収縮
	バソプレシン[*9] Vasopressin (VP)	ペプチド・タンパク質	腎臓 血管	GPCR	水分の再吸収の促進（抗利尿作用） 血管平滑筋の収縮（昇圧作用）
甲状腺	甲状腺ホルモン[*10] Thyroid hormone (TH)	アミノ酸誘導体（甲状腺ホルモン）	多くの細胞や組織	細胞内受容体	代謝の促進，成長や分化の促進，神経系の発達
	カルシトニン Calcitonin (CT)	ペプチド・タンパク質	腎臓，骨，消化管	GPCR	腎臓からの Ca^{2+} 排出促進，骨からの Ca^{2+} 溶出抑制 腸管からの Ca^{2+} 吸収抑制，血中 Ca^{2+} 濃度を低下
副甲状腺	副甲状腺ホルモン Parathyroid hormone (PTH)	ペプチド・タンパク質	腎臓，骨，消化管	GPCR	腎臓での Ca^{2+} 再吸収促進と活性型ビタミン D_3 の産生促進， 骨からの Ca^{2+} 再吸収促進，腸管で活性型ビタミン D_3 を介した Ca 結合タンパク質の合成促進と Ca^{2+} 吸収促進，血中 Ca^{2+} 濃度を上昇
膵臓（ランゲルハンス島）	インスリン Insulin	ペプチド・タンパク質	肝臓，筋肉 脂肪組織	酵素連結型	血糖値を低下
	グルカゴン Glucagon	ペプチド・タンパク質	肝臓，筋肉 脂肪組織	GPCR	血糖値を上昇
	ソマトスタチン[*2] Somatostatin (SST)	ペプチド・タンパク質	ランゲルハンス島	GPCR	インスリンとグルカゴンの分泌抑制
副腎皮質（索状層）	グルココルチコイド[*11] Glucocorticoid (GC)	ステロイド	脂肪組織，筋肉 肝臓	細胞内受容体	血糖値を上昇，免疫抑制，抗炎症作用
副腎皮質（球状層）	ミネラルコルチコイド[*12] Mineralocorticoid (MC)	ステロイド	腎臓	細胞内受容体	Na^{+} 再吸収の促進

副腎髄質	アドレナリンとノルアドレナリン Noradrenaline (NA), Adrenaline (A)	アミノ酸誘導体（アミン系）	肝臓，心筋，血管	GPCR	血糖値を上昇，心拍数の増加，血管の収縮
腎臓	エリスロポエチン Erythropoietin (EPO)	ペプチド・タンパク質	骨髄	酵素共役型	赤血球の産生刺激
	活性型ビタミン D_3 1α, 25-Dihydroxy-vitamin D_3	ステロイド	腎臓，骨，消化管	細胞内受容体	腸管での Ca 結合タンパク質の合成促進と Ca2+ 吸収促進
	レニン*[13] (Renin)	（ペプチド）	—	—	肝臓で合成されたアンギオテンシノーゲン (angiotensinogen) からアンギオテンシンⅠ (Angiotensin I: ANG Ⅰ) を切り出す
—	アンギオテンシン*[14] Angiotensin (ANG)	ペプチド・タンパク質	副腎，血管	GPCR	副腎からのミネラルコルチコイドの分泌促進 血管の収縮
精巣（ライジッヒ細胞）	アンドロゲン*[15] Androgen	ステロイド	精巣 多くの組織や器官	細胞内受容体	精子形成の維持 第二次性徴の発達
精巣（セルトリ細胞）	ミューラー管抑制ホルモン Mullerian-inhibiting hormone (MIH)	ペプチド・タンパク質（糖タンパク質）	精巣	酵素連結型	ミュラー管の退縮
	インヒビン Inhibin	ペプチド・タンパク質（糖タンパク質）	下垂体前葉	酵素連結型	卵胞刺激ホルモン (FSH) の分泌抑制
	アクチビン Activin	ペプチド・タンパク質（糖タンパク質）	下垂体前葉	酵素連結型	卵胞刺激ホルモン (FSH) の分泌促進
卵巣（顆粒膜細胞）	エストロゲン*[16] Estrogen	ステロイド	卵巣，子宮，膣	細胞内受容体	卵胞発育，子宮内膜の肥厚 第二次性徴を促進
	プロゲスチン*[17] Progestin	ステロイド	子宮，乳腺	細胞内受容体	子宮の発達，妊娠の維持
	インヒビン Inhibin	ペプチド・タンパク質（糖タンパク質）	下垂体前葉	酵素連結型	卵胞刺激ホルモン (FSH) の分泌抑制
	アクチビン Activin	ペプチド・タンパク質（糖タンパク質）	下垂体前葉	酵素連結型	卵胞刺激ホルモン (FSH) の分泌促進
松果体	メラトニン Melatonin (Mel)	アミノ酸誘導体（アミン系）		GPCR	生体リズムの形成
心臓	心房性ナトリウム利尿ペプチド Atrial natriuretic peptide (ANP)	ペプチド・タンパク質	腎臓	酵素連結型*[18]	ナトリウム・カリウム・カルシウムなどの利尿促進 血圧低下作用
胃	グレリン Ghrelin	ペプチド・タンパク質	下垂体前葉	GPCR	成長ホルモンの分泌促進，摂食亢進
消化管	セクレチン Secretin	ペプチド・タンパク質	胃，膵臓	GPCR	膵液（水と重炭酸塩）の分泌促進
	コレシストキニン Cholecystokinin (CCK)	ペプチド・タンパク質	膵臓，胆嚢	GPCR	膵液（酵素）の分泌促進，胆嚢収縮作用
	ガストリン Gastrin	ペプチド・タンパク質	胃	GPCR	胃液の分泌促進

＊1：黄体形成ホルモン放出ホルモン (Luteinizing hormone-releasing hormone: LHRH) ともよぶ。＊2：ソマトスタチン (Somatostatin: SST あるいは SS) ともよぶ。この表の「膵臓」も参照。＊3：ドーパミン (Dopamine: DA) は PIH として機能する。＊4：FSH は濾胞刺激ホルモンともよぶ。LH と FSH を合わせて生殖腺刺激ホルモン (Gonadotropin: GTH) ともよぶ。＊5：Thyrotropic hormone とも表記する。＊6：前駆体タンパク質であるプロオピオメラノコルチン (Proopiomelanocortin: POMC) から生じる。＊7：前駆体タンパク質であるプロオピオメラノコルチン (Proopiomelanocortin: POMC) から生じる。ヒトなどの一部の哺乳類には中葉は痕跡的である。鳥類には中葉が存在しない。爬虫類，両生類，魚類では，黒色素胞刺激ホルモン (Melanophore-stimulating hormone: MSH) とよばれる。このホルモンは，黒色素胞の細胞膜に存在する GPCR に結合して，黒色素胞内のメラニン顆粒の拡散を刺激する。動物の体色変化にかかわる。＊8：産生部位は間脳視床下部である。＊9：抗利尿ホルモン (Antidiuretic hormone: ADH) ともよぶ。産生部位は間脳視床下部である。＊10：サイロキシン (Thyroxin: T_4) とトリヨードサイロニン (Triiodothyronine: T_3) が知られている。＊11：グルココルチコイドは総称で糖質コルチコイドともよぶ。具体的なホルモンとして，コルチゾール（ヒト）やコルチコステロンなどが知られ ている。＊12：ミネラルコルチコイドは総称で鉱質コルチコイドともよぶ。具体的なホルモンとして，アルドステロンなどが知られている。＊13：ホルモンでなく酵素である。＊14：アンギオテンシンⅠ (ANG Ⅰ) は アンギオテンシン変換酵素 (ACE) の作用により ANG Ⅱへ変換される。＊15：アンドロゲン（雄性ホルモン）は総称で，テストステロンやジヒドロテストステロンなどが知られている。＊16：エストロゲン（濾胞ホルモン，卵胞ホルモン）は総称で，エストラジオールなどが知られている。＊17：プロゲスチン（黄体ホルモン）は総称で，プレグネノロン，プロゲステロンなどが知られている。＊18：受容体は酵素連結型であるがグアニル酸シクラーゼ活性を有する。

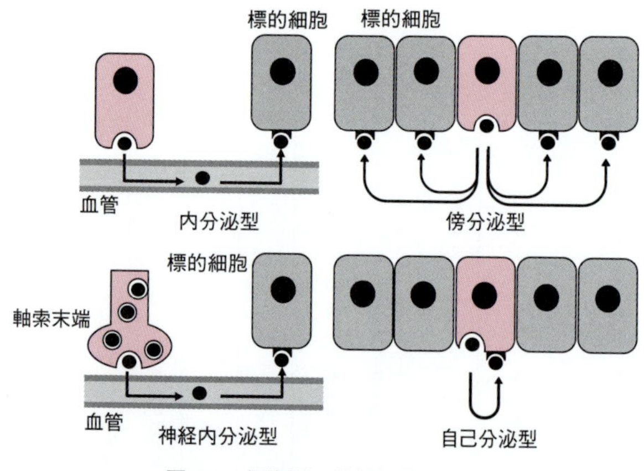

図 5.2　細胞間の情報伝達の様式

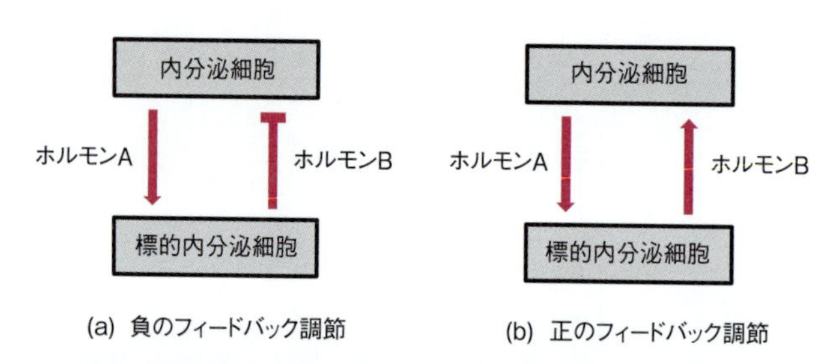

図 5.3　フィードバック制御によるホルモン分泌の調節

(a) 内分泌細胞から分泌されるホルモン A は標的内分泌細胞を刺激してホルモン B の分泌を促す。ホルモン B の血中濃度が増加すると，内分泌細胞からのホルモン A の分泌が抑制される。(b) 内分泌細胞から分泌されるホルモン A は標的内分泌細胞を刺激してホルモン B の分泌を促す。ホルモン B の血中濃度の増加は，さらに内分泌細胞からのホルモン A の分泌を促す。

て知られている。

5.4　ホルモンの作用機構：受容体と情報の伝達機構

標的細胞にはホルモンと特異的に結合する**受容体**(receptor)が存在する。ホルモンは血液や組織液などを介して輸送されるが，ペプチドホルモンやアミン系ホルモンは標的細胞の細胞膜を透過できないため，細胞膜に組み込まれた受容体と結合する。一方，甲状腺ホルモンとステロイドホルモンは，血液中においてその大部分が結合タンパク質[1]と結合し，ごく一部のみが遊離した状態(結合タンパク質と結合していない状態)で運ばれる。遊離した甲状腺ホルモンとステロイドホルモンは，標的細胞の細胞膜を透過して細胞内に存在する受容体と結合する。

細胞外を運ばれてくるホルモンが受容体と結合すると，標的細胞内では受容した情報の変換と増幅(細胞内情報伝達経路)が行われ，特有の生理作用が誘起される。ペプチドホルモンやアミン系ホルモンの受容体は，細胞膜を貫通するタイプで，**G タンパク質共役型**，**イオンチャネル内蔵型**，**酵素連結型**，**酵素共役型**などに分類される(図 5.4)。一方，甲状腺ホルモンとステロイドホルモンの受容体は，細胞質あるいは核に存在し，ホルモンが結合した後，核内において**転写調節因子**(transcription factor)として機能する(図 5.5)。受容体による情報の変換は，ホルモン，サイトカイン，成長因子など多くの情報伝達物質でみられるが，以下ではこれらをまとめてホルモンとして表記する。

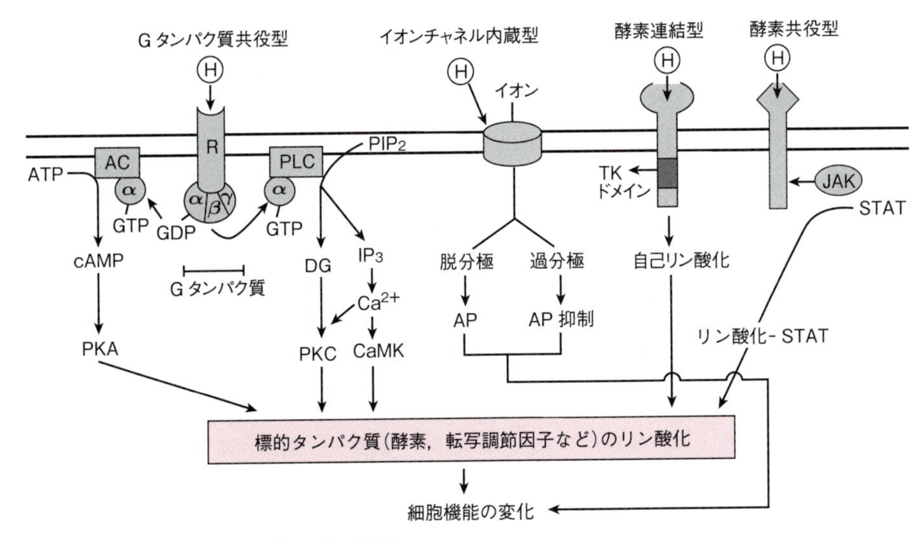

図 5.4　細胞膜受容体を介したシグナル伝達経路

H：ホルモン，R：受容体，G：Gタンパク質（α，β，γ サブユニットからなる），AC：アデニル酸シクラーゼ，cAMP：サイクリック AMP，PLC：ホスホリパーゼ C，PIP_2：ホスファチジルイノシトール 4,5-ビスリン酸，DG：ジアシルグリセロール，PKC：プロテインキナーゼ C，IP_3：イノシトール 1,4,5-トリスリン酸，CaMK：カルモジュリン依存性タンパク質キナーゼ，AP：活動電位，TK ドメイン：チロシンキナーゼドメイン，JAK：ヤーヌスキナーゼ，STAT：signal transducer and activator of transcription

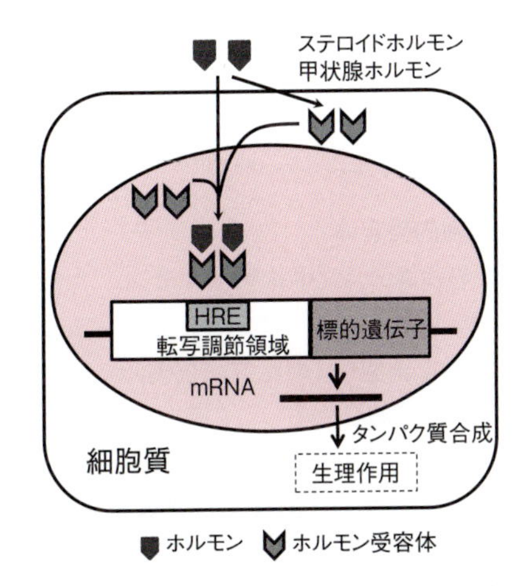

図 5.5　細胞内受容体を介したシグナル伝達経路

HRE：ホルモン応答配列

5.4.1　細胞膜受容体

(1)　Gタンパク質共役型受容体

（G-protein coupled receptor：GPCR）

この型の受容体タンパク質は，細胞膜を7回貫通する構造を有し，α，β，γ の3つのサブユニットからなる **Gタンパク質**（G-protein，グアニンヌクレオチド結合タンパク質）と共役している。ホルモンが受容体に結合していないとき，Gタンパク質の α サブユニットにはグアノシン二リン酸（GDP）が結合しており，不活性の状態にある。ホルモンが受容体と結合すると，α サブユニットの GDP はグアノシン三リン酸（GTP）に置き換わり，Gタンパク質は α サブユニットと $\beta\gamma$ 複合体に解離し，活性化された α サブユニットはさらにエフェクターを活性化する。Gタンパク質としては Gs，Gi，Gq などが，エフェクターとしてはアデニル酸シクラーゼやホスホリパーゼ C などがあげられる。

Gs タンパク質と共役する受容体の場合，活性化した Gsα サブユニットがさらに**アデニル酸シクラーゼ**を活性化し，このアデニル酸シクラーゼは，細胞内でアデノシン三リン酸（ATP）から**サイクリック AMP**（**cAMP**）への産生を促進する。産生された cAMP は **cAMP 依存性プロテインキナーゼ**[2]（**プロテインキナーゼ A**：PKA）を活性化した後，標的タンパク質（酵素や転写調節因子など）をリン酸化することで，標的細胞に生理作用を誘起する。これに対し，Gi タンパク質と共役する受容体の場合，Giα の活性化によりアデニル酸シクラーゼの活性化が抑制される（図 5.4）。

一方，Gq タンパク質と共役する受容体の場合，活性化 Gqα サブユニットは**ホスホリパーゼ C** (PLC) を活性化する。活性化ホスホリパーゼ C は，細胞膜のリン脂質であるホスファチジルイノシトール 4,5-ビスリン酸 (PIP_2) を加水分解し，**イノシトール 1,4,5-トリスリン酸** (IP_3) と**ジアシルグリセロール** (DG) を生成する。小胞体の IP_3 受容体にこの IP_3 が結合すると，IP_3 依存性 Ca^{2+} チャネルを介して小胞体内の Ca^{2+} が放出され，細胞質基質の Ca^{2+} 濃度が上昇する。この Ca^{2+} は DG とともに **Ca^{2+} 依存性タンパク質キナーゼ** (**プロテインキナーゼ C**：PKC) を活性化する。さらに，Ca^{2+} は，カルモジュリンと結合した後，カルモジュリン依存性タンパク質キナーゼ (CaMK) なども活性化する。活性化したプロテインキナーゼ C やカルモジュリン依存性タンパク質キナーゼは標的タンパク質 (酵素や転写調節因子など) のリン酸化を介して標的細胞の生理反応を制御する (図 5.4)。

(2) イオンチャネル内蔵型受容体 (ion channel receptor)

この型の多くの受容体タンパク質は，細胞膜を 4 ～5 回貫通するサブユニットが 5 つ集まることで形成され，構造内にイオン透過路となる小孔を有する。受容体にホルモンが結合するとチャネルの立体構造が変化することで小孔が開き，特定のイオンが通過できるようになる (図 5.4)。

ニコチン性アセチルコリン受容体の場合，アセチルコリンが結合することでチャネルが開口し，おもに Na^+ が細胞内に流入する。この結果，細胞は脱分極し，活動電位による興奮性の生理作用が誘起される。一方，γ アミノ酪酸 (GABA) が $GABA_A$ 受容体へ，グリシンがグリシン受容体に結合すると，おもに Cl^- が細胞内に流入する。この場合，細胞は過分極し，活動電位が生じにくくなるため，標的細胞の生理作用が抑制的に調節される。このように，イオンチャネル内蔵型受容体は，情報伝達物質の化学信号を電気シグナルに変換する。

(3) 酵素連結型受容体 (enzyme-linked receptor)

この型の受容体タンパク質は，ホルモンが結合する細胞外ドメイン，細胞膜を 1 回貫通する膜貫通ドメイン，細胞内に存在し，エフェクターとして働く細胞内ドメインから構成される。

チロシンキナーゼ型受容体は，細胞内ドメインにチロシンキナーゼ活性を有する。ホルモンが受容体の細胞外ドメインに結合すると，受容体は二量体を形成し，細胞質に存在するチロシンキナーゼドメインが活性化され，さらに受容体自身の特定のチロシン残基がリン酸化 (自己リン酸化) される。続いて，標的タンパク質をリン酸化し，標的細胞の生理反応を制御する (図 5.4)。この他にも，標的タンパク質内の特定のセリン / スレオニン残基をリン酸化する細胞内ドメインをもつ受容体 (セリン / スレオニンキナーゼ型受容体)，GTP からサイクリック GMP (cGMP) を産生するグアニル酸シクラーゼ活性を細胞内ドメインにもつ受容体なども知られている。

(4) 酵素共役型受容体 (enzyme-coupled receptor)

この受容体タンパク質は，酵素連結型受容体と同様の構造をもつが，細胞内ドメインにはエフェクターの活性が認められない。ホルモンが受容体に結合すると，受容体は二量体を形成するとともに，特定の領域に非受容体型チロシンキナーゼ (ヤーヌスキナーゼ：JAK など) が結合する。このチロシンキナーゼの活性化により，受容体中の特定のチロシン残基がリン酸化されるとともに，細胞質基質中の STAT などのタンパク質もリン酸化される。二量体を形成したリン酸化 STAT は核に移行して転写の調節を行い，標的細胞の生理作用を制御する (図 5.4)。

5.4.2 細胞内受容体

疎水性のホルモン (甲状腺ホルモン，ステロイドホルモン，ビタミン A，ビタミン D など) は，細胞膜を透過して細胞内 (細胞質，核内) に存在する受容体と特異的に結合する。この際，甲状腺ホルモンとビタミン類の受容体はホモダイマー，あるいはレチノイド X 受容体 (RXR) とのヘテロダイマーを形成し，ステロイドホルモン受容体はホモダイマーを形成する。ホルモンと受容体の複合体は，核において，標的遺伝子の転写調節領域に存在するホルモン応答配列 (hormone responsive element：HRE) と結合し，転写調節因子として標的遺伝子の転写を制御する (図 5.5)。

5.5 細胞内のシグナル伝達の特徴

(1) シグナルの増幅

ホルモンによる情報の伝達系では，その血中濃度が低くても，標的細胞では十分な細胞応答を引き起こすことができる。これは，標的細胞内でシグナルの増幅がなされるためである。肝臓でのグルカゴンの働きを例にとると，1分子のグルカゴンが受容体へ結合すると，Gsαの活性化に続き，アデニル酸シクラーゼが活性化され，多数のcAMPが産生される。cAMPにより活性化されたプロテインキナーゼAは，多数のグリコーゲンホスホリラーゼキナーゼを活性化し，このキナーゼはさらに多数のグリコーゲンホスホリラーゼを活性化する結果，多量のグリコーゲンが分解される。このように，少量のホルモンが，連鎖的・多段階の反応系を経て，細胞内で情報分子が次々と増幅される反応を**カスケード反応**（cascade reaction）とよぶ。

(2) シグナルの相互作用

一般に，それぞれの細胞には多様なホルモンの受容体が存在する。このため，細胞内には各受容体による情報の伝達機構が混在し，互いに密接に関連し合うことで細胞の機能を制御している。このように，細胞内でそれぞれの情報伝達機構が相互に影響し合うことを**クロストーク**（cross talk）とよぶ。

(3) 受容体のホルモンに対する感受性

ホルモンが受容体に作用している状態が続くと，受容体のホルモンに対する感受性が低下する場合がある。この性質を**脱感作**（desensitization）とよぶ。細胞膜受容体において，この状態がさらに続くと，受容体が細胞内に取り込まれ，細胞膜に存在する受容体数が減少する（ダウンレギュレーション）。したがって，標的細胞での生理反応は，ホルモンの濃度と受容体の感受性による二重の制御を受けていると考えることができる。

5.6 内分泌腺と分泌されるホルモンおよび生理作用

ここでは断わりがないかぎり，哺乳類，特にヒトを例に解説する。

5.6.1 視床下部と下垂体[3)]

ヒトでは中葉が痕跡的であるため，ここでは前葉と後葉について扱う。

視床下部（hypothalamus）は間脳底部に位置する。この領域は多くの神経核を含み，神経細胞は脊髄や延髄へと神経繊維を投射している。脊髄には交感神経の節前神経細胞体が，一方，延髄には副交感神経の節前神経細胞体が存在することから，視床下部は自律神経系の中枢として生命の維持に重要な機能（体液の量や浸透圧の調節，日内リズム，血糖値や体温の調節，性行動の制御など）を果たしている。

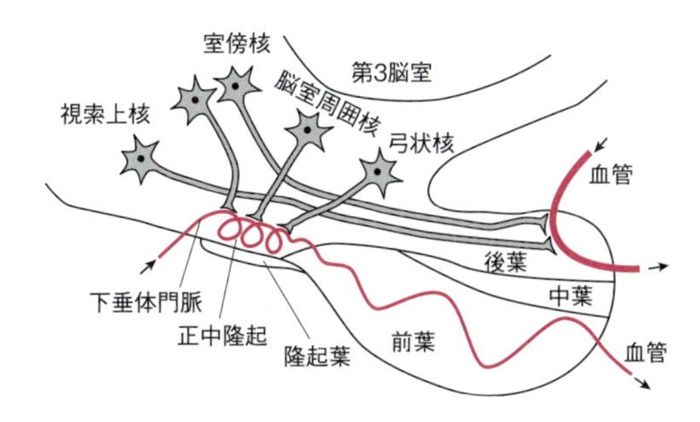

図 5.6 視床下部－下垂体系

(1) 視床下部と下垂体前葉ホルモン

視床下部の神経細胞はホルモン産生細胞としても機能する（**神経分泌細胞**）。一部の神経核（弓状核，視索前野など）の神経細胞では，下垂体前葉ホルモンの分泌を促進あるいは抑制する**視床下部ホルモン**が産生される。その軸索末端は**正中隆起部**に終末し，ここから**下垂体門脈系**に視床下部ホルモンを放出する。放出された視床下部ホルモンは下垂体前葉に運ばれ，各視床下部ホルモンの受容体を発現している前葉の細胞に作用して前葉ホルモンの分泌を制御する（表 5.2，図 5.6）。

代表的な視床下部ホルモンと，そのホルモンにより分泌が調節される下垂体前葉ホルモンの関係は次のようになる。

（i） 生殖腺刺激ホルモン放出ホルモンは，前葉からの黄体形成ホルモンと卵胞刺激ホルモン（濾胞刺激ホルモン）の分泌を促進する。雄において黄体形成ホルモンは，精巣のライディッヒ細胞（5.6.6 参照）に作用してアンドロゲン（テストステロンなど）の分泌を促進する。アンドロゲンと卵胞刺激ホルモンはともにセルトリ細胞を刺激することで，精子形成を促進する。雌では，特に卵胞刺激ホルモンが卵胞の成長と成熟を促し，エストロゲンの分泌を促進する。さらに黄体形成ホルモンは排卵を誘起し，その後に続く黄体形成とプロゲステロンの分泌を促進する。

（ii） 甲状腺刺激ホルモン放出ホルモンは，前葉からの甲状腺刺激ホルモンの分泌を促す。この甲状腺刺激ホルモンは，甲状腺の濾胞上皮細胞を刺激し，甲状腺ホルモンの合成と分泌を促進する。

(iii)　成長ホルモン放出ホルモンと成長ホルモン放出抑制ホルモンは，下垂体前葉からの成長ホルモンの分泌をそれぞれ促進あるいは抑制する。分泌された成長ホルモンは，体全体（特に長骨）の成長促進や代謝を刺激するなどの作用を示す。これらの作用の多くを実際に担うのは，成長ホルモンが肝臓などに作用する結果として産生されるインスリン様成長因子（Insulin-like growth factor：IGF，別名：ソマトメジン）である。

(iv)　プロラクチン放出抑制ホルモンは，下垂体前葉からのプロラクチンの分泌を抑制する。実際にこの作用をもつ物質の 1 つは，神経伝達物質として知られるドーパミンである。放出されたプロラクチンは，乳腺細胞に作用し，乳汁産生を促進する。

(v)　副腎皮質刺激ホルモン放出ホルモンは，下垂体前葉からの副腎皮質刺激ホルモンの分泌を刺激する。この副腎皮質刺激ホルモンは，副腎皮質のステロイドホルモン，特にグルココルチコイドの合成と分泌を刺激する。

(2)　視床下部と下垂体後葉ホルモン

視床下部の視索上核と室傍核の一部の神経細胞は，オキシトシンとバソプレシン（抗利尿ホルモン）を産生する。これらの神経細胞は下垂体後葉にまで軸索を伸ばしており，産生されたホルモンは軸索流にのって後葉へと運ばれ，刺激に応じて，後葉内部の毛細血管へと神経分泌される（表 5.2，図 5.6）。

オキシトシンは，膣の拡張刺激により放出が促され，子宮の平滑筋を収縮させる。また，子による乳頭の吸引刺激によっても放出が促進され，乳腺の腺房周囲の筋上皮細胞を収縮させることで射乳（乳汁の射出作用）を引き起こす。一方，バソプレシンは，血液の浸透圧の上昇や血圧の低下などの刺激により放出が促される。バソプレシンが腎臓の集合管の細胞に作用すると，細胞内に存在する水チャネル（アクアポリン）が細胞膜に挿入される。この結果，水の再吸収が促されることで，血液浸透圧の低下や血圧の上昇が引き起こされる。

5.6.2　甲 状 腺

甲状腺（thyroid gland）は多数の甲状腺濾胞からなる。濾胞は球状で，一層の**濾胞上皮細胞**とその内側の**濾胞腔**から構成される。濾胞上皮細胞は**サイログロブリン**を合成し，またヨウ素イオンを取り込む。これらが濾胞腔に移行する際，**甲状腺ペルオキシダーゼ**の働きにより，サイログロブリン中の特定のチロシン残基のヨウ素化と，それに続く縮合反応が進むことで，サイロキシン（T_4）やトリヨードサイロニン（T_3）が形成される。甲状腺刺激ホルモンにより甲状腺が刺激されると，濾胞腔に貯えられていたサイログロブリンがエンドサイトーシスにより濾胞上皮細胞に再び取り込まれる。取り込まれたサイログロブリンに対してリソソーム中のタンパク分解酵素が働くことでサイログロブリンが加水分解され，サイロキシン（T_4）とトリヨードサイロニン（T_3）が遊離し，血中へと放出される。血中では，甲状腺ホルモンの大部分は結合タンパク質[1]（サイロキシン結合グロブリン，サイロキシン結合プレアルブミン，アルブミン）と結合して運ばれる。遊離の甲状腺ホルモン（結合タンパク質と結合していない甲状腺ホルモン）が標的細胞内に入り特異的な受容体と結合することで生物活性を誘起する。一般的に，T_3 の方が T_4 よりも生物活性が高い。

甲状腺ホルモンは，基礎代謝や熱産生の亢進，糖代謝・脂質代謝・タンパク質代謝の促進，さらには成長の促進作用（特に，骨や脳）など，多様な生理作用をもつ。また，視床下部と下垂体にも作用して甲状腺刺激ホルモン放出ホルモンと甲状腺刺激ホルモンの分泌を抑制する。

5.6.3　副甲状腺と甲状腺の傍濾胞細胞（C 細胞）

細胞内の情報伝達，血液の凝固，筋肉の収縮，神経の興奮，ホルモンの分泌，骨格の形成など，生体の様々な機能が正常に働く際，Ca^{2+} は極めて重要である。このため，血中の Ca^{2+} の濃度は種に特有の一定の値（ヒトでは 90〜110 mg/L）に保たれている。血中 Ca^{2+} 濃度は，骨・腎臓・腸管に，副甲状腺ホルモン，カルシトニン，活性型ビタミン D_3 などのホルモンが働くことによって一定に保たれている。

血中 Ca^{2+} 濃度の低下は**副甲状腺**（parathyroid gland）で検出され，副甲状腺から副甲状腺ホルモンが分泌される。副甲状腺ホルモンは**骨吸収**[4]（破骨細胞が骨を融解して分解する現象）を促進するため，Ca^{2+} が血中へと溶出する。また，腎臓の尿細管では Ca^{2+} の再吸収が高まる。肝臓ではビタミン D_3 が代謝され，その代謝産物は腎臓に運ばれて副甲状腺ホルモンの働きにより活性型ビタミン D_3 に変換される。この活性型ビタミン D_3 は，腸管からの Ca^{2+} 吸収に必要なカルシウム結合タンパク質の合成を促すため，腸管からの Ca^{2+} 吸収が増加する。これらの結果，血中の Ca^{2+} 濃度が上昇する。なお，ビタミン D_3 は，コレステロールの代謝により生じた7-デヒドロコレステロールが皮膚において太陽光（紫外線）に照射されることで合成される。

一方，血中 Ca^{2+} 濃度の上昇を検出した甲状腺の**傍濾胞細胞**（parafollicular cell）あるいはC細胞（calcitonin cellの略）はカルシトニンを分泌する。カルシトニンは骨吸収と腸管からの Ca^{2+} 吸収を抑制する。また，腎臓での Ca^{2+} 再吸収も抑制するため，尿中への Ca^{2+} 排出が増加する。これらのカルシトニン作用の結果，血液中の Ca^{2+} 濃度は低下する。

5.6.4　副　　腎

左右の腎臓の上部に位置する**副腎**（adrenal gland）は，外側の皮質と内側の髄質から構成される。皮質の細胞は，脂肪滴，ミトコンドリア，滑面小胞体が発達し，ステロイドホルモンを合成・分泌している。一方，中心部の髄質は，クロム親和性細胞からなり，カテコールアミンを合成・分泌する。

(1)　副 腎 皮 質

皮質は，外層から**球状層**，**束状層**，**網状層**で構成される。球状層からはミネラルコルチコイド（鉱質コルチコイドあるいは電解質コルチコイドともよばれる），束状層からはグルココルチコイド（糖質コルチコイドともよばれる），網状層からは副腎性アンドロゲンが合成・分泌される。これらのステロイドホルモンは，コレステロールから多種の酵素による触媒作用で合成されるが，上記のように各層で合成されるステロイドホルモンが異なるおもな理由は，各層で発現しているステロイドホルモン合成酵素の種類が違うためである。

血中に放出されたステロイドホルモンは，その多くがコルチコステロイド結合グロブリン[1)]（トランスコルチン）やアルブミンなどの結合タンパク質と結合している。これに対して，一部の遊離型ホルモンのみが標的細胞内に存在する受容体（グルココルチコイド受容体，ミネラルコルチコイド受容体）と結合することで，特定の遺伝子の転写を制御し，様々な生理作用を引き起こす。

グルココルチコイドの分泌は，おもに視床下部－下垂体－副腎系により調節される。視床下部から下垂体門脈系に放出された副腎皮質刺激ホルモン放出ホルモンは，下垂体前葉からの副腎皮質刺激ホルモンの分泌を刺激する。この副腎皮質刺激ホルモンは副腎皮質の索状層に作用し，グルココルチコイドの分泌を促進する。これら各ホルモンの分泌は負のフィードバック制御により調節される。

ヒトのグルココルチコイドであるコルチゾルは，筋肉におけるタンパク質合成の抑制と分解の促進，脂肪組織でのトリグリセリド合成の抑制を通し，血液中へ放出されるアミノ酸，脂肪酸，グリセロールを増加させる。生じたアミノ酸とグリセロールは肝臓における糖新生（糖以外の物質からグルコースを合成）に利用される結果，血糖値は上昇する。この他，コルチゾルは抗ストレス作用，抗炎症作用，免疫抑制作用など，多様な生理作用を有する。

これに対してミネラルコルチコイド（ヒトではアルドステロン）は，腎臓の遠位尿細管や集合管に作用し，Na^+ 再吸収と K^+ 排出を促進することで，体内の体液量を維持し，血圧を一定に保つ。

腎臓の尿細管を流れる濾液流量や糸球体に入る動脈圧（輸入細動脈圧）などが低下すると，糸球体の入口の近くの輸入細動脈に存在する**傍糸球体細胞**（juxtaglomerular cell，**顆粒細胞**）から**レニン**（酵素）が分泌される。肝臓で合成・分泌されたアンジオテンシノーゲンは，レニンによりアンジオテンシンⅠに，その後アンジオテンシン変換酵素の作用でアンジオテンシンⅡへと変換される。アンジオテンシンⅡは球状層の細胞を刺激し，ステロイドホルモン合成酵素を活性化することでアルドステロンの合成・分泌を促進する（レニン－アンジオテンシン系）（図5.7）。また，アルドステロンの合成・分泌は，血液中の K^+ 濃度のわずかな上昇によっても刺激される。副腎皮質刺激ホルモンもアルドステロンの合成を刺激するが，その作用は弱い。

(2)　副 腎 髄 質

副腎の内側にある髄質の細胞では，酵素であるチロシンヒドロキシラーゼおよびドーパデカルボキシラーゼの作用により，チロシンをドーパ，ドーパミンへと変換する。ドーパミンはさらに，ドーパミン-*β*-ヒドロキシラーゼおよびフェニルエタノールアミン-*N*-メチル転移酵素の働きで，ノルアドレナリン，アドレナリンへと変換される。

身を守る必要性がある状況下では，副腎髄質とともに全身の交感神経系の活動性が高まり，アドレナ

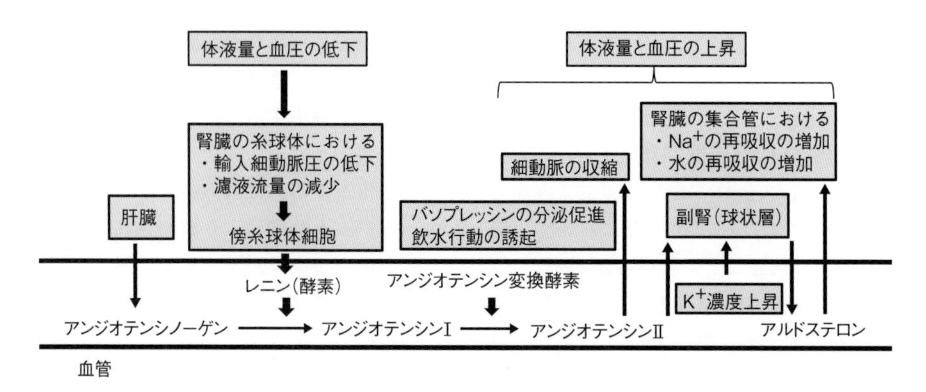

図 5.7 ミネラルコルチコイドの分泌調節機構

リンの分泌が高まる。このアドレナリンは，心拍数や心収縮力の増加(血液供給の増加)，皮膚や粘膜の血管の収縮(失血のおそれを低減)，骨格筋の血管の拡張(血液供給の増加)，気管支平滑筋の拡張(酸素摂取効率の増加)，瞳孔の拡大(光情報の利用の増加)，筋肉や肝臓におけるグリコーゲン分解の促進(エネルギー供給の増大)，脂肪組織の分解促進(エネルギー供給の増大)など，危機的な状況に対応した反応(闘争・逃走反応(fight-or-flight response))を引き起こす。寒暑刺激，ショック，運動，低血糖，血圧低下などの様々なストレスによっても，同様に髄質や交感神経系の活動性が高まり，ノルアドレナリンやアドレナリンの分泌が促される。

副腎髄質からのカテコールアミンの分泌はおもに神経を介して調節される。髄質細胞は交感神経節後神経細胞に相当し，アセチルコリン作動性の交感神経節前神経の支配を受けている。このため，節前神経末端から放出されるアセチルコリンが髄質細胞の細胞膜に存在するアセチルコリン受容体と結合すると，カテコールアミンの放出が誘起される。

5.6.5 膵臓のホルモンと血糖値の調節

膵臓の外分泌腺からは重炭酸塩と消化酵素を含む膵液が分泌される。この膵液はアルカリ性で，胃から流れてきた胃液を中和することで十二指腸や小腸内部を保護するとともに，消化酵素が働きやすいpHへと調整している。一方，外分泌腺と外分泌腺の間には膵ランゲルハンス島(膵島)とよばれる内分泌腺が散在している。ランゲルハンス島には，A細胞(α 細胞)，B細胞(β 細胞)，D細胞(δ 細胞)，PP細胞などの内分泌細胞が認められ，それぞれグルカゴン，インスリン，ソマトスタチン，膵ポリペプチドを分泌する。

ヒトの場合，血中のグルコース濃度(血糖値)は約 100 mg/100 mL (食事直後を除く)に調節されている。血糖値が低下すると，間脳の視床下部に存在する血糖値を検知するセンサー(グルコース感受性ニューロン)がその情報を感知し，交感神経を介してA細胞を刺激する。また，A細胞自身も血糖値の低下を感知する。この結果，A細胞からグルカゴンが分泌される。グルカゴンは，肝臓に貯えられたグリコーゲンのグルコースへの分解や，タンパク質や脂肪を分解して新たにグルコースをつくる糖新生を促進することで，血糖値を上昇させる。また，血糖値の低下は交感神経を介して副腎髄質を刺激し，アドレナリンの分泌と，分泌されたアドレナリンによる肝臓や骨格筋内のグリコーゲンの分解を促す。さらに，グルココルチコイドや成長ホルモンも血糖値を上昇させる方向に作用する。血糖値の低下は生体にとって危険であることから，このように複合的に調節されている。

一方，食事などにより血糖値が上昇すると，視床下部のグルコース感受性ニューロンがその情報を感知し，副交感神経を介してB細胞を刺激する。また，B細胞自身も血糖値の上昇を感知する。この結果，B細胞からインスリンが分泌される。インスリンは肝臓におけるグリコーゲンの合成を促進するため，肝臓へのグルコースの取込み量が増加する。また，インスリンは，骨格筋へのグルコースの取込みとグリコーゲンの合成を，さらに脂肪組織へのグルコースの取込みと脂肪合成を促進する。これらの結果，血糖値は低下する。

ランゲルハンス島のD細胞から分泌されるソマトスタチンは，グルカゴンやインスリンの分泌を抑制する。

消化管上部に存在するK細胞と下部に存在するL細胞からは，それぞれグルコース依存性インスリン分泌刺激ポリペプチド(GIP)とグルカゴン様ポリペプチド1(GLP-1)が分泌される(まとめてインクレチン[5)]と総称される)。これらのホルモンは，摂食後に分泌され，B細胞に作用してインスリン分泌を促す。

5.6.6　生 殖 腺

生殖腺(gonad)は配偶子を形成する器官である。雌では卵巣，雄では精巣をいう。脊椎動物におけるこれらの器官では性ホルモンをも合成・分泌する。

(1)　卵　巣

卵巣(ovary)にはたくさんの卵胞が存在し，**原始卵胞**(primordial follicle)，一次卵胞(primary follicle)，二次卵胞(secondary follicle)，**グラーフ卵胞**(Graafian follicle)［**成熟卵胞**(mature follicle)］の順に発達する。その中心部には卵母細胞があり，二次卵胞以降，外側へと順に，**顆粒膜細胞**(granulosa cell)，**内莢膜細胞**(theca interna)，**外莢膜細胞**(theca externa)が取り囲むように発達し，この卵胞の中で卵母細胞が成熟する。内莢膜細胞では，黄体形成ホルモンの働きによりコレステロールからアンドロゲン(おもにアンドロステンジオン，テストステロン)が合成される。このアンドロゲンは顆粒膜細胞に移行し，卵胞刺激ホルモンにより発現が促進されたアロマターゼ(芳香化酵素)の作用でエストロゲン(おもにエストラジオール)に変換される。エストロゲンは子宮内膜を増殖させ，子宮筋を収縮しやすくするとともに，膣粘膜の角化・肥厚，基礎体温を下げるなどの作用を示す。

ヒトの卵巣では，卵胞刺激ホルモンと黄体形成ホルモンに加え，卵胞の発達に伴い分泌が増加するエストゲンなどが共同して働くことで，卵胞の発達と成熟が促され，ついにはエストロゲンが大量に分泌されるようになる。エストロゲンの血中濃度が高濃度で一定時間以上持続すると，視床下部に対する正のフィードバック調節が現れ，生殖腺刺激ホルモン放出ホルモンの大量分泌，次に黄体形成ホルモンの大量分泌(**LHサージ**)が引き起こされ，排卵が誘起される。排卵後，卵巣に残った顆粒膜細胞と莢膜細胞は黄体細胞へと変化し，おもにプロゲステロンを分泌するようになる。

(2)　精　巣

精巣(testis)には非常に多くの**精細管**(seminiferous tubule)が詰め込まれている。精細管内に存在する**セルトリ細胞**(Sertoli cell)は，精細胞を保護するとともに，生理活性物質(アンドロゲン結合タンパク質，成長因子など)の合成と分泌も行う。卵胞刺激ホルモンがセルトリ細胞に作用すると，アンドロゲン結合タンパク質の合成が高められる。精細管と精細管の間の間質には**ライディッヒ細胞**(Leydig cell)［**間質細胞**(interstitial cell)］が存在し，黄体形成ホルモンの作用により，アンドロゲン(テストステロンなど)の合成と分泌を促す。これらの生理活性物質やホルモンの相互作用を介して，精子形成が促進される。

精巣のセルトリ細胞や卵巣の顆粒膜細胞では上記のホルモン以外にもインヒビンやアクチビンなどのホルモンが分泌される。インヒビンは下垂体前葉に直接作用して卵胞刺激ホルモンの分泌を抑制する。一方，アクチビンはインヒビンとは逆に卵胞刺激ホルモンの分泌を促進する。また，胎児期の精巣のセルトリ細胞から分泌されるミュラー管抑制ホルモンは，輸卵管や膣の上部に分化するミュラー管を退化させる。

5.6.7　内分泌腺やホルモンの動物種による違い

これまで哺乳類(特にヒト)の内分泌腺と分泌されるホルモンを中心に紹介してきた。ところが，動物種が異なると同種の内分泌腺が存在しない例や形態がかなり異なる例も見受けられる。例えば，下垂体中葉は，ヒトなど一部の哺乳類においては痕跡的であり，また鳥類では認められない。同様に，副甲状腺は，魚類，そして成体になっても水中で生活する両生類(サンショウウオなど)には存在しない。一方，カルシトニンは，哺乳類では甲状腺の傍濾胞細胞から分泌されるが，円口類を除く魚類から鳥類までの動物では**鰓後腺**(ultimobranchial cell)から分泌される。

一般に，ホルモンの多くは哺乳類のみならず他の脊椎動物にも存在する。これまで紹介したホルモンは，哺乳類以外の動物でも哺乳類と同じ生理作用を示すことも多いが，ホルモンによっては動物種に特有の生理作用を示すことも知られている。例えば，甲状腺ホルモンは，鳥類では換羽，爬虫類では脱皮，両生類では変態，魚類では銀化（サケ）や変態（ヒラメ）などの制御にかかわっている。

一方，無脊椎動物にも多種多様なホルモンが見いだされている。例えば，カイコガの幼虫が脱皮を繰り返して成長した後，蛹を経て成虫になる過程には，**アラタ体**（corpus allatum）から分泌される幼若ホルモンと**前胸腺**（prothoracic gland）から分泌される脱皮ホルモンが関与している。さらに，これらの両ホルモンの分泌は，脳から分泌されるアラタ体刺激ホルモンや前胸腺刺激ホルモンによって調節されている。その他にも様々な無脊椎動物から多くのホルモンが同定されているが，詳しくは関連図書を参考にしてほしい。

■ 演習問題

5.1 ホルモンを化学的性状から4種類に大別し，その名称と特徴を答えよ。

5.2 血液中のホルモン濃度を調節する仕組みについて説明せよ。

5.3 標的細胞に存在する細胞膜受容体あるいは細胞内受容体は，どのようにしてホルモンの情報を細胞内へ伝えるか，簡潔に説明せよ。

5.4 視床下部は下垂体前葉ホルモンと後葉ホルモンの分泌をどのように調節しているか，両者の違いがわかるように説明せよ。

5.5 副腎皮質から分泌されるグルココルチコイドとミネラルコルチコイドの分泌調節機構と生理作用について説明せよ。

5.6 ホルモンによるカスケード反応について，例をあげて説明せよ。

■ 注釈

1) 結合タンパク質（binding protein）：甲状腺ホルモンやステロイドホルモンは，そのほとんどが結合タンパク質と結合した状態で血液中を運搬される。例えば，甲状腺ホルモンは，サイロキシン結合グロブリン，サイロキシン結合プレアルブミン（トランスサイレチン），アルブミンと結合した状態で血液中を運ばれる。同様に，副腎皮質から分泌されるステロイドホルモンはコルチコステロイド結合グロブリン（トランスコルチン）と，生殖腺から分泌される性ステロイドホルモンは性ホルモン結合グロブリンンやアルブミンと結合した状態で血液中を運ばれる。結合タンパク質と結合していない遊離型のホルモンはごくわずかしか存在しないが，この遊離型が生物活性を発揮する。

2) プロテインキナーゼ（protein kinase）：タンパク質分子中の特定のチロシン残基やセリン / スレオニン残基の水酸基にリン酸基を付加する酵素（リン酸化酵素）のこと。おもにATPをリン酸供与体とし，チロシンキナーゼとセリン / スレオニンキナーゼに大別される。

3) 下垂体（pituitary gland）：下垂体は，口蓋上皮に由来する腺性下垂体と脳の一部が突出して形成される神経性下垂体とに分けられる。腺性下垂体は主葉（前葉として扱う場合もある），中葉，隆起葉から，神経性下垂体は神経葉（後葉として扱う場合もある）と漏斗から構成される。なお，ヒトでは中葉は痕跡的であるため，本章では下垂体の主要な部位として前葉と後葉を扱う。

4) 骨吸収：体の成長と骨の成長には密接な関係があるが，成長が止まった動物でも骨は絶えず吸収と形成を行っている。この過程では，骨芽細胞と破骨細胞が重要な役割を果たす。破骨細胞による骨の吸収（骨吸収）が起こり，吸収された部分では骨芽細胞による新しい骨の形成が行われている（骨形成）。このような骨の再構築が絶えず続けられている。

5) インクレチン：食事に伴い消化管から分泌されるGIPとGLP-1の2つのホルモンには，膵臓B細胞からのインスリン分泌を刺激する作用がある。これらのホルモンを総称してインクレチンとよぶ。特に，GLP-1は血糖値が低い場合には，インスリン分泌を促進しないため低血糖を生じにくいなどの性質が明らかになり臨床への応用が進んでいる。

6 神経系と行動科学

感覚とは何なのか，考えるとは何なのか，記憶とは何か，それを問いかけるのが神経科学である。あくまでも科学的に，すなわち物理化学的に答えなければならない。

本章では，まず神経の信号について解説する。次に，神経信号を使って脳はどのように外界を認識するのか，また，私たちの行動は脳内のどのような神経回路を経て行われるのか，さらに，記憶はどのように脳内につくられるのかについて概説する。大胆に簡略化して説明してあるので，正確な知識と用語を学ぶためには，より専門的な教科書も組み合わせて学習してほしい。

6.1 神経信号

神経細胞（ニューロン）の仕事は，一言でいえば神経信号をつくって運ぶことである。詳しくいうと，(1) 刺激を受容すること，(2) 信号を発生させること，(3) 信号を軸索に沿って伝導させること，(4) シナプスを使って信号を次の細胞に伝達することである。信号は感覚受容細胞で発生し，数多くのニューロンを経て最終的には筋肉や分泌細胞などに伝えられる。

6.1.1 静止膜電位

神経信号の実態は細胞膜の内外に生じている電位の変化である。それはイオンの動きによって生じる。イオンは膜の成分である脂質に溶け込めないので，膜を透過できない。そこで，細胞膜にはイオンを透過させるための膜タンパク質がある。細胞膜を貫通するトンネルのような形をもち，イオンを濃度の高い方から低い方へ透過させるものを**イオンチャネル**という。また，細胞の内外でイオンと結合し，エネルギーを利用してイオンを濃度勾配に逆らって輸送するものを**ポンプ**という（1.2.1 参照）。

表 6.1 に細胞内外のおもなイオン濃度を簡単に示す。この濃度分布は，次の 3 つのステップを考えれば導き出せる。(1) 細胞の外側にある体液の成分は薄い海水に似ている。Na^+ と Cl^- が非常に多く，Ca^{2+} を少量含む。(2) 細胞膜には Na^+-K^+ 交換ポンプがあり，細胞内の Na^+ を排出し，K^+ を取り込んでいる。したがって，細胞内には Na^+ の代わりに K^+ が多い。なお，ポンプがいくら働いても細胞外のイオン濃度は簡単には変わらない。(3) 細胞膜には Ca^{2+} ポンプがあり，細胞内の Ca^{2+} を排出している。それは，Ca^{2+} は細胞内でセカンドメッセンジャーとして利用されるので，普段の細胞内では Ca^{2+} を極力少なくしておく必要があるからである。

表 6.1　細胞内外のイオン濃度

イオン	細胞外 (mM)	細胞内 (mM)
Na^+	145	10
K^+	5	140
Ca^{2+}	2	0.0002
Cl^-	110	10
その他の陰イオン	40	140

この状態にある細胞の膜が，Na^+ と K^+ を自由に透過させるようになったらイオンはどのように動くだろうか。当然，濃度差に従って Na^+ は細胞内に流入し，K^+ は細胞外に流出する。細胞内外の塩濃度は等しく，また，細胞内外で陽イオンと陰イオンがつり合っているにもかかわらず 2 つのイオンがそれぞれの濃度勾配に従って動くのは，物質を無秩序な方向に動かそうとするエントロピー増大則のためである。

さて，すべての細胞の細胞膜には **K^+ リークチャネル**とよばれる，少量の K^+ を常に透過させるイオンチャネルがある。K^+ はこのチャネルを通り，濃度勾配に従って細胞外へ流出するが，Na^+ と Cl^- にはそのようなチャネルはないので膜を通過できない。流出した K^+ には細胞内の陰イオンによって引

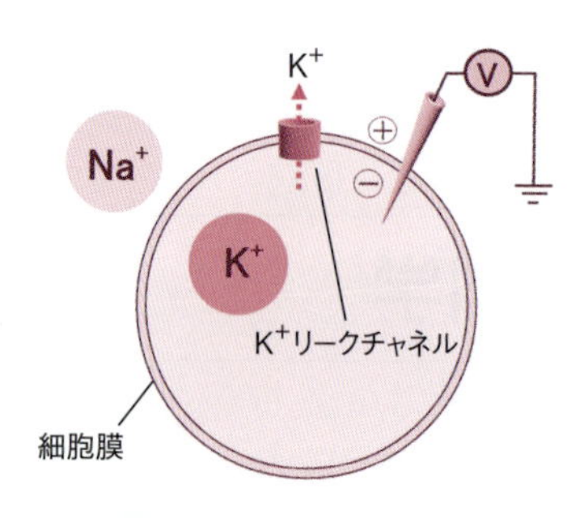

図 6.1　静止膜電位の発生

細胞外液ではNa^+とCl^-が多く，細胞内液ではK^+が多い。細胞内のK^+だけがわずかに細胞外に流出するので細胞内の電位がマイナスになる。

き戻される力も働くので，濃度勾配による流出の力と電荷によって引き戻す力がつり合うところで流出は止まる。

その結果，細胞外はわずかに陽イオンが多くなり，細胞内はわずかに陰イオンが多くなる。余剰な陽イオンと陰イオンは膜を挟んで引き付け合い，膜の表裏に局在する。それにより細胞膜の表裏に電位差が生じる。その電位差を，細胞内に挿入した微細なガラス電極を用いて測定することができる。細胞外を 0 としたときの細胞内の電位を**膜電位**という。特に，静止状態にある（刺激を受けていない）細胞の膜電位を**静止膜電位**（resting membrane potential）とよぶ。静止膜電位はニューロンに限らずどの細胞にも生じており，約 −60 mV である（図 6.1）。

6.1.2　受容器電位

環境中の様々な化学物質や光，振動，圧力，温度などが，それを受容する仕組みをもつ細胞にとっては刺激となる。それらの細胞は刺激を受けるための受容体と，その結果として開くイオンチャネルをもつ。チャネルを通ってイオンが移動し，膜電位に変化が生じる。刺激によって変化した膜電位を受容器電位（receptor potential）という。開くチャネルがNa^+チャネルの場合，細胞外のNa^+が細胞内に流れ込み，膜電位は静止膜電位よりも 0 に近づく。そのような膜電位変化を**脱分極**（depolarization）という（図 6.2 b）。開くチャネルがCl^-チャネルの場合，細胞外のCl^-が細胞内に流れ込み，膜電位は逆にさらにマイナス側に変化する。このような変化を**過分極**（hyperpolarization）とよぶ（図 6.2 a）。

受容器電位は刺激が与えられている間だけ生じ，刺激が終わると静止膜電位まで戻る。また，その大きさは刺激の強さに応じて変化する。小さい刺激は小さい受容器電位を，大きな刺激は大きな受容器電位をもたらす（図 6.2 c）。そして，受容器電位は細胞膜上の刺激を受けた場所でしか生じない。

6.1.3　活動電位の発生

受容器電位は脳まで届くことはない。刺激を受けたという事実を脳に伝えるためには，軸索上を伝導する**活動電位**（action potential）を発生させる必要がある。活動電位は膜電位がある固有の値（**閾値**，

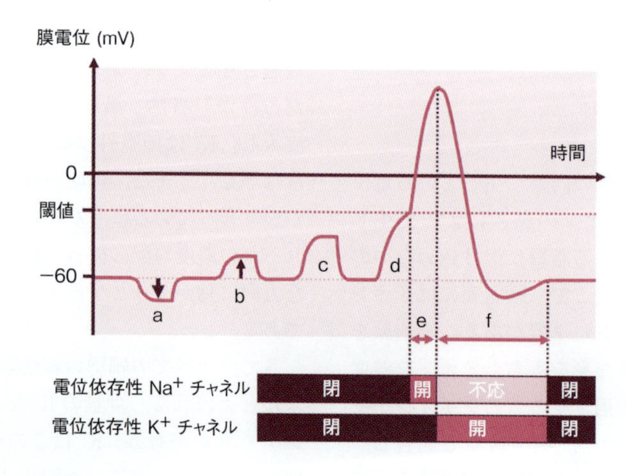

図 6.2　受容器電位と活動電位の発生

a. 過分極性の受容器電位，b. 脱分極性の受容器電位，c. b より大きな受容器電位，d. 閾値に達した受容器電位，e. Na^+の流入による活動電位の発生，f. K^+の流出による活動電位の終息。

threshold）を超えて脱分極したときに発生する（図 6.2 d）。活動電位の発生は，簡単には次の２つのチャネルの働きで説明できる。１つ目は**電位依存性 Na^+ チャネル**である。このチャネルは，周囲の細胞膜の膜電位が閾値を超えたときに素早く開く。しかし，その１ミリ秒後には自動的に閉じてしまい，その後数ミリ秒間は周囲の膜電位が閾値を超えていても再び開くことができない（不応状態）。２つ目は電位依存性 K^+ チャネルである。このチャネルも周囲の膜電位が閾値を超えたときに開くが，タイミングが１ミリ秒ほど遅れ，その後数ミリ秒間，開き続ける。

この２つの電位依存性イオンチャネルの開閉の微妙な時間差によって，まず Na^+ が細胞内に流入して膜電位が大きく上昇し（図 6.2 e），続いて K^+ が細胞外に流出して膜電位がもとに戻る（図 6.2 f）。活動電位とは，この数ミリ秒間の一連の膜電位変化のことをいう。

活動電位は刺激が弱いと発生しないが，刺激による受容器電位が閾値を超えれば，刺激の大きさにかかわらずいつも同じ大きさと同じ波形で推移する。この性質を**全か無かの法則**（all or none law）という。刺激が続いていれば活動電位は繰り返し発生し，刺激が大きければ発生の頻度が高くなる。つまり，刺激の強さは活動電位の大きさではなく，発生頻度に反映される。活動電位が発生している状態を**興奮**という。

6.1.4 活動電位の伝導

軸索上には電位依存性 Na^+ チャネルと電位依存性 K^+ チャネルが高密度で存在している。ひとたび電位依存性 Na^+ チャネルが開くと，そこから流入した Na^+ が軸索内を周囲に広がり，周囲の膜電位をプラス側に押し上げる。隣接した場所では膜電位が閾値を超え，それまで閉じていた電位依存性 Na^+ チャネルが開く。このようにして電位依存性 Na^+ チャネルは自己増幅装置として働き，次々と周囲のチャネルを開いていく。しかし，一度活動電位が発生した場所は次の瞬間には不応状態になっているので，進行する活動電位のすぐ後ろを不応状態の領域が追いかけていくことになる。このように活動電位が膜上を進行することを**興奮の伝導**という。

6.1.5 シナプスにおける信号伝達

シナプスとはニューロンどうし，あるいはニューロンと筋細胞の接合構造をさす（図 6.3）。信号を送る構造（通常は軸索末端）をシナプス前部といい，信号を受ける構造をシナプス後部という。シナプス前部とシナプス後部の間には間隙があり，これをシナプス間隙という。シナプス前部には神経伝達物質を貯蔵したシナプス小胞が多数あり，シナプス前部の表面膜には電位依存性 Ca^{2+} チャネルがある。活動電位が到達すると電位依存性 Ca^{2+} チャネルが開き，細胞外から Ca^{2+} が流入する。その結果，シナプス小胞がシナプス前部の表面膜と融合し[1]，小胞内の伝達物質がシナプス間隙に放出される。これを伝達物質の**開口放出**という。

放出された神経伝達物質は，シナプス後部にある受容体に結合する。受容体は多くの場合，それ自体がイオンチャネルでもあり，伝達物質が結合するとイオンを透過させる。その結果として起きる膜電位の変化は受容器電位の一形態であるが，シナプス後

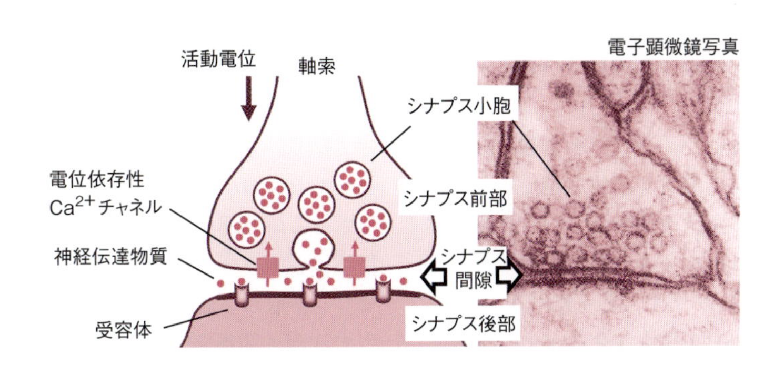

図 6.3 シナプス構造の模式図と電子顕微鏡写真
中枢ではシナプスは模式図にあるように軸索の終末ではなく，軸索の途中の膨らみとして存在することが多い。電子顕微鏡観察では，均一な径をもつシナプス小胞がシナプス前部を探すためのよい指標になる。

部で起きる受容器電位のことを特に**シナプス後電位**（postsynaptic potential）とよぶ。

6.1.6 興奮性ニューロンと抑制性ニューロン

シナプス後部が神経伝達物質を受容して，Na^+チャネルが開くと脱分極，Cl^-チャネルが開くと過分極が起きる。脱分極性のシナプス後電位は，活動電位発生（興奮）のための閾値へ膜電位を近づけるので**興奮性シナプス後電位（EPSP）**とよばれ，過分極性のものは遠ざけるので**抑制性シナプス後電位（IPSP）**とよばれる。シナプス後電位がEPSPになるかIPSPになるかは開くチャネルの種類で決まり，それは受容体の種類，結局は神経伝達物質の種類で決まる。すなわち，神経伝達物質は興奮性と抑制性に分類される。中枢神経系における代表的な興奮性神経伝達物質はグルタミン酸であり，代表的な抑制性神経伝達物質はGABAである。

一般に，1つのニューロンは1種類の神経伝達物質しか合成しないので，ニューロンも興奮性と抑制性の2つに分類される。興奮性ニューロンの軸索末端はすべて興奮性シナプスであり，抑制性ニューロンの軸索末端はすべて抑制性シナプスである。しかし，興奮性ニューロンも抑制性ニューロンも，その細胞体や樹状突起に興奮性と抑制性の両方のシナプスを受けることができる。

ニューロンは多数のシナプスを受けており，それぞれが刻々とEPSPやIPSPを発生している。それでは，信号を受けたニューロンはどのような場合に活動電位を発生するだろうか。樹状突起や細胞体のシナプスで生じたシナプス後電位は，若干減衰しながら軸索起始部へ到達する。軸索起始部には高密度に電位依存性Na^+チャネルが存在し，そこで活動電位が発生する。ニューロンには軸索起始部は1か所しかないので，ニューロンの興奮は全か無かの法則に従う。

ニューロンが興奮するか否かは，軸索起始部に到達したシナプス後電位の合計が閾値を超えるか否かで決まる。図6.4の神経回路を用いてもう少し具体的に説明しよう。ニューロンAが興奮を送るとニューロンDに小さなEPSPが生じる（矢印A）。ニューロンBも同様なEPSPを発生させるが（矢印B），2つのニューロンの興奮が同時であれば2つのEPSPが加算され，その合計が閾値を超えるとニューロンDは興奮する（矢印A+B）。

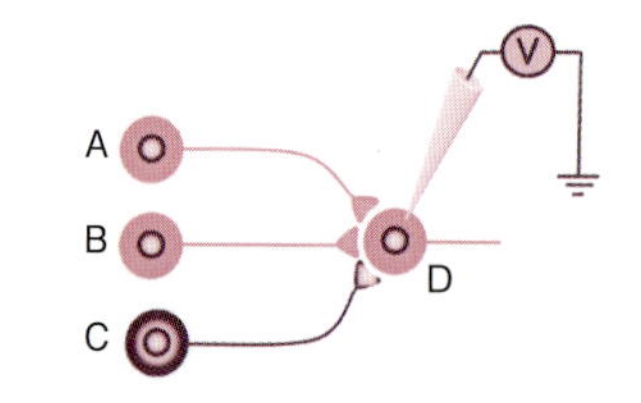

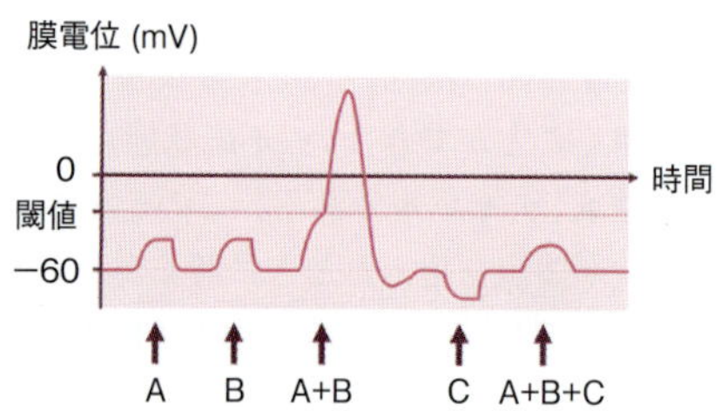

図6.4 興奮性ニューロンと抑制性ニューロンの働き
ニューロンAとニューロンBは興奮性ニューロン，ニューロンCは抑制性ニューロンである。これらが信号を送った時の，ニューロンDの膜電位変化を下図に示す。ニューロンDの興奮とその抑制にはニューロンA〜Cが送る信号の同時性が重要である。

抑制性ニューロンCは，どのようにすればニューロンDの興奮を抑制できるだろうか。ニューロンCが興奮を送るとニューロンDの膜電位は過分極する（矢印C）。ニューロンAとBによるEPSPが加算される時に，タイミングよくニューロンCが興奮を送ると，ニューロンDの膜電位は閾値に達しなくなり，興奮が抑制される（矢印A+B+C）。タイミングを逸すると抑制することはできない。このように，神経ネットワークでは信号の同時性が非常に重要である。

6.1.7 効果器の反応

神経信号は数多くのニューロンを経て，最後にはその個体の行動に何らかの変化を起こす。わかりやすい例は骨格筋の収縮である。いわゆる身体運動だけでなく，知的活動の成果を文字に表したり言葉に発したりするのも骨格筋の収縮である。骨格筋を収縮させるのは運動ニューロンで，その軸索末端は骨格筋にシナプスをつくる。軸索末端からはアセチルコリンが放出され，筋細胞の細胞膜に活動電位が発生する（4.4節参照）。

神経信号は心筋，平滑筋，分泌腺の活動も調節する。緊張して心臓がドキドキする，寒くて鳥肌が立つ，食事中に唾液が出る，などは自律神経の働きによる「行動」である。自律神経には交感神経と副交感神経があり，その末端は全身の組織や器官に分布する。交感神経の末端からはノルアドレナリン，副交感神経の末端からはアセチルコリンが放出され，標的細胞の膜上にある受容体に結合する。ノルアドレナリンとアセチルコリンは，標的細胞の収縮活動や分泌活動に反対の変化を引き起こすことが多い(5.1 節参照)。

6.2　中枢神経系の構造

中枢神経系とは脳と脊髄のことであり，ここから外部に出ていく神経繊維，および外部に存在するニューロン(神経節とよばれる集団をつくっている)を末梢神経系という。発生過程では，中枢神経系は神経管に由来する(7.9.1 参照)。つまり，中枢神経系の基本構造は管である。哺乳動物の中枢神経系の模式図を図 6.5 に示す。

6.2.1　脳の構造と神経回路

脳は発生過程では神経管の前方にできる，前脳胞，中脳胞，菱脳胞という 3 つの膨らみから生じる(コラム 7.1)。進化の過程を遡ると，前脳胞は嗅覚，中脳胞は視覚，菱脳胞は振動感覚の中枢であったと推定されている。その後，前脳胞前半分の背側が膨らんで大脳皮質に，菱脳胞前方の背側が膨らんで小脳皮質になった。さらに，哺乳動物ではすべての感覚の中枢が前脳に移ったため，大脳皮質が特に発達した。つまり，哺乳類の中枢神経系は中空の管において背側の 2 か所が膨出したものと考えればよい。大脳と小脳皮質を除いたその他の脳の部分を脳幹とよぶ[2)]。脳幹の基本的な構造は脊髄とほぼ同じである。

中枢神経系内の神経回路は複雑であるが，感覚器から筋肉までの経路は比較的単純である(図 6.5)。感覚器で生じた興奮を運ぶ神経繊維は脳幹と脊髄の背側から中枢神経系に入ってくる。その末端のシナプスを受けるニューロン(求心性介在ニューロン)は，情報を感覚中枢である大脳皮質へ送るため，脊髄や脳幹の中を前方に向かって軸索を伸ばし，脳幹の前端にある視床のニューロンにシナプスをつくっている。視床はほとんどすべての感覚情報の中継センターである。視床のニューロンの軸索は大脳皮質の感覚野へ軸索を伸ばし，そこのニューロンにシナプスをつくっている。感覚野では感覚が生じ，伝わってきた情報を解析する。その結果と過去の記憶をもとに，とるべき行動についての判断が下され，運動野のニューロンに伝えられる。運動野のニューロンは長い軸索をもち，脳幹や脊髄の腹側にある運動ニューロンにシナプスをつくっている。運動ニューロンの軸索は脳幹や脊髄の腹側から中枢神経系を出て筋肉にシナプスをつくる。

6.2.2　大脳皮質の感覚野

感覚には，視覚，嗅覚，味覚，体性感覚[3)]，聴覚，平衡感覚などがある。大脳皮質においてそれらの感覚が生じる領域を視覚野，体性感覚野，聴覚野などとよぶ。その領域を人為的に刺激すると，その種類に応じた感覚が生じる。例えば，体性感覚野を刺激すると皮膚感覚が生じる。カナダの脳外科医ペ

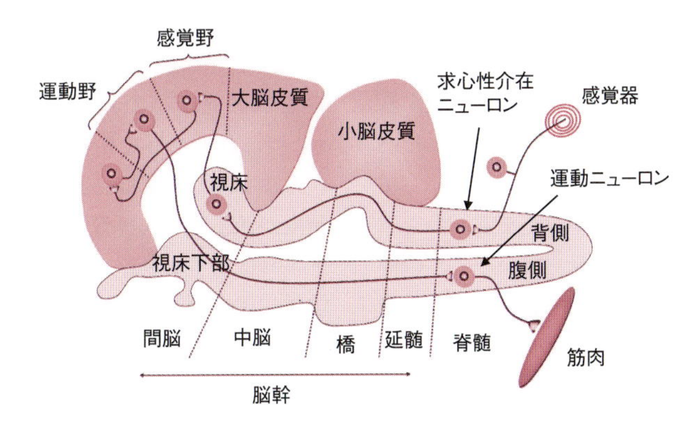

図 6.5　哺乳動物の中枢神経系の基本構造
脳幹と脊髄はいずれも中空の管状構造をもち，脳幹の前端に視床と視床下部がある。大脳皮質と小脳皮質は神経管の背側が膨出してできた構造である。

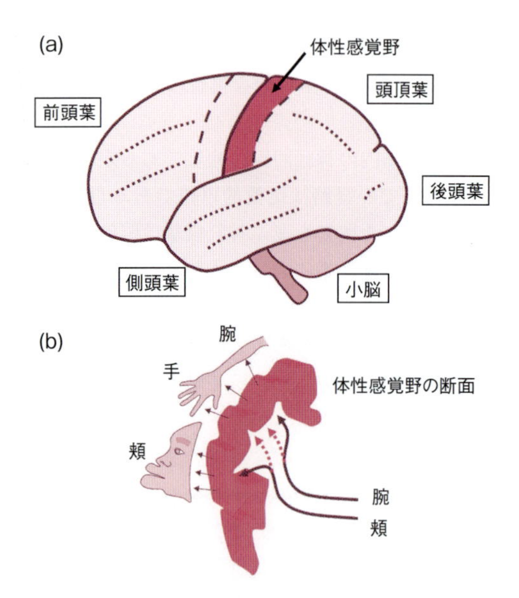

図 6.6 大脳皮質の体性感覚野とその断面
(a) 脳を左側から見た図，(b) 体性感覚野の左側の断面。幻肢を起こした患者では，頬や腕からくる神経繊維が分枝して，手の感覚が生じる皮質領域に新しくシナプスをつくったと考えられる（点線矢印）。

ンフィールド（Penfield, W., 1891-1976）は，脳手術に際し体性感覚野の中の様々な部位を電気刺激し，どの部位を刺激すると皮膚上のどの部位の感覚が生じるかを調べ，**体性感覚再現マップ**（somatosensory map）を作成した（図 6.6）。

手の感覚が発生する脳内部位には，手の皮膚からの興奮を運ぶ神経繊維が繋がっている。そのために手を刺激すると手の感覚が生じる。では，もしその脳内部位が，皮膚の他の部位からの興奮を運ぶ神経繊維と繋がってしまったらどうなるのだろうか。そのような実例がある。事故で手首より先を失った人の例では，腕の一部，あるいは頬の一部を刺激すると，失ったはずの手が触られたという感覚が生じたという。このような現象を幻肢という。

この現象は次のように説明できる。まず，手を失ったことにより，手の皮膚から脳へ繋がる一連の神経繊維が退縮すると考えられる。すると，手の感覚が生じる脳内部位は空き家状態になってしまう。そこへ，その周辺に伸びてきている繊維，例えば，腕の皮膚からくる神経繊維や，頬からくる神経繊維が枝分かれをし，空き家状態の部位へ新しく侵入してシナプスをつくったのではないか。そう考えると，腕や頬を刺激したときに，それらが触られたという感覚と同時に手が触られたという感覚も生じることを説明できる（図 6.6）。

6.3 視覚の受容

体性感覚野と同様に，視覚野にも目の前の視界をそのまま再現している部位がある。それを一次視覚野という。しかし，私たちが物を見てそれを認識する仕組みは，視野を脳内に単に再現するよりはるかに複雑で巧妙にできている。その仕組みを，網膜における視覚情報処理，一次視覚野における情報処理，高次視覚野における情報処理の 3 段階に分けて説明する。

6.3.1 網膜における視覚情報処理

目のレンズを通って眼球に入ってきた光は網膜を透過して，網膜の最外層にある視細胞に到達する。視細胞の細胞膜上には光受容体があり，光を受けると受容器電位が発生する。その信号はシナプスを介して双極細胞（bipolar cell），網膜神経節細胞（retinal ganglion cell）へと伝わる。網膜神経節細胞は活動電位を発生し，長い軸索を介して興奮を脳へ送る。

さて，光が網膜のどこに当たった時に神経節細胞が活動電位を発生するかを調べよう（図 6.7）。暗い室内で実験動物の目の前のスクリーンに光を投影する一方，神経節細胞に電極を当てて活動電位を検出する。神経節細胞は常に自発的に一定の頻度で活動電位を発しているが，その頻度の変化を記録するのである。実験をしてみて意外なことは，スクリーン全体に均一な光を投影した場合には，神経節細胞の興奮頻度に変化がないことである。

電極を当てている神経節細胞のすぐ直下の視細胞に点状の光が当たった時に興奮頻度は上昇したが[4]，これも意外なことに，電極を当てている細胞から少し離れた部位に光が当たった時には逆に興奮頻度が低下した。興奮頻度が上昇すればプラス，低下すればマイナスを，スクリーン上で光を投影した位置に書き込むと図 6.7 (a) のようになる。興奮頻度に何らかの変化がみられる視野領域を，そのニューロンの**受容野**（receptive field）という。

この現象は次のように説明できる。視細胞と双極細胞の間の層には水平細胞（horizontal cell）という細胞があり，複数の視細胞を水平に連絡している

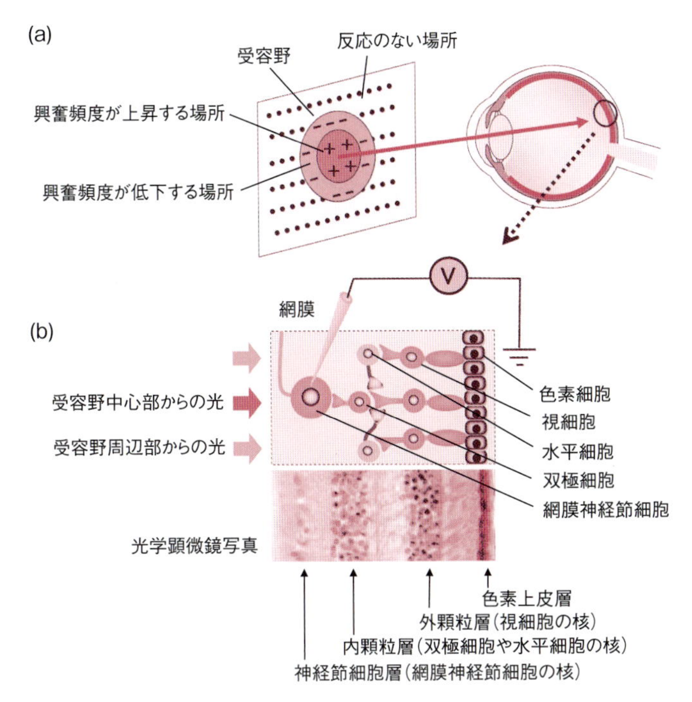

図 6.7　網膜神経節細胞の受容野
網膜神経節細胞に電極を挿入し，スクリーンに光を投影した際の興奮頻度を測定する。(a) スクリーンに点状の光を当てると興奮頻度が上昇する場所と低下する場所がある。その両方の場所を合わせて受容野という。(b) 網膜の拡大図を示す。視細胞が光を受容し，双極細胞を経て網膜神経節細胞に信号を伝える。

(図 6.7 (b))。この細胞は抑制性ニューロンであり，1 つの視細胞が信号を発すると，その信号を受けてその周囲の視細胞の活動を抑制する。したがって，電極を当てた細胞の直下から少し離れた位置にある視細胞に光が当たると，直下の視細胞では信号の発生が抑制され，その結果，神経節細胞の興奮頻度が低下するのである。なお，スクリーン全体に光を投影した時は，直下の視細胞と周辺部の視細胞の両方に光が当たり，作用が打ち消されるので神経節細胞の興奮頻度に変化が起きない。このような情報処理は，点状の小さな光を感度よく検知したり，輪郭を強調するのに適した仕組みである。

6.3.2　一次視覚野における情報処理

網膜神経節細胞からの興奮は，視床を経て**一次視覚野** (primary visual cortex) とよばれる領域 (図 6.8 (c)) に伝えられる。この領域のニューロンは，どのような光を見た時に反応するのだろうか。一次視覚野のニューロンに電極を当て，活動電位の発生頻度を測定しながらスクリーンに様々な光を投影した (図 6.8 (a))。

網膜神経節細胞と同様に，スクリーン全体の均一な光には一次視覚野のどのニューロンも反応しなかった (興奮頻度が変化しなかった)。点状の光に対しても強く反応するニューロンはなかった。その代わり，ある角度をもつ線状の光に対して興奮頻度を大きく上昇させるニューロンが見つかった。この現象は次のように説明できる。網膜上に整列した網膜神経節細胞が，興奮を視床のニューロンを介して一次視覚野の 1 つのニューロンに送っているとする (図 6.8 (a))。すると，それらの網膜神経節細胞の受容野をすべて重ね合わせたものが，その一次視覚野ニューロンの受容野となる。この一次視覚野のニューロンでは，整列した網膜神経節細胞のすべてが同時に興奮を送ってきた時に受容器電位が最も高くなり，興奮頻度が最も高くなるであろう。それは，網膜に線状に光を当てた時である。光が線状であっても角度が異なっていれば，一部の網膜神経節細胞の周辺部に光が当たってしまい，その神経節細胞の興奮頻度は低下するので，一次視覚野のニューロンの興奮頻度の上昇は抑えられる。

一次視覚野には，さらに限定的な条件の光に反応

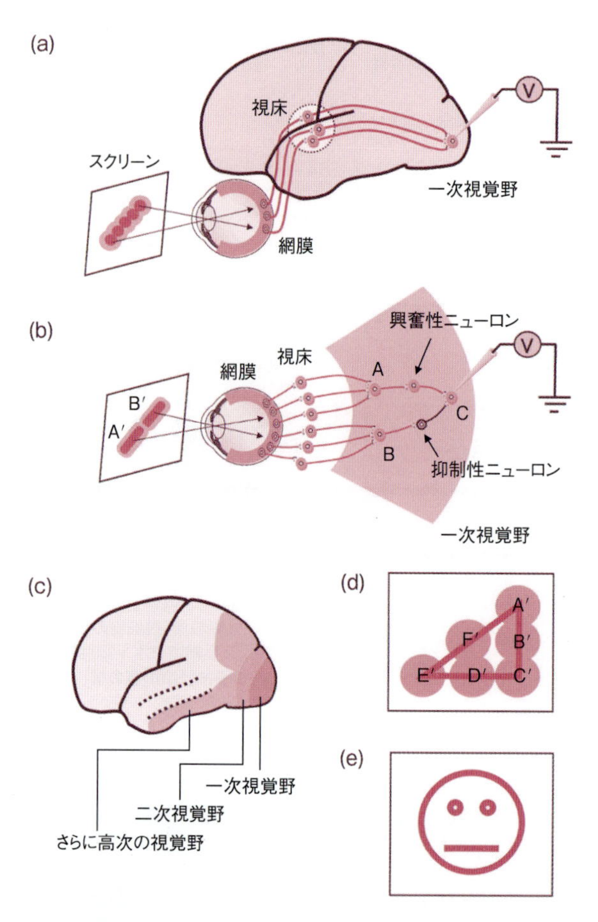

図 6.8 視覚野のニューロンの受容野

(a) 一次視覚野において線状の光に反応するニューロンの神経回路。(b) 一次視覚野において線の途切れに反応するニューロンの神経回路。A′ の領域にある線状の光でニューロン C は興奮頻度を上昇させるが，光の線が B′ の領域にまで伸びてくると興奮頻度は低下する。(c) サルの脳の表面を左から見た図。(d) 二次視覚野には三角形に反応するニューロンがある。A′ ～F′ は本文中で仮定したニューロン A～F の受容野。(e) さらに高次の視覚野には顔の図形に反応するニューロンがある。

するものも見つかっている。そのニューロンでは，やはりある特定の角度をもつ線状の光でよく興奮するのであるが，その線がある境界を超えて伸びていると興奮頻度に変化がなくなる。このニューロンは次のような神経回路で説明できる。図 6.8 (b) の A′ 領域に受容野をもち，ある角度の線に反応するニューロン A と，B′ 領域に受容野をもつ同じ角度の線に反応するニューロン B があり，ニューロン A は興奮性ニューロンを介して，ニューロン B は抑制性ニューロンを介して，ニューロン C に興奮を送っているとする。すると，ニューロン C は A′ 領域に存在する線状の光では興奮頻度を上昇させるが，その線が B′ 領域にまで伸びていると抑制がかかってくる。このようにして，ニューロン C は「特定の角度をもつ線が途中で切れている」という特徴を検出して興奮し，その情報を次のニューロンに伝える役割を果たす。

6.3.3 高次視覚野における情報処理

大脳皮質の**二次視覚野**とよばれる場所 (図 6.8 (c)) には，さらに複雑な図形に反応するニューロンが見つかっている。例えば，あるニューロンは三角形の図形を見せると興奮頻度を上げる (図 6.8 (d))。この細胞に至るまでの神経回路は次のように説明できる。一次視覚野には視野の特定の領域 (受容野) に存在する特定の角度をもつ線に反応するニューロンや，特定の領域に存在する線の途切れに反応するニューロンなどが存在する（6.3.2参照）。したがって，次のようなニューロンも存在するであろう。

ニューロンA：スクリーンの右上に受容野をもち，線が途切れていると反応する
ニューロンB：スクリーンの右側に受容野をもち，垂直の線に反応する
ニューロンC：スクリーンの右下に受容野をもち，線が途切れていると反応する
ニューロンD：スクリーンの下方に受容野をもち，水平の線に反応する
ニューロンE：スクリーンの左下に受容野をもち，線が途切れていると反応する
ニューロンF：スクリーンの真ん中に受容野をもち，30°の角度の線に反応する

これらのニューロンのすべてが，二次視覚野にある1つのニューロンにシナプスをつくっていれば，ニューロンA～Fが同時に興奮を送った時，つまり三角形を見せた時にその二次視覚野のニューロンがよく興奮することになる。

このように，一次視覚野や二次視覚野には線や簡単な図形に反応するニューロンが数多く存在するが，それらは様々な組み合わせでさらに高次の視覚野のニューロンにシナプスをつくる。その結果，さらに複雑な図形を見せた時に反応するニューロンができる。その究極的な例が，サルの脳に発見された**顔細胞**（face cell）である。顔細胞は顔の輪郭や目や口といった特徴がすべて揃った図形を見た時に強く興奮する。このニューロンが興奮した時に，サルは目の前に誰かがいることを認識するのである。

私たちは目の前の図形を認識する時に，単に光の点の集合として捉えているわけではない。例えば，ある人から「目の前に大きな丸が，右上に小さな丸が，左上にも小さな丸が，下の方に短い横棒が見えます（図6.8(e)）」という報告を受けたらどう思うだろうか。一言で「顔が見えます」と言ってほしいところだ。個々の要素を集めるだけではなく，全体としてそれは何なのかを捉えることが，高いレベルで物を認識するということである。ところで，生後暗闇で育てたサルの脳には顔細胞は見つからないという。つまり，顔細胞は生後にたくさんの顔を何度も見ることによってできてくると考えられる。物事を高次に理解する能力は経験によって培われるのである。

6.4 反射行動

私たちは，自身の行動は自らの主体的判断によって意識的に行っていると思っている。しかし実際は，ヒトの行動のほとんどは気がつかないうちに神経回路が自動的に，つまり反射的に起こしている。ここではヒトで見られる反射行動の1つ，前庭動眼反射について説明する。

前庭動眼反射は，頭の回転に応じて眼球が反対方向へ回転する反射である。私たちは会話中に相手の話を否定するとき，首を細かく横に振る。しかし，視線は相手の目を逃すことはない。それは，眼球が自動的に首の回転に合わせて逆回転しているからである。意識的に眼球を動かすときには，このような素早い回転はできない。会話を否定するときの首の回転と同じ速さで眼球をわざと動かしてみてほしい。ほぼ不可能なことがわかる。

この反射行動の回路は図6.9のように表せる。頭

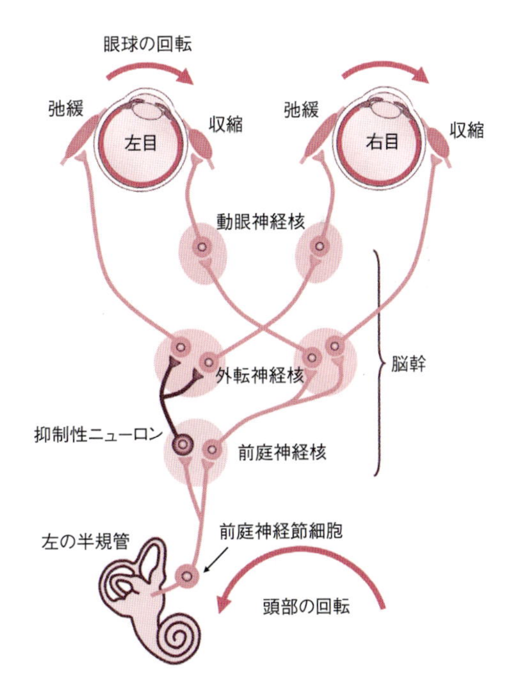

図6.9 前庭動眼反射の反射回路
頭を左に回転すると左の前庭神経節細胞で興奮頻度が上昇し，左右の眼球の右側の動眼筋を収縮させる。同時に，左側の動眼筋に対しては抑制性ニューロンを介して信号を送り，弛緩させる。

が回転すると，内耳の半規管内にあるリンパ液が流れ，有毛細胞がそれを検知して受容器電位を発生する。それを受けて前庭神経節細胞が活動電位を出す。活動電位は頭が回転していなくても自発的に一定の頻度で生じているが，頭が左に回転したときには左側の前庭神経節細胞で活動電位の頻度が高まる（右側では低下する）。前庭神経節細胞の軸索は脳幹に入り，前庭神経核などを経て，両方の眼球を右に回転させる筋肉を収縮させる。また，眼球を左に回転させる筋肉に対しては，抑制性ニューロンを介して信号を送り，それを弛緩させる。

6.5 記 憶

記憶は脳のどこに蓄えられるのだろうか。記憶には大きく分けて2種類あり，出来事や事実，言葉の意味などの記憶を**陳述記憶**（declarative memory），自転車の乗り方など，いわゆる体で覚えるタイプの記憶を**非陳述記憶**（nondeclarative memory）という。陳述記憶はおもに大脳皮質に，非陳述記憶は小脳皮質などその他の場所に蓄えられている。ここでは，陳述記憶が大脳のどこに，どのように蓄えられているかについて説明する。

ラットに迷路を記憶させた後，大脳皮質のいろいろな場所を切除し，その記憶がどのくらい残っているかを調べると，特定の場所を切除すると記憶がすべてなくなることはなく，切除の大きさに比例してだんだんと記憶は低下した。また，ペンフィールドは（6.2.2 参照），ヒトの大脳皮質を電気的に刺激すると，そのヒトに過去のある記憶がよみがえることを発見した。そのようなニューロンは側頭葉を中心として広く分布していた。しかし，そのニューロンを切除した後もそのヒトはその記憶を失っていなかった。これらのことから，記憶は大脳皮質の特定の場所やニューロンに蓄えられているのではなく，側頭葉を中心として大脳皮質に広く分布する，数多くのニューロンが参加する神経ネットワークとして保管されていると考えられている。

6.5.1 海馬の働き

大脳皮質の辺縁部に**海馬**（hippocampus）とよばれる場所がある。1950 年代に報告された H. M. さんという健忘症患者の症例は，海馬が記憶を作り出す場所であることを明瞭に表している。彼は 9 歳の時に自転車から転落し，それ以降，頻発するてんかん発作に悩まされていた。27 歳の時に，てんかん発作の起点である海馬を両側摘出する手術を受けた。手術は成功し，てんかん発作は起こらなくなったが，記憶に関する重篤な障害が起きていた。

彼の記憶障害には次の特徴があった。(1) 手術よりも 2 年以上昔のことは問題なく覚えていたが，それ以降のことは忘れていた。(2) 手術以降に起きたことは，新しく覚えることができなくなった。(3) 非陳述記憶の獲得には障害がなかった。例えば，鏡に映っている自分の手を見ながら図形をなぞるという作業をやらせると，正常な人と同様に，はじめのうちは手の動きがぎこちなく，うまくできなかったが，そのうち慣れてうまくできるようになった。数日後に同じ作業をやらせると，以前にこの作業をやったという記憶（陳述記憶）はなかったが，手は覚えており，作業はうまくこなせた（非陳述記憶）。

これらの症例，およびその他の研究から次のように考えられている。海馬は新しい陳述記憶を作り出すのに必要であるが，非陳述記憶の生成には関与しない。海馬で生成された記憶は 1～2 年間は海馬に存在しており，海馬が切除されるとその記憶も失われる。しかし，その後，記憶は海馬から大脳皮質の別の場所にコピーされ，それ以降は海馬を切除してもその記憶は残っている。

海馬においてどのように記憶がつくられるのかを調べるため，海馬の神経回路や，海馬のニューロンの性質についての研究が盛んに行われた。その過程で，ラットやマウスの海馬には**場所細胞**（place cell）とよばれる独特の細胞が存在することがわかった。この細胞は，ラットが箱の中のある特定の場所にいる時に興奮する細胞である。実験は次のように行われる（図 6.10）。ラットの海馬に電極を埋め込み，ニューロンの興奮を記録できるようにしておく。周囲に様々な目印をつけた箱の中にラットを放すと，ラットは箱の中を探索し始める。この段階では特に興奮頻度に変化を見せるニューロンは見つからないが，10 分ほどすると，ラットが箱の中のある特定の場所にいる時に興奮頻度が上昇するニューロンが見つかってくる。あるニューロンは，ラットが右手前の角にいる時によく興奮し，別のニューロンは左奥にいる時によく興奮するといった具合である。そのような場所細胞の出現は，ラットが箱の中の「場所」を記憶した結果と解釈できる。

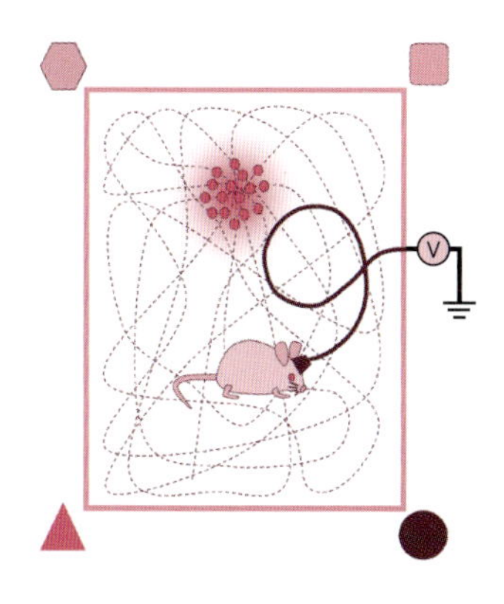

図 6.10　ラットの場所細胞を調べるための実験
海馬ニューロンに電極を当ててラットを自由に行動させる。周囲には，場所を知るための手がかりが表示してある。ラットがある場所にいる時にのみ活動するニューロンが見つかる。

記憶がつくられる仕組みとして，「同時に興奮するニューロン間のシナプス結合は増強される」という法則（ヘッブ則）[5)]が仮定されている。図 6.4 の神経回路を用いて模式的に説明しよう。ニューロン A は単独では通常ニューロン D を興奮させられないが，極めて高頻度に興奮を送るか，またはニューロン B と同時に興奮を送ることによってニューロン D を興奮させることができる。その時，ニューロン A（およびニューロン B）とニューロン D の間にヘッブ則が成り立つ。ヘッブ則によって両者間のシナプス結合が増強されると，ニューロン A（およびニューロン B）は単独でもニューロン D を興奮させられるようになる。すなわち，これまで通らなかった A→D という神経回路が通るようになったのである。

場所細胞の出現に当てはめると次のようになる。ラットは箱につけられた様々な目印を見ている。大脳皮質感覚野はそれらを認識し，その情報を軸索上の興奮として大脳皮質の他の領域を経て海馬に送る。ラットがある特定の場所にいる時は，特定の組合せの目印を同時に見ることになり，それらの情報が同時に海馬に伝えられる。海馬には，その時はじめて興奮するニューロンがあり，そのニューロンと興奮を伝えた軸索との間にヘッブ則が成り立ち，両者間のシナプス結合が増強される。また，同様にして，同時に興奮した多数の海馬ニューロンどうしのシナプス結合もヘッブ則によって増強される。増強されたシナプス結合によってつくられた神経ネットワークが，海馬の中に記憶痕跡として残るのである。

6.5.2　記憶の分子メカニズム

ヘッブ則において仮定されているシナプス結合の増強を，実際に電気生理学的に測定することができる（図 6.11）。ラットから海馬を取り出し，薄いスライスを作製し，CA1 とよばれる領域[6)]（場所細胞がここに多くある）のニューロンに電極を挿入する。CA1 ニューロンには，2 方向から神経繊維がきてシナプスをつくっている。それらのシナプスの伝達効率を記録するために繊維 A または繊維 B に数分間隔で電気刺激を与え，CA1 ニューロンに発生する EPSP の大きさを測定する。刺激のたびに EPSP が発生するが，それは閾値に達することはなく，何度刺激を繰り返してもその大きさは変わらない。しかし，繊維 A に 100 Hz の高頻度の電気刺激を 0.5 秒ほど与えて CA1 ニューロンを興奮させると，その後，以前と同様に数分間隔で刺激を与えた

コラム 6.1：光遺伝学

緑藻クラミドモナスは走光性を示すが，その眼点ではチャネルロドプシンとよばれるタンパク質が光を受容する。このタンパク質は受容体であると同時にイオンチャネルでもあり，光を受けると陽イオンを透過させる。2005 年，スタンフォード大学のグループは，チャネルロドプシンを改良して哺乳動物のニューロンに発現させ，光を当てることによって活動電位を発生させることに成功した。現在，チャネルロドプシンは脳を光で操るためのツールとして注目されている。マウスの遺伝子操作技術を用いてチャネルロドプシンを脳のニューロンで発現させ，微小な光ファイバーを用いて任意の脳内部位に光を当てれば，脳の活動を自由に操れるのである。例えば，運動野のニューロンにチャネルロドプシンを発現させて光を当てると，当てる場所に応じて四肢の運動が起きる。近年では，海馬のニューロンの活動を光でコントロールすることによって，マウスの記憶を操る研究が行われている。

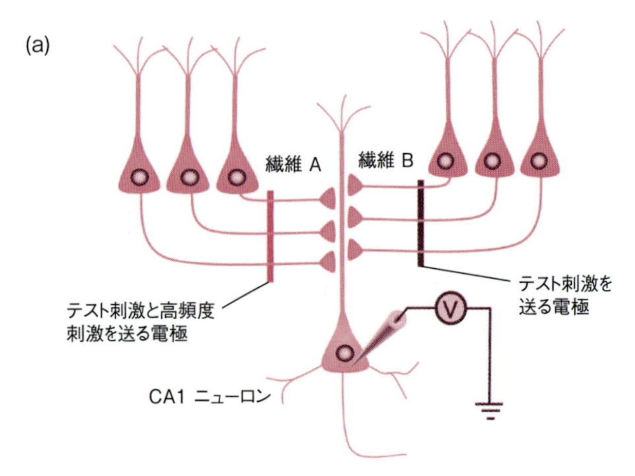

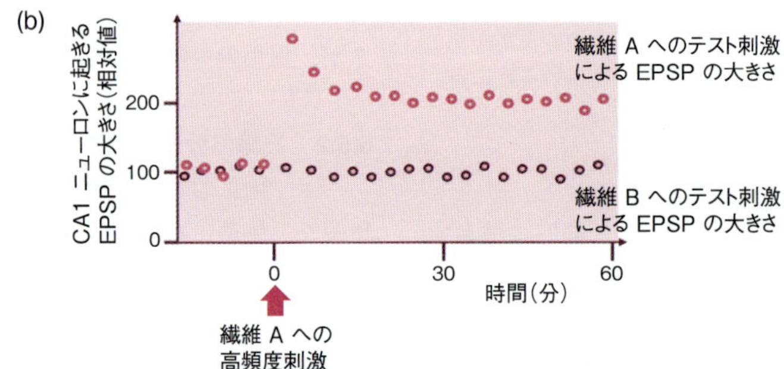

図 6.11 海馬スライスを用いて LTP 現象を調べる実験

(a) CA1 ニューロンには EPSP の大きさを測定するための電極を挿入しておく。繊維 A や繊維 B に数分間隔で刺激を与え(テスト刺激), 繊維 A や繊維 B の末端のシナプスが発生する EPSP を測定する。(b) 繊維 A に高頻度刺激を加えると, その後, 繊維 A に与えたテスト刺激によって生じる EPSP は高頻度刺激を加える前の約 2 倍になる。繊維 B ではそのような変化はない。

ときの EPSP が, 以前の 2 倍ほどに大きくなる。その状態は長期間持続するので, この現象を**長期増強**(**LTP**)とよぶ。LTP が高頻度刺激を受けたシナプスだけで起きることは, 繊維 B へ数分間隔の刺激を与えたときの EPSP は, 繊維 A に高頻度刺激を与えた前後で変わらないことからわかる。

高頻度刺激によって, シナプスではどのような分子的な変化が起こるのだろうか。ここで使われている神経伝達物質はグルタミン酸であり, シナプス後部において EPSP を発生させる受容体は AMPA 型とよばれるグルタミン酸受容体である。AMPA 型受容体はグルタミン酸と結合すると Na^+ を透過させる。LTP は, この AMPA 型受容体分子の数が増加することで起きるという仮説がある。シナプス後部では, 多くの AMPA 型受容体が細胞内の小胞[7]に隠されていることがわかっている。高頻度刺激によって, これらの小胞がシナプス後膜表面と融合し, 仮に 2 倍の数の AMPA 型受容体がシナプス後部の表面に出てくれば EPSP が 2 倍になることを説明できる。

このような変化には, NMDA 型グルタミン酸受容体が重要な役割を果たしている。この受容体が AMPA 型と異なるところは, 周囲の膜が強く脱分極している時にしか開かないことと, Ca^{2+} を透過させることである。ニューロンが高頻度刺激を受けると, 強い脱分極が起きるためにこの受容体が開き, Ca^{2+} が流入する。Ca^{2+} が様々なタンパク質に結合してそれらを活性化する結果, これまで隠されていた AMPA 型受容体が膜表面に出てくると考えられている。

LTP はシナプス伝達効率を高々 2 倍に変化させるだけの現象である。それが本当に記憶を説明できるのだろうか。マウスの遺伝子操作技術によって, 海馬 CA1 ニューロンにおいて, NMDA 型グルタミン酸受容体の遺伝子が欠損しているマウスがつくられた。このマウスの海馬を取り出し，CA1ニューロンのEPSPを調べたところ，LTPが起きないことが確認された。このマウスを水迷路実験[8)]とよばれる空間学習テストを行ったところ，与えられた空間の中の「場所」を覚えられないことがわかった。つまり，LTPが起きない海馬をもつマウスは，記憶をつくることができなかったのである。

■ 演習問題

6.1　軸索の2点に電極を当て，電気刺激を与えて活動電位を発生させた。その2点の中間で活動電位が出会うとどのようなことが起こるかを述べよ。

6.2　ニューロンを生理的塩類溶液中に取り出し，それに高濃度のKClを添加すると軸索末端から神経伝達物質の放出が起きる。その過程を説明せよ。

6.3　下図の神経回路においてニューロンCを興奮させるには，ニューロンAとニューロンBはどのように信号を発すればよいかを理由もつけて述べよ。ただし，白抜きの細胞は興奮性ニューロン，黒く塗りつぶした細胞は抑制性ニューロンである。

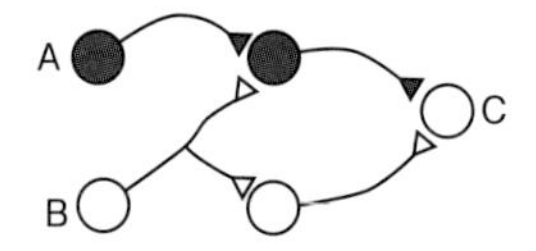

6.4　NMDA型グルタミン酸受容体がCa^{2+}を透過させる条件が，ヘッブ則の条件に類似していることを説明せよ。

■ 注釈

1)　Ca^{2+}はシナプトタグミンというタンパク質に結合する。すると，シナプス小胞にあるvSNAREタンパクとシナプス前膜にあるtSNAREタンパクが結合し，力が発生して膜が融合する。

2)　脳幹には間脳を含めないことも多い。

3)　体性感覚とは，触覚，温度感覚，痛覚など皮膚に起きる感覚と，筋や関節などに起きる感覚をいう。

4)　実際には，電極を当てている細胞の直下の視細胞に光が当たった時に興奮頻度が低下する場合もあるが，ここでは省略する。

5)　カナダの心理学者ヘッブ（Hebb, D. O., 1904-1985）によって1949年に提唱された。ヘッブは，ある刺激によって活動するニューロンの集団（セル・アセンブリ）の間でシナプスの伝達効率が長期的に変化することが記憶の仕組みであると考えた。その変化が生じるための条件を洞察したのがヘッブ則である。この法則が電気生理学的に実証されたのは，仮説の提唱から20年も経った後のことである。

6)　海馬ではニューロンが層状に並んでおり，ニューロンの形態の違いによってCA1, CA2, CA3の領域に区分されている。

7)　興奮性シナプスのシナプス後部は樹状突起スパインとよばれる小さな突起になっており，その内部に大小の膜小胞が存在することが古くから知られていた。

8)　マウスは水面を泳ぐことができるが，あまり好きではない。足の届く台があればそこにとどまって休む。実験ではたらいに不透明な水をはり，その水面下に小さな台を沈めておく。たらいにマウスを落とすとマウスは泳いで台を探すが，何度も繰り返すうちにたらいの周囲に設置された目印をたよりに台の位置を覚えてしまう。いかに速く台にたどり着くかを測定することによって，マウスの空間記憶力を測ることができる。

7 動物の発生

1個の細胞（卵）がどのような仕組みで複雑な構造をもつ成体に変化するのか。この問題は，基礎科学の分野で重要であるとともに，ヒト生体調節システムの理解に不可欠であり，近年は，再生医療など，医療面でも大きな関心を集めている。本章では，動物発生生物学のアプローチ，基本的概念，初期発生についての現在の理解を紹介する。さらに，動物発生の多様性と普遍性にも注目してほしい。

7.1 発生生物学における基本的な概念

動物の発生現象については古代ギリシアの時代から多くの観察があるが，以下では，近代以降の発生生物学における基本的概念と研究アプローチを紹介したい。

7.1.1 細胞間相互作用

伝統的な発生の研究は，観察と記載により行われたが，19世紀末になり，**実験発生学**[1]とよばれる研究手法が導入された。これは，胚移植や器官培養などにより胚発生に干渉し，その効果を検討するものだったが，こうした流れから，**誘導**という言葉で代表される**細胞間相互作用**の重要性が認識されるようになった。

現在，細胞間相互作用については分子レベルで詳細が明らかになっている。1つは，分泌性因子による情報伝達である。多くの場合，これらの因子は標的細胞の表層にある受容体に結合し，細胞内にシグナルを伝える。細胞間の直接の接触による相互作用もあり，カドヘリンなどの接着因子が重要である。また，細胞の周辺に存在する**細胞外基質**（ECM）は，胚細胞の微小環境や足場となることで発生，分化にかかわる（図7.1（a），1章参照）。

7.1.2 差次的な遺伝子発現調節

現在，ゲノムは発生の過程で，一部の例外を除いて不変であるとされる。この結論を得るうえで最も説得力があったのが，**クローン動物**作製の成功である。イギリスのガードン（Gurdon, J. B., 1933- ）は，ツメガエルのオタマジャクシ腸上皮や成体皮膚の細胞から取り出した核の中に，個体を作り出す遺伝情報のすべてが含まれることを示した（クローンガエル）。その後，哺乳類でも同様であることが，ヒツジをはじめとして多くの種で確認されている。

それでは，すべての細胞が同じ遺伝子をもつにもかかわらず，なぜ細胞分化が起き，異なる遺伝子が発現するようになるのだろうか。これは，発生において，多数ある遺伝子の発現が時間的，空間的に制御される，という**差次的遺伝子発現**（differential gene expression）のためであり，その仕組みが発生生物学での重要課題である（3章参照）。

7.1.3 ボディプランと位置情報

多細胞動物の発生では，体や器官の形態を決定する設計図が必要であり，これを**ボディプラン**（body plan）とよぶ。発生過程を実際に担う胚細胞は，胚内での自らの位置を知らねばならない。その手がかりが**位置情報**であり，その物質的な本体は多くの場合，特定物質の濃度勾配である。胚細胞では，この物質にどのように応答するかがプログラムされており，濃度勾配に応じて自動的に特定のパターンを形成する。こうした物質を**モルフォゲン**（morphogen）とよぶ（図7.1（b））。

7.1.4 発生遺伝学

1970年代に遺伝子を操作する技術（遺伝子工学）が実現し，発生現象の遺伝子レベルでの解析が可能となった。同じ頃，ニュスライン・フォルハルト（Nüsslein-Volhard, C., 1942- ）は，ショウジョウバエを用いて網羅的な発生異常突然変異作製を行い，原因遺伝子の探究を通して多数の発生制御遺伝子を明らかにした。突然変異から遺伝子の同定と機能に

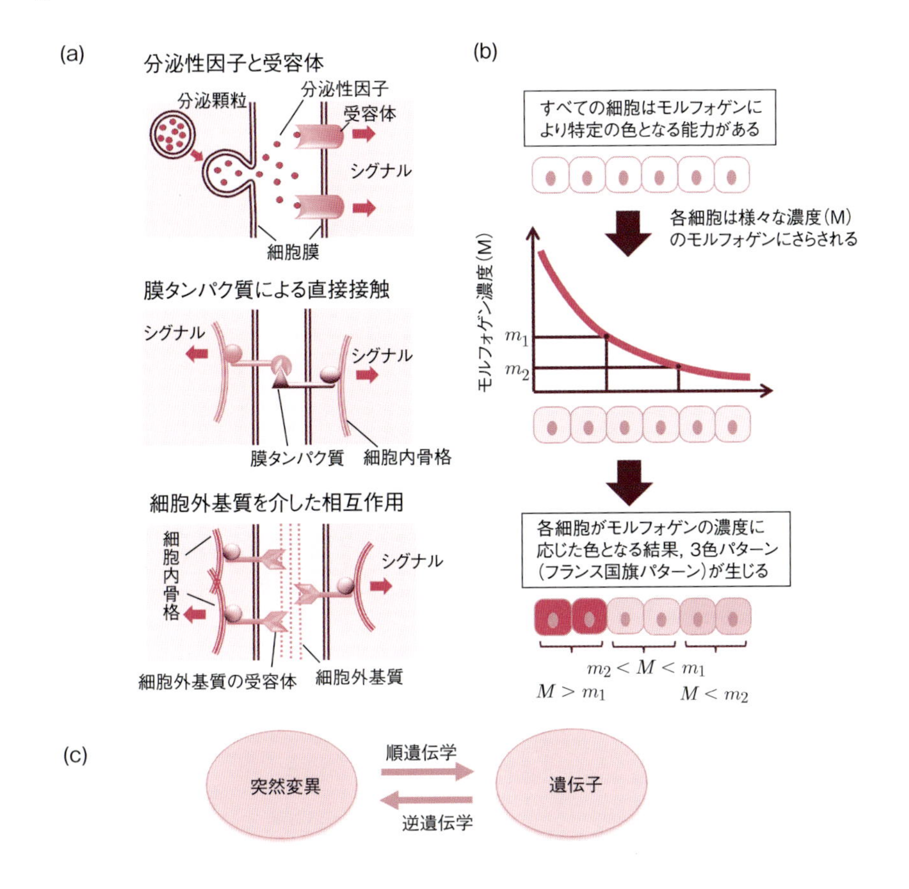

図 7.1　発生生物学の基本的概念
(a) 細胞間相互作用には，分泌性因子を介するもの，直接の細胞接触によるもの，細胞外基質を介するものがある。(b) モルフォゲンによるパターン形成（フランス国旗モデル）。本来同じ性質をもつ胚細胞はモルフォゲンの濃度勾配にさらされると，その濃度に応じてパターンを形成する。(c) 順遺伝学と逆遺伝学。

迫るアプローチを**順遺伝学**とよぶ。一方，既知の遺伝子を個体レベルで操作し[2)]，得られた遺伝的改変動物での表現型から発生での遺伝子機能を明らかにする**逆遺伝学**も盛んである（図 7.1 (c)）。

7.2　受　　精

動物は，卵と精子の融合，つまり受精により発生を開始する。受精の意義は2つある。1つは両親の遺伝情報の融合，つまり有性生殖であり，これによりゲノムの構成は二倍体に戻り，さらに遺伝的多様性が維持される。もう1つは卵の活性化であり，実際，卵の発生開始には精子との融合が不可欠である。

7.2.1　精子と卵の結合反応

動物卵の受精は，体外受精する海産無脊椎動物のウニで詳細が調べられた。この場合，精子はどのように同じ種の卵に遭遇し，受精するのだろう。その仕組みの1つは未受精卵を覆うゼリー状の物質（ゼリー層）にある。この中に含まれる**精子活性化ペプチド**が，同種の精子にのみ誘因活性（走化性）を示すのである。受精に際し，精子では**先体反応**（acrosome reaction）とよばれる一連の変化が起きる（図 7.2 (a), (b)）。先体は精子の頭部にある小胞構造であり，これがゼリー層の刺激により崩壊する。放出された分解酵素によりゼリー層が消失し，精子は卵細胞膜に接近する。さらに，精子先端がアクチンの急速な重合により伸長し，生じた**先体突起**（acrosomal process）が卵表層と結合して卵細胞膜と融合する。

哺乳類での受精も同様であるが，哺乳類の精子には当初受精能がなく，雌生殖管内において受精能を

(a) 精子の構造

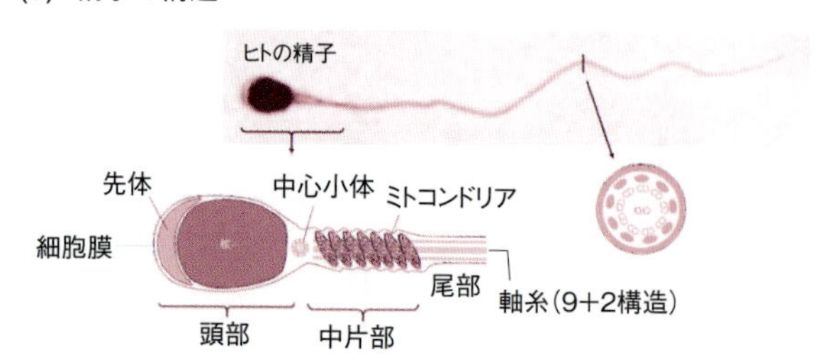

(b) 先体反応と受精膜形成

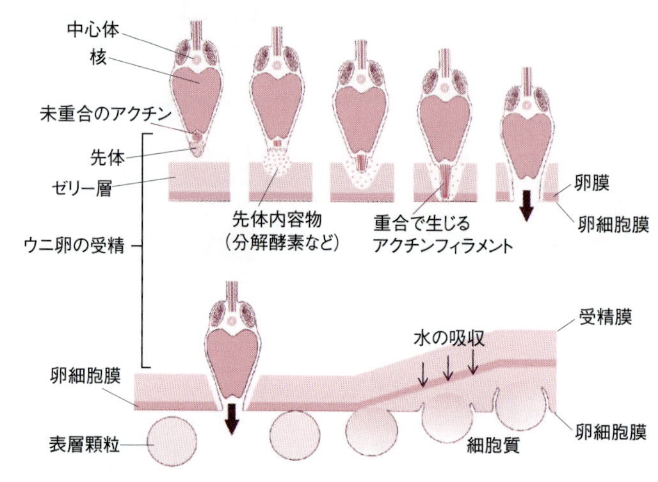

図 7.2　受精
精子尾部の中軸である軸糸は 9+2 構造とよばれる微小管構造をもつ。

獲得する(キャパシテーション)[3)]。卵は，卵丘細胞層[4)]と卵母細胞由来の糖タンパク質層(透明帯)に覆われており，これらと反応した精子で同様の先体反応が起きる。

精子細胞膜と卵細胞膜が融合すると，精子の核，そして中心体が卵内に進入する[5)]。精子核(雄性前核)と卵核(雌性前核)は，精子由来の中心体から延びる微小管の働きで接近し，融合する。

7.2.2　多 精 拒 否

受精にあたっては，複数の精子核と卵核の融合を排除することが，正常ゲノム構成の維持に不可欠である。ウニ，カエル，哺乳類などでは，複数の精子が卵に進入するのを阻止する**多精拒否**の仕組みが発達している[6)]。

ウニやカエルの場合，まず細胞膜の一過的な脱分極により早い多精拒否が起きる。卵は，通常の細胞と同様，膜電位は通常マイナスであり，この状態でのみ受精可能であるが，脱分極すると一過的に多精拒否状態となるのである。第 2 の機構として，遅い多精拒否機構を発動する。受精部位の卵細胞質では Ca^{2+} の放出が起き，この状態は波紋のように卵表層を急速に広がる(**カルシウム波**)。Ca^{2+} の働きで，卵細胞膜直下にある多数の**表層顆粒**(cortical granule)が細胞膜に融合し，放出されたムコ多糖が水を吸収して膨潤し，卵黄膜を押し上げる。こうして生じる受精膜は，1 分以内に卵全体を覆い，以後の受精を物理的にブロックする(図 7.2(b))[7)]。

7.2.3　卵の活性化と発生の開始

遺伝情報の融合と並ぶ受精のもう 1 つの重要な意義は，卵の活性化である。受精で増加する遊離 Ca^{2+} は，受精後のタンパク質合成や DNA 複製も活性化する。カエルでは，Ca^{2+} 上昇により第二減数分裂を M 期で停止させている**成熟促進因子**(MPF)[8)]が失活し，結果的に減数分裂が完了し，卵割が開始する。

7.3　卵割と胞胚の形成

7.3.1　卵割の特徴

多くの動物の卵には細胞質に富む動物極と卵黄に富む植物極という方向性(極性)があり，核は動物極に位置する。この極性は，しばしば発生制御因子の局在と対応する(7.8節参照)。受精した卵は，特殊な様式で起きる体細胞分裂，つまり**卵割**(cleavage)により多細胞となる。この時期の細胞は特に**割球**とよばれる。卵割の一般的な特徴としては，細胞周期が短い，同調的に分裂する，胚全体の体積は変化しない(個々の細胞は成長しない)，細胞移動がみられない，という点があげられる。分裂の方向は通常は規則的であり，卵割面が垂直の場合を**経割**，水平な場合を**緯割**という。

卵割での分裂装置の形成に必要な中心体(1章参照)は精子に由来する。卵割での短い細胞周期は，細胞が成長する間期(G1期，G2期)がなく，DNA複製が起きるS期と有糸分裂がみられるM期のみで進行することによる。

7.3.2　多様な卵割様式

卵割様式は動物種間で大きく異なる。卵割様式を決定する要因の1つは分裂装置[9]の向きであり，**放射卵割**，**回転卵割**，**らせん卵割**という主要な卵割パターンの違いはこれにより生じる(図7.3)。放射卵割は，棘皮動物，脊索動物などの新口動物でみられる。分裂装置の向きは，動物極と植物極を結ぶ動物・植物軸に対して垂直または平行であり，割球は縦に重層する。回転卵割は哺乳類，線形動物などでみられる様式であり，第2卵割において，一方の割球と他方の割球で卵割面が90°回転する。環形動

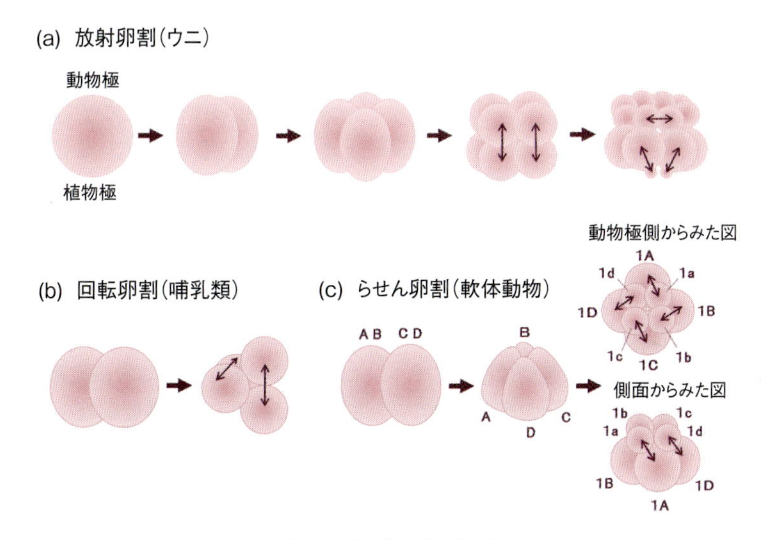

図7.3　代表的な卵割様式

表7.1　多様な卵割様式

	卵黄の分布	卵割様式	代表的な動物
全割	等黄卵	放射卵割	棘皮動物，頭索類(ナメクジウオ)
		らせん卵割	環形動物，軟体動物，扁形動物
		左右相称卵割	尾索類(ホヤ)
		回転卵割	哺乳類，線形動物
	中黄卵	不等放射卵割	両生類
部分割	端黄卵	左右相称卵割	軟体動物(頭足類)
		盤割	魚類，鳥類，爬虫類
	心黄卵	表割	昆虫

物，軟体動物，扁形動物など[10]ではらせん卵割がみられる。この場合，第2卵割以降，分裂装置が動物・植物軸に対して傾くため，卵割はらせんパターンとなる。この傾きは卵割のたびに逆となる。

卵割様式を決めるもう1つの要因は卵黄の分布と量である。卵黄は紡錘体の配置に影響を与え，分裂の進行を阻害する。卵黄が少ない場合，卵全体が分裂する**全割**が起きるが，多い場合，細胞質のみが卵割する**部分割**となる（表7.1）。

7.3.3 胞胚形成

多くの動物において，卵割により増加した胚細胞は，上皮性の胚体を形成する。ウニ胚などでみられるように，しばしば中空の球体となるため，この段階の胚を**胞胚**（blastula），上皮部分を胞胚壁，中空部分を**胞胚腔**とよぶ。ただし，胞胚の形状については，卵割様式と割球の充填の仕方により，動物ごとに多様性がある。隣接細胞間では**接着結合**が形成される（1章参照）。

7.4 原腸形成と三胚葉の形成

原腸形成は，発生における最初の大規模な形態形成運動であり，この時期に，3つの胚葉の形成という，以後の発生の枠組みとなる発生過程がみられる。原腸形成についても動物種間で多様性があるが，共通して，胞胚の一部が胚内に移動し，内外2層の細胞層が生じる。内部に入る細胞層は**原腸**，その入口は**原口**とよばれる。表層に残った細胞集団が**外胚葉**であり，原腸はさらに**内胚葉**と**中胚葉**に分離する。この段階の胚を**原腸胚**（gastrula）とよぶ。

7.4.1 原腸形成を推進する基本的な細胞運動の様式

原腸形成では，細胞の形状変化，そして細胞集団としての大規模な移動が起きる。基本的な細胞運動としては，細胞シートが内部に落ち込む**陥入**（invagination），原口などの特定部位で細胞が内部に入り込む**巻込み**（involution），中胚葉・内胚葉が内部に入るに伴って外胚葉が全体を包み込む**覆被せ**（epiboly），上皮性細胞が解離して内部に入っていく**移入**（ingression），そして上皮から新たな上皮性組織が分離する**葉裂**（delamination）があり，これらの組合せで原腸形成は進行する（表7.2）。

原腸形成，そしてその後の形態形成では，細胞の変形や増殖を伴わない上皮内での細胞再配置が重要である。特に，**中心側方挿入**（mediolateral intercalation）では，細胞が側方から中軸に向けて位置を変え，さらに相互の間に入る結果，全体が前後に細く，かつ伸長する。こうした形態形成運動は**収斂伸長運動**（convergent extension）とよばれる。

7.4.2 代表的な原腸形成運動

代表的なウニ胚での原腸形成は，中胚葉細胞の移入による間充織細胞の出現と原腸の陥入・伸長の2つの過程に区別できる（図7.4(a)）。

まず植物極板[11]で生じる予定中胚葉細胞の一部で**上皮間充織転換**が起き，細胞は胞胚腔へ移入する[12]。こうして出現する**一次間充織細胞**（PMC）は，胞胚壁細胞やECMとの相互作用により，特有の分布パターンを形成する。PMCは，ウニ胚の骨格である骨片に分化するため，この細胞分布パターンが胚の形態を決定する。原腸胚の中期以降になると，原腸の先端から**二次間充織細胞**（SMC）が胞胚腔に新たに移入し，体腔細胞などに分化する。

PMCの移入後，植物極板の中央から内部に陥入が起きる。まず，植物極板の細胞が**頂端狭窄**[13]によりくさび型となることで，原腸が胞胚腔の半ばまで陥入する。その後，原腸は収斂伸長運動により伸長し，さらに先端のSMCからの糸状仮足を動物極の胞胚壁に付着させる。これが収縮することで原腸

表7.2 原腸形成時にみられる細胞移動の様式

移動様式	特徴	代表例
陥入	胞胚の内腔部分に円筒状の細胞シートとして湾入する	ウニの原腸
巻込み	外層の上皮が原口から内部に折れ込み，外層上皮の内面に沿って広がる	両生類の中胚葉
移入	外層の上皮細胞がばらばらの状態で内腔に移動する	ウニの間充織細胞
葉裂	1層の細胞シートが平行な2層の細胞層に分離する	羊膜類の胚盤葉上層
覆被せ	上皮シートが広がって内部組織を包み込む	魚類や両生類の外胚葉

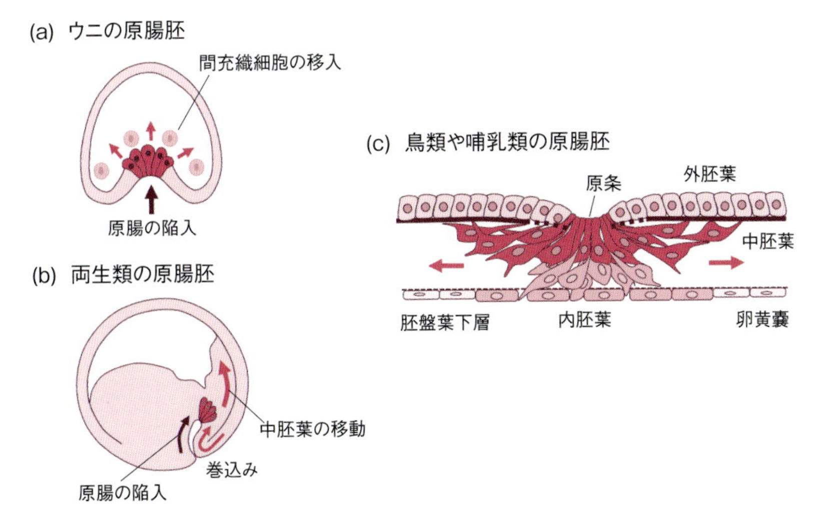

図 7.4　代表的な原腸形成過程
赤く示した細胞は原腸陥入口にみられるくさび状の細胞（(a)，(b)），外胚葉から分離した中胚葉細胞（c）を示す。矢印は中胚葉細胞の移動を示す。

は動物極腹側に到達し，口を形成する。

ツメガエルの場合（図 7.4（b）），原腸形成の開始は，陥入部分における細胞のボトル形への変形である（**ボトル細胞**）。引き続き，赤道領域（帯域）にある予定中胚葉細胞とその下層にある内胚葉細胞が，巻込みによって背側植物半球に生じるスリット状の原口を通り，原腸として胞胚腔内に陥入する。原腸は，胞胚腔内面の ECM を認識して前方へ伸長する。その結果，原口に近い背側の帯域は原腸の先端として奥（前方）に移動し，前から順に咽頭内胚葉，脊索前板，脊索を形成するのに対し，腹側帯域は遅れて内部に入る。表層に残る細胞層は外胚葉となり，植物極に向けて覆被せを行う結果，胚体全体を覆う。

7.5　羊膜類の初期発生

脊椎動物の中で，陸上生活に適応したグループとして，鳥類，爬虫類，哺乳類からなる**羊膜類**がある[14]。鳥類と爬虫類の発生は非常に似ており，哺乳類も，胎生となることで生じた違い（胎盤など）を除いて共通の発生過程を示す。

7.5.1　ニワトリの初期発生

トリの卵では卵黄が非常に多く，細胞質は動物極に局在する。これを**胚盤**とよぶ。卵は輸卵管中で受精と卵割を行うため，産卵時にはすでに胞胚になっており（図 7.5（a）），この段階の胚部分を**胚盤葉**という。胚盤葉ではすでに後端が決定されている。胚盤葉の中央部は上皮構造であり，透明で明るくみえるのに対し，周縁部は細胞塊となっていて不透明なことから，それぞれ明域，暗域とよばれる。後端部分は特に細胞が肥厚しており，**コラーの鎌**とよばれる。その後，明域において，胚盤葉から下方の空所（胚下腔）に細胞が移入し，上層，下層の 2 層の上皮構造となるため，それぞれ**胚盤葉上層**（epiblast），**胚盤葉下層**（hypoblast）とよぶ[15]（図 7.4（c），図 7.5（b））。

原腸形成は，胚盤葉の後方中軸における不透明の肥厚部の出現とともに始まる。この**原条**とよばれる領域は，胚盤葉上層の一部が中胚葉，内胚葉に特異化し，中軸に移動して生じる細胞の集積領域であり，ここで細胞がさらに下方へ葉裂・移入で移動することから，原口に相当するといえる。細胞の一部は胚盤葉下層まで移動して既存の下層細胞を外部に押し出し，自らは内胚葉に分化する。別の細胞集団は上層と下層の間を前方，側方に広がり，中胚葉組織へ分化する。上層に残る細胞層が外胚葉である。

原条の前端部は特に細胞の集積が顕著であり，**ヘンゼン結節**[16]とよばれる。ここからさらに前方に向けて伸長する中軸中胚葉を**頭突起**というが，これが脊索の原基である。その後，原条は後方に短縮し

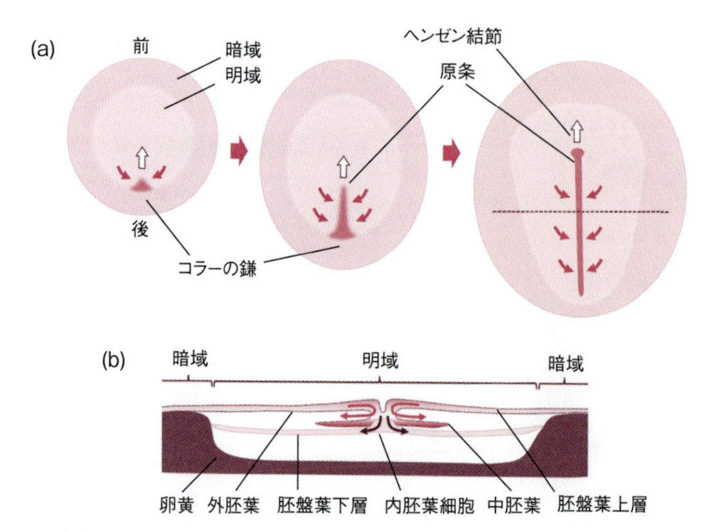

図 7.5　ニワトリ胚の初期発生

(a) ニワトリ胚の胚盤葉。上が前方，下が後方であり，赤色矢印は胚盤葉上層での中胚葉細胞の移動を示す。白色矢印は原条の伸長を示す。(b) (a) の点線で示した部分の断面を示す。黒色矢印は内胚葉細胞の移動を示す。((a) Wilt, F. H. & Hake, S. C. 2006 より改変)

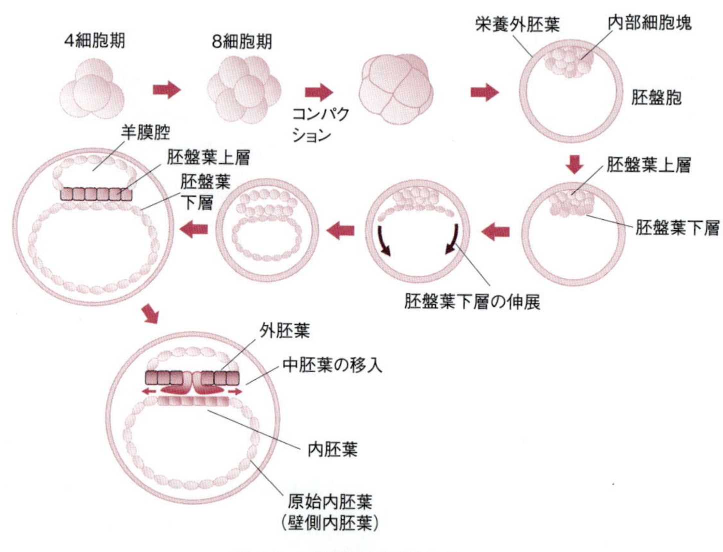

図 7.6　哺乳類の初期発生

て最終的に消失するのに対し，結節の前方では脊索を中心として体軸が伸長し，胚本体が形成される。なお，ヘンゼン結節はカエル胚の原口背唇部に相当するオーガナイザー機能をもつ[17] (7.8.2 参照)。

7.5.2　哺乳類の初期発生

哺乳類の発生も鳥類のものと基本は似ており，以下ではその概略を，違いを中心に紹介する。哺乳類の場合も卵は卵管内で受精し，移動しながら卵割を行う (図 7.6)。マウスの初期卵割期胚は，割球の緩やかな集合体であるが，8 細胞期になると，E カドヘリンの活性が高くなる結果，細胞接着性が増大し，細胞境界が不明瞭となる。これを**コンパクション** (compaction) という。同時に，胚表層の細胞が

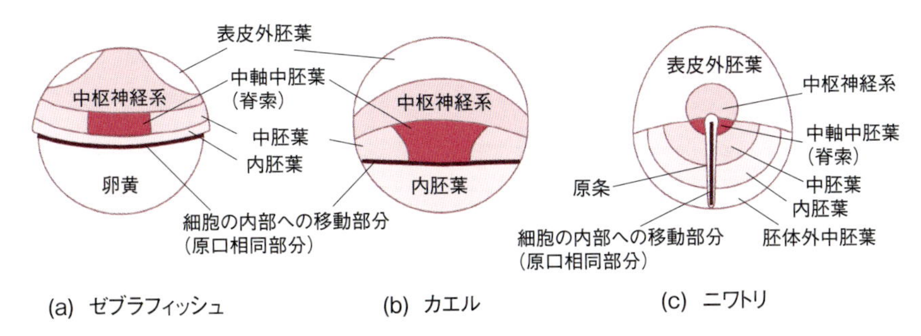

図 7.7　原腸形成期における脊椎動物胚の予定運命図
ゼブラフィッシュ（a）とカエル（b）は背面図，ニワトリ（c）は胚盤上面図。背側の原口相同部分（黒色太線）を基準とすると，相互に対応関係がみられる。（Wolpert, L. & Tickle, C. 2012 より改変）

極性を獲得して上皮性の**栄養外胚葉**（TE）となり，内部にある非極性細胞は**内部細胞塊**（ICM）となる。ICM が胚本体をつくるのに対し，TE は胎盤などの胚体外組織となる。この段階の胚は**胚盤胞**（blastocyst）とよばれており，この段階で子宮内膜に着床する。胚盤胞の内腔[18]に面した ICM の表層からは胚盤葉下層（原始内胚葉），ICM の内部からは胚盤葉上層が生じる。これらはトリ胚のものと相同であり，その後の発生では，胚盤葉で原条が形成され，その前端には**結節**（node）が生じる。マウスの場合，胚盤葉が初期には反転して円筒状となっているが，基本的にはトリ胚とよく対応する。

7.6　予定運命図

原腸胚組織の発生を追跡することにより，**予定運命図**（fate map）が作成できる（図 7.7）。魚類と両生類では，卵黄の有無を除くといずれでも動物極から順に外胚葉，中胚葉，内胚葉と配置されており，各胚葉内の予定運命も一致する。ニワトリとマウスの胚盤での予定運命図もよく一致する。さらに，原口相同部分を基準とすると，脊椎動物胚の予定運命図は基本的には対応しているといえる。

7.7　生殖細胞の形成

動物は基本的に有性生殖を行うため，**生殖細胞**が必要である。生殖細胞以外の細胞はすべて**体細胞**とよばれる。体細胞は，個体の大部分をつくるが，次世代へ受け継がれることはない。生殖細胞は，卵や精子などの配偶子やその元となる細胞であり，遺伝情報の次世代への伝達を担う。

7.7.1　生殖細胞の出現と生殖巣への移動

生殖細胞は，発生の非常に早い時期に生殖巣とは別の胚領域で体細胞から分離する。これを**始原生殖細胞**（PGC）とよぶ。PGC の発生では，初期胚細胞に組み込まれている体細胞分化プログラムを停止させることが重要であり，体細胞になることを妨げられた胚細胞が生殖細胞となる。

PGC の分化決定については 2 種類のメカニズムが知られる（図 7.8）。多くの動物で，卵内にすでに生殖細胞の運命を決定する母性の物質として**生殖質**が存在しており，これを取り込んだ細胞系列が PGC となる。母性の生殖質による PGC 発生の代表例として，線虫（*C. elegans*），ショウジョウバエ，脊椎動物ではツメガエルやゼブラフィッシュが知られている。カエルや魚の卵ではミトコンドリア，小胞体などを含む**バルビアニ小体**が植物極にみられるが，この中に母性の生殖質が存在する。一方，哺乳類や鳥類の場合，PGC は細胞間相互作用により発生過程で誘導される。マウス胚では，PGC は後方の近位胚盤葉上層において出現し，ニワトリ胚では前方胚盤葉上層で分化する。

PGC はその後，生殖巣原基[19]に移動し，配偶子に分化する。カエルやマウスの胚では，PGC は後腸に入った後，腸間膜を通って生殖隆起へ移動する。対照的に，ニワトリ胚の PGC は血管に入り，生殖隆起周辺まで血流に乗って移動する。

7.7.2　減数分裂と生殖細胞の分化

PGC は生殖巣に移動した後，生殖巣由来のシグ

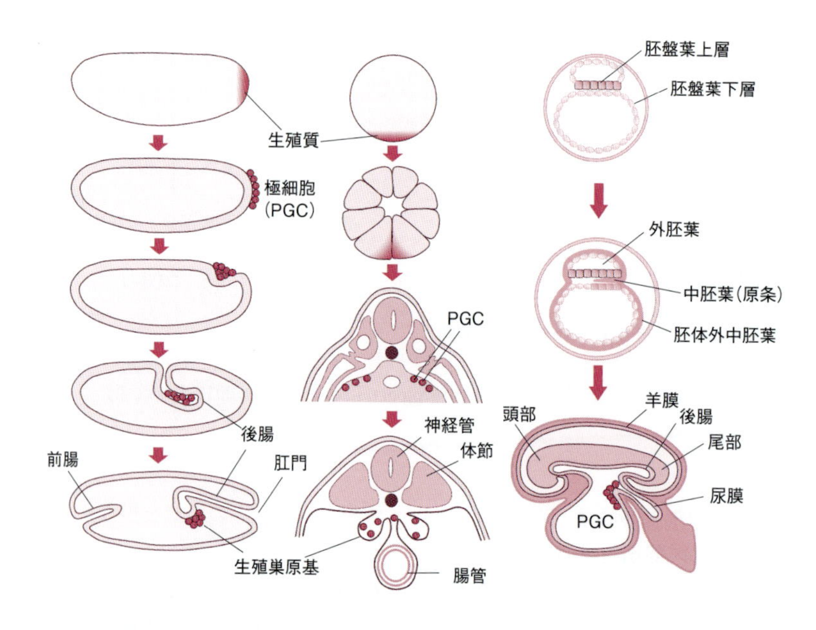

図 7.8　生殖細胞の分化
赤色は生殖質，始原生殖細胞，あるいは誘導で生じた哺乳類の始原生殖細胞を示す。

ナルにより，生殖細胞に分化する。PGC 自体にはもともと性の区別がないが，生殖巣ではじめて違いが生じ，**卵原細胞**（**精原細胞**），さらに**一次卵母細胞**（**一次精母細胞**）に分化する。これらの細胞は各々が減数分裂を行う結果，4 個の半数体細胞が生じる。卵形成では，1 個の細胞のみに細胞質の大部分が分配される結果，1 個の卵と数個の極めて小さい細胞（**極体**）が生じる。精子形成では，2 回の減数分裂がいずれも対称分裂であり，4 個の**精細胞**となる。

卵細胞は，受精後の発生に備えてタンパク質や mRNA を大量に合成し，貯蔵する他，しばしば隣接細胞からの物質供給も受ける[20]。一方，精細胞は，**精子完成**とよばれる一連の過程を経て大部分の細胞質を捨て，受精という機能に特化した**精子**になる。重要な構造は，前方から頭部，中片，尾部の 3 つであり，頭部は先体，核，中心体を含む（図 7.2 (a)）。中片にはミトコンドリアがあり，運動のためのエネルギーを産生する。尾部は精子の運動能に不可欠な鞭毛よりなる。

7.8　卵における極性と胚の体軸

ボディプランにおいて重要なのは，前後，背腹に沿った**体軸**の決定であり，多くの動物で，卵での母性発生制御因子の分布の偏りがモルフォゲンとして重要である。以下では，ショウジョウバエでの前後に沿った体軸，カエル胚における背腹に沿った体軸の確立について紹介する。

7.8.1　ショウジョウバエ胚における極性と体軸の決定

ショウジョウバエの初期発生を制御する遺伝子は哺育細胞[21]で転写され，mRNA は細胞間の通路を通って卵母細胞に導入される。こうした遺伝子は**母性効果遺伝子**とよばれる。この動物のもう 1 つの特徴として，受精後に核分裂が先行するために初期胚は多核体であり，その後，卵表層へ移動した核は細胞膜で仕切られるようになる[22]。ショウジョウバエをはじめとする節足動物の体は分節構造が基本であり，多数の体節が前後に配列する。ショウジョウバエの場合，15 個の体節から構成されている。

ニュスライン・フォルハルトらの遺伝学的研究の結果，転写因子である**ビコイド**（Bicoid: Bcd）と**ハンチバック**（Hunchback: Hb）が前方構造，RNA 結合タンパク質である**ナノス**（Nanos: Nos）が後方構造の形成を支配することが明らかになった。Bcd と Nos の mRNA は哺育細胞から卵母細胞に運び込まれ，それぞれ卵母細胞の前端，後端に局在する。こ

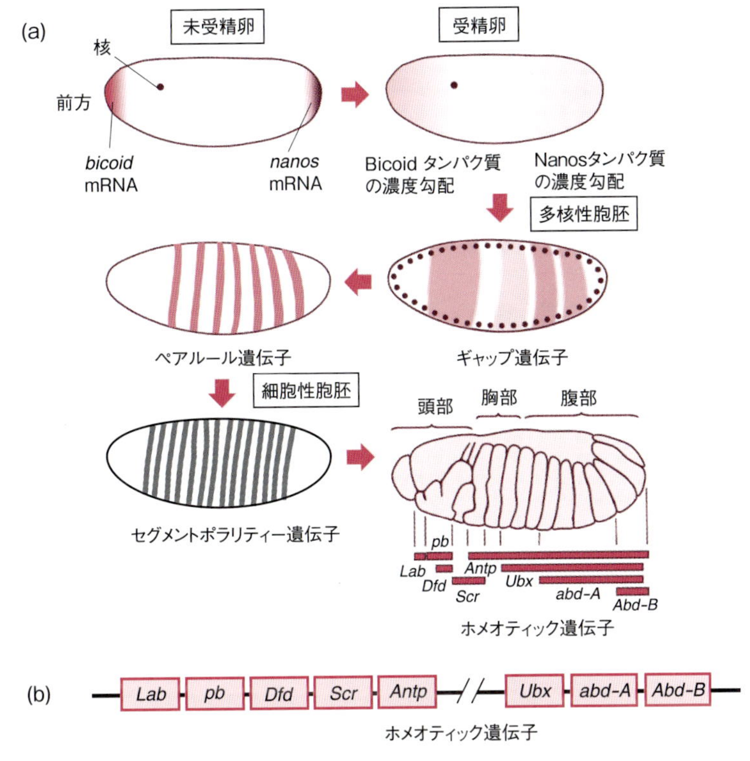

図 7.9　ショウジョウバエでの前後極性と体節の形成

れらは受精後に翻訳され，多核性胞胚の細胞質中を拡散するため，Bcd タンパク質は前端，Nos は後端をピークとした濃度勾配をつくる（図 7.9 (a)）。Hb 遺伝子の mRNA も卵母細胞に由来し，当初の分布は均一である。

多核性胞胚において，Bcd タンパク質は Hb 遺伝子の転写を活性化する一方，母性 Hb mRNA の翻訳は，Nos により阻害されるため，Hb タンパク質も前方をピークとした発現勾配をつくる。こうして確立した Bcd と Hb の濃度勾配に従い，**ギャップ遺伝子**とよばれる一群の遺伝子が，前後に沿って各々異なる領域で発現する[23]。ギャップ遺伝子は，Bcd や Hb と協調的に働いて**ペアルール遺伝子**とよばれる別の遺伝子群の発現を活性化する。ペアルール遺伝子はいずれも 7 本のストライプとして発現する。その後，ギャップ遺伝子やペアルール遺伝子の制御下で新たな遺伝子群として**セグメントポラリティ遺伝子**が 14 本のストライプとして発現し，各体節を形成する。

ギャップ遺伝子，ペアルール遺伝子，セグメントポラリティ遺伝子をまとめて**分節遺伝子**とよぶが，この中には様々な転写因子や分泌因子，シグナル伝達物質の遺伝子が含まれる。これらが母性効果遺伝子の下流で順次活性化されることにより，体節形成が進行する。分節遺伝子はさらに**ホメオティック遺伝子** (homeotic genes) とよばれる 8 個の遺伝子の発現を制御する（図 7.9 (b)）。ホメオティック遺伝子はホメオドメイン型転写因子（コラム 3.1）をコードしており，これらが各体節の特有の構造を決定する。なお，8 個の遺伝子は染色体上で集団（クラスター）となっており，染色体上の配置は，胚における発現領域の配置と対応する。こうした特徴は**コリニアリティー** (colinearity) とよばれる。

ホメオティック遺伝子は動物界に広く存在するが，一般には **Hox 遺伝子**とよばれており，やはり繰り返し構造の形成にかかわることが多い。脊椎動物では，進化の過程で全ゲノム重複が 2 回起きたとされており，Hox クラスターも 4 個となっている。こうした**遺伝子重複** (gene duplication) が脊椎動物の複雑な体の構築に貢献したとされる[24]。

(a) 表層回転

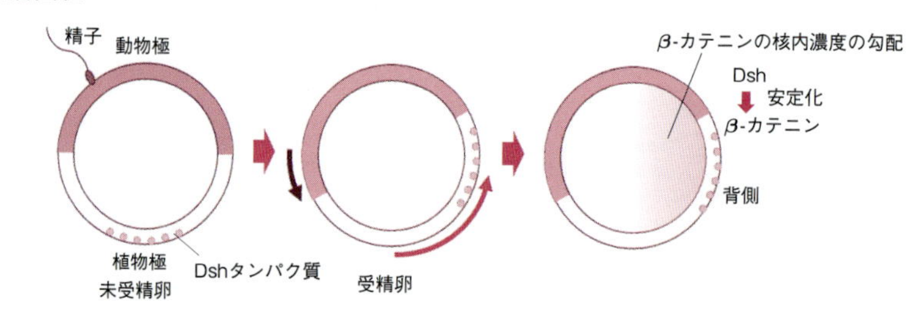

(b) オーガナイザーの形成と働き

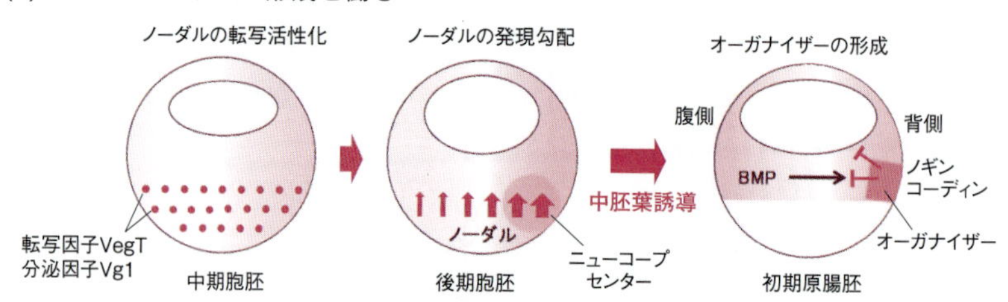

図 7.10　カエル胚での背腹パターン形成とオーガナイザー
（Gilbert, S. F. 2015 より改変）

7.8.2　両生類における背腹軸の決定

脊椎動物での胚葉と体軸の形成については両生類，特にツメガエルで詳細が明らかになっている。発生初期に起きる三胚葉の分化では，卵の動物・植物軸に沿った極性が重要であり，動物半球，植物半球，これらの境界領域（赤道領域）の予定運命は，それぞれ外胚葉，内胚葉，中胚葉である（図 7.7）。

植物半球自体は自律的に内胚葉に分化する。ニューコープ（Nieuwkoop, P. D., 1917-1996）は，メキシコサンショウウオの中期胞胚から切り出した組織片の組み合わせ培養実験により，中胚葉は植物半球からのシグナルを受けた動物半球から生じることを示した（1969 年）。この現象は**中胚葉誘導**とよばれており，植物半球で発現して動物極側に分泌されるシグナルの本体は**ノーダル**（nodal）[25]である（図 7.10（b））。一方，胚の背側と腹側に沿った極性，つまり背腹軸は受精時に決定される。両生類卵では，受精が起きると，卵表層の細胞質全体が受精側では植物極方向に向けて 30° 回転する（**表層回転**）（図 7.10（a））。この結果，受精側の半球が腹側，反対側の半球が背側となるのである[26]。

表層回転の際には，微小管の働きにより植物極に局在する母性因子のディシェベルド（dishevelled: Dsh）が背側帯域に向けて輸送される[27]。Dsh は β-カテニンとよばれる転写因子を安定化するため，β-カテニンは背側半球で核内に移行する。植物半球ではノーダルが発現するが，この発現が背側で β-カテニンにより増強されるため，植物半球において，背側をピークとしたノーダルの発現勾配が生じる（図 7.10（b））。ノーダルは，濃度が高い場合，中胚葉の背側領域を誘導する。生じた背側中胚葉は，原口の背側，つまり**原口背唇部**に相当する。

原口背唇部は，脊索などの中軸中胚葉となるとともに，腹側の中胚葉から体節など，より背側の中胚葉を誘導し（中胚葉の背側化），外胚葉においては神経管を誘導するなど，体軸の形成を誘導することから，シュペーマン（Spemann, H., 1869-1941）らにより，**オーガナイザー**（organizer）と名づけられた。オーガナイザーによる神経管の誘導（**神経誘導**）を特に**一次誘導**[28]とよぶ。また，卵割期の背側植物極は，オーガナイザーを誘導する領域であり，**ニューコープセンター**（Nieuwkoop center）とよばれる。

原口背唇部から分泌され，中胚葉の背側化と神経誘導を担うシグナルの本体は**ノギン**（noggin）と**コーディン**（chordin）の 2 つである（図 7.10（b））。関連して，成長因子の 1 つに**骨形成タンパク質**（BMP）とよばれるファミリーがある[29]。BMP は，胚の腹側・側方で広く発現し，表皮形成，腹側中胚葉（血球，間充織など）の誘導を行うが，ノギンやコーディンは，BMP に結合してその腹側化作用を阻害し，結果的に背側化を行う。神経系は外胚葉の背側であり，神経誘導とは外胚葉の背側化といえる。

7.9 外胚葉器官の形成

原腸形成の際に胚体表層に残る外胚葉からは，中枢神経系，表皮組織，表皮派生器官が生じる。脊椎動物胚の場合，背側外胚葉が予定神経領域に分化するのに対し，腹側の予定表皮領域からは外界からのバリアとなる表皮とその派生器官が形成され，神経領域と表皮領域の境界からは**神経堤**とよばれる組織が生じる[30]。ここでは，おもに脊椎動物胚での外

Life Science & Biotechnology
培風館
新刊書・既刊書
遺伝学＝遺伝子から見た生物
鷲谷いづみ 監修／桂 勲 編 A5・256頁・2600円
多様化した遺伝学の考え方・手法・成果を簡潔に解説した生命科学系の学生向けの教科書。がん，ゲノム，遺伝子診断，iPS細胞などの関連についても言及した現代社会で必要な遺伝子の知識と思考法が学べる一冊。
生態学＝基礎から保全へ
鷲谷いづみ 監修・編著 A5・304頁・2750円
生態学の基礎的な事項および生物多様性の保全・自然再生など社会的課題に密接にかかわる応用・政策科学である保全生態学について，地球環境から人間に関連した身近な具体例を織り交ぜ解説したテキスト。
植物生理学概論 改訂版
桜井英博・柴岡弘郎・高橋陽介・小関良宏・藤田知道 共著
B5・256頁・近刊
生体エネルギー論，生化学反応，分子生物学，細胞生物学など生物学全般の基礎から，最新のゲノム編集，光合成，植物ホルモン，オミクス解析の進歩までを概説した植物生理学の初学者向けテキスト。

ている（図7.11(b)）。

神経管前方はその後，脳を形成し，その内腔は脳室とよばれるようになる。神経管壁は，脳室側から表層に向けて順に，**脳室帯**，**外套層**（中間層），**辺縁帯**の3領域に区別される。脳室帯には増殖性細胞が分布する。増殖後，分化を開始した細胞は表層側に移動して外套層を形成し，ニューロンやグリア細胞になる。ニューロンは軸索を辺縁帯に伸張し，他領域と神経連絡を行う。なお，大脳や小脳では，二次的に起きる細胞の分裂と移動の結果，さらに複雑な層構造を形成する。

ニューロンの分化に伴い，軸索は胚の標的領域まで特定の経路を選んで伸張したうえ，標的となる細
て結合する。その際，軸索の先端にある
周辺環境を検知して進路を決定し，基質
軸索を伸張させる。こうした軸索伸長の
索ガイダンス (axon guidance) という。

経 堤

脊椎動物特有の胚組織であり，脊椎動物
接とされる。予定表皮と神経板の境界で
堤はその後（図7.11(b)），**上皮間充織転**
動能を獲得し，神経管の閉鎖と前後して
な部位に移動した後，多様な組織に分化

び神経堤の発生

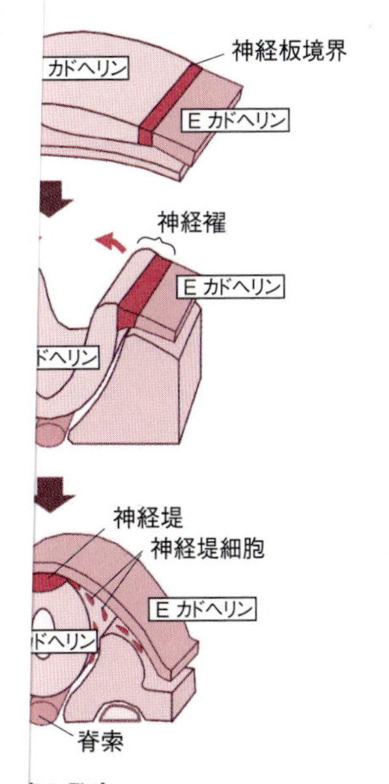

図 7.11 神経管形成と中胚葉・内胚葉の発生
((b) Wolpert, L. & Tickle, C. 2012 より改変)

する[32]。神経堤細胞は，大きくは**体幹部神経堤**と**頭部神経堤**に区別される。いずれの細胞もニューロン，メラノサイト，グリア細胞への分化能をもつが，頭部神経堤細胞は加えて軟骨・骨や結合組織にも分化できる。

体幹部神経堤細胞の移動については2通りある。1つは，各体節の前半分を通過して腹側方に向かう腹側経路であり，もう1つは，表皮と体節の間を通って側方，そして腹側に向かって広がる胚外側経路である。腹側経路をとる神経堤細胞の一部は背根神経節を形成して感覚ニューロンなどに分化し，他の神経堤細胞はさらに移動し，交感神経節や副腎髄質のニューロンとなる。メラノサイト前駆細胞は胚外側経路を選び，表皮中でメラノサイトを産生する。

脊椎動物の頭部形成では頭部神経堤が主役の1つである。中脳の神経堤細胞は頭蓋の天井部と基底部を形成する**神経頭蓋**[33]の一部となり，後脳由来神経堤は，顎や顔面をつくる咽頭弓骨格（**顔面頭蓋**）を形成する[34]。

7.9.3 表皮とその派生器官

表皮は，神経管，神経堤が胚体に入った後，表層に残った外胚葉から生じる。この外胚葉組織は，まず表層にある**周皮**（periderm）[35]と内層の**基底層**に分離する。基底層の細胞は増殖を継続し，娘細胞の一方が基底側で幹細胞状態を維持するのに対し，他方の娘細胞は表層側に押し出され，ケラチンを蓄積して強度と弾性を獲得した後，死細胞となって**角質層**を形成する。

表皮外胚葉からは，汗腺，毛，鱗，羽毛，歯など

コラム 7.1：神経管における前後軸・背腹軸の確立

神経誘導直後の神経板は前方脳領域の性質をもつ。しかし，その後，後方領域から前方へ分泌されるシグナル（**後方化シグナル**）の濃度勾配により前後に沿ってパターンが生じる。後方化シグナルとしてはレチノイン酸（RA），FGF[36]，Wnt[37]などが知られている。頭部の形成は，BMPに加えてWntが阻害されることで誘導される。神経板より生じる神経管は，前方が脳，後方は脊髄となる。脳は**脳胞**とよばれる神経管の膨潤として生じる。最初にみられるのが**一次脳胞**であり，前方から**前脳**，**中脳**，**菱脳**に区別される。その後，前脳は終脳と間脳，菱脳は前方の小脳と橋，後方の髄脳に分かれる（**二次脳胞**）（図7.12（a））。

神経管には背腹に沿っても極性があり，背側は感覚情報の入力領域であるのに対し，腹側には運動ニューロンが生じる他に，背腹軸に沿って様々な介在ニューロンが配置される。神経管の背腹パターンは，神経管腹側の脊索や神経管腹側（底板）が分泌するソニックヘッジホッグ（sonic hedgehog: Shh），そして表皮や神経管背側領域（蓋板）からのBMPとWntがつくる逆向き二重勾配により決定される（図7.12（b））。

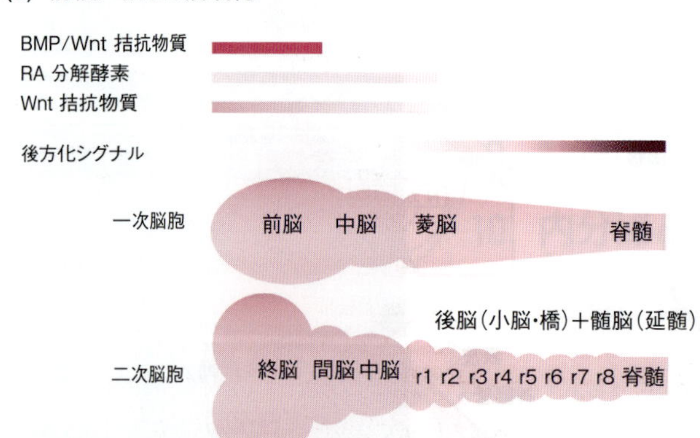

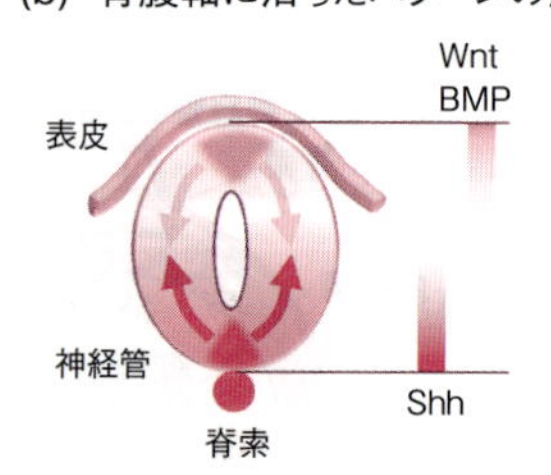

図 7.12 中枢神経系の領域化

（a）神経管は後方化シグナルとその拮抗物質の働きで領域化される。r1～r8: 第1～8ロンボメア（菱脳節）。（b）神経管は背側からのBMPとWnt，腹側からのShhにより背腹極性を生じる。

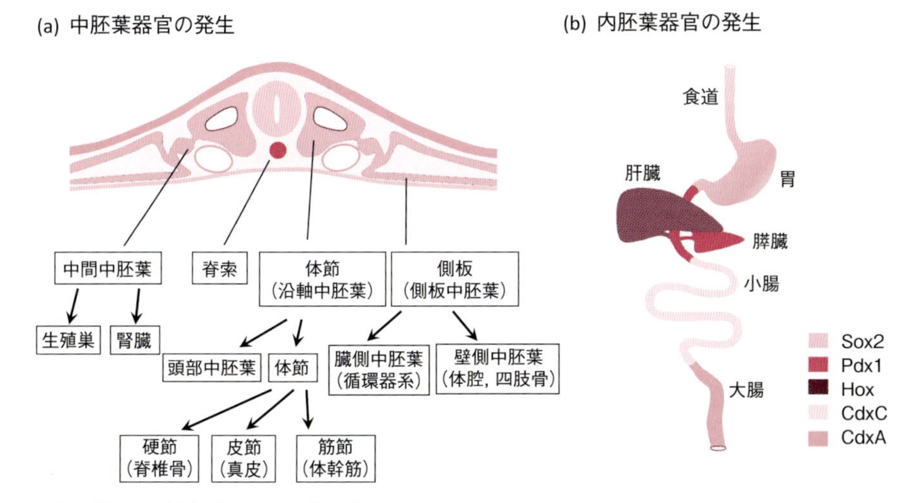

図 7.13 中胚葉および内胚葉からの器官形成
(a) 中胚葉は背側から脊索，中間中胚葉，側板に分かれ，各々から様々な中胚葉性器官が生じる。(b) 消化管は前後に沿って異なる部位に仕切られ，各々の発生は発現する転写因子により決定される。(Gilbert, S. F. 2015 より改変)

の派生器官も生じる。この際，間充織からの作用で表皮に増殖性の細胞凝集が誘導され，生じた肥厚部がさらに間充織と相互作用をすることで各種構造が形成される。

7.10 中胚葉器官と内胚葉器官の発生

7.10.1 中胚葉器官と内胚葉器官

中胚葉からは一般に，筋肉，骨格，間充織，血液と血管系などの結合組織，そして体腔をつくる上皮組織が生じる。脊椎動物の場合，最も背側に生じる脊索はその後退縮するが，その両側に生じる分節構造の体節の内側部（**硬節**）から椎骨，肋骨など体幹部骨格が生じ，脊索に代わって中軸の支持体となる。体節の背側表層（**皮節**）は真皮，外側部（**筋節**）は骨格筋となる。体節のすぐ腹側にある**中間中胚葉**からは腎臓や生殖巣が形成され，さらに腹側にできる**側板**からは，体腔上皮の他に，心臓血管系，血球，間充織細胞が生じる（図 7.13 (a)）。

内胚葉は基本的に口から肛門に至る消化管の上皮となる。脊椎動物の消化管は，前方から咽頭，食道，胃，小腸，大腸となる。これに由来する様々な器官（唾液腺，甲状腺，胸腺，肺，膵臓，肝臓，胆嚢など）も内胚葉性器官と見なされる（図7.13 (b)）。様々な脊椎動物で，内胚葉自体の発生では転写因子 Sox17 が共通して重要であるが，各領域の発生は特定転写因子により決定される（図 7.13 (b)）。なお，これらの内胚葉性器官において，内胚葉由来は上皮のみであり，実際には中胚葉由来組織が形態や機能において重要である。

7.10.2 器官形成における中胚葉と内胚葉の相互作用

中胚葉器官，内胚葉器官いずれの発生においても，他の胚葉との相互作用が重要である。消化管の前後に沿った領域化と生じる器官は，内胚葉を覆う側板中胚葉由来の間充織細胞からの誘導作用と後方から分泌される RA や FGF の濃度勾配で決まる。一方，消化管上皮は，Shh を分泌して周辺間充織細胞の分化を誘導する。肝臓は，心臓中胚葉および周辺血管の内皮細胞により誘導されるが，脊索により抑制される。

■ 演習問題

7.1 動物発生におけるモルフォゲンの役割と働き方を述べよ。また，これに該当すると思われる例をあげよ。

7.2 ウニ卵の受精が同種の精子に限定される分子的機構について説明せよ。

7.3 動物胚の原腸形成でみられる基本的な細胞運動を 3 つあげよ。

7.4 ショウジョウバエ初期胚での前後の決定，体節の形成，各体節の構造決定のそれぞれについて，関連する遺伝子グループをあげよ。

7.5　神経誘導を行う分泌因子を2つあげ，その作用機構を説明せよ。

7.6　神経管の3層構造を，ニューロンの発生と関連づけて説明せよ。

■注釈

1)　初期の大きな成果は，ドリーシュ (Driesch, H., 1867-1941) によるウニ胚での「調節」の現象，シュペーマンらによる胚誘導，オーガナイザー (形成体)，神経誘導の発見である。

2)　遺伝子の破壊，あるいは遺伝子導入が行われる。

3)　精子細胞膜における分子的変化が原因とされる。

4)　卵巣内で卵母細胞を囲んでいた濾胞細胞やヒアルロン酸などからなる。

5)　精子に含まれるミトコンドリアは分解されるため，子孫胚のミトコンドリアは一般に母親由来である。

6)　鳥類では，多くの精子が卵細胞に入るが，卵核と融合するのは1個のみであり，他は分解される。

7)　哺乳類では，表層顆粒からの分泌物により透明帯が化学的に変化し，後続の精子が結合できなくなる。

8)　M期促進因子ともいう。CDC2リン酸化酵素とその制御因子サイクリンBとの複合体である。Ca^{2+}上昇はサイクリンを分解させる。

9)　中心体の配置に基づく紡錘体の方向が重要である。

10)　これらは旧口動物の中の冠輪動物とよばれるグループである。

11)　ウニ胞胚の植物極側細胞は，中胚葉，内胚葉に運命づけられるとともに植物極板とよばれる肥厚部をつくる。

12)　胞胚壁細胞の一部が，相互の結合と上皮細胞としての極性を失い，間充織細胞となる。

13)　上皮において，一部の細胞の頂端側がミクロフィラメント (アクチンフィラメント) の収縮により細くくさび型になることをいう。結果的に上皮シートが変形する。

14)　これらの動物では，陸上生活に対応して羊膜，漿膜，卵黄嚢などの胚体外膜を形成するため，この名前がある。

15)　最初に生じるものを一次胚盤葉下層，その後，後方から新たな細胞集団が加わった段階を二次胚盤葉下層と区別する。

16)　哺乳類の結節に相当するが，ニワトリ胚については発見者ヘンゼン (Hensen, V., 1835-1924) の名を冠してよばれる。

17)　移植すると二次軸をつくる他，オーガナイザー特異的な遺伝子を発現する。

18)　胞胚腔とよばれることもあるが，位置的にはトリ胚での卵黄領域に対応する。

19)　脊椎動物の場合，生殖巣は中間中胚葉から生じる生殖隆起に由来する。

20)　鳥類やカエルの場合，卵黄タンパク質は母体の肝臓で合成され，血流で卵巣へ運ばれた後，卵母細胞に取り込まれる。

21)　卵母細胞とともに卵巣内で分化する細胞であり，細胞間連絡で卵母細胞と繋がっている。

22)　多核体の時期を多核性胞胚，表層細胞が細胞膜で仕切られてからを細胞性胞胚という。この卵割パターンが表割である (表7.1)。

23)　ギャップ遺伝子では，発現する胚領域が機能欠損変異体で欠損する。ハンチバック遺伝子も機能欠損変異体で前方領域が欠損するため，ギャップ遺伝子に分類される。

24)　魚類の中で大きなグループを形成する真骨魚では全ゲノム重複がさらに1回起きており，現在7～8個のHoxクラスターが存在する。

25)　TGF-βファミリー成長因子。

26)　この結果，受精部位と反対側では，動物半球・植物半球の境界が灰色を呈すことがあるため，この部位は灰色三日月環とよばれる。なお，動物極はほぼ胚の前方，植物極はほぼ後方にあたる。

27)　分泌因子Wntのシグナルを伝える細胞質因子。Wntシグナルは膜受容体のフリズルド (frizzled: Frz) に結合する結果，Dshを活性化する。

28)　歴史的理由でこのようによばれるが，実際にはこれに先立って中胚葉誘導が起きる。

29)　BMPはもともと骨形成制御因子として同定された複数のタンパク質ファミリー (BMP2, BMP4など)。ただし，BMP1はタンパク質分解酵素であり，成長因子ではない。

30)　脊椎動物ではさらに外胚葉性プラコードが表皮領域から生じ，これより感覚器，神経節などの組織が生じる。

31)　ここで述べたのは，正確には一次神経管形成とよばれる。間充織細胞が凝集した後，内腔が生じることで神経管が生じることもある (二次神経管形成)。

32)　このため，神経堤はしばしば「第4の胚葉」と称せられる。

33)　神経頭蓋には中胚葉に由来するものもある。

34)　咽頭弓は咽頭に存在する繰り返し構造であり，ここに移動した頭部神経堤細胞の増殖パターンが顔つきを決める。

35)　周皮はその後，剥離，消失する。

36)　繊維芽細胞成長因子 (fibroblast growth factor)。ヘパリン結合性であり，細胞の増殖，分化，移動にかかわる。

37)　膜受容体を介して細胞質でフリズルド，ディシェベルドを情報伝達物質として活性化し，最終的にはβ-カテニンという転写調節因子を核に移行させる。

8

植物の形態と機能

植物は，光合成によってCO_2を生物がエネルギーとして利用できる有機物へ変換し，土壌から根で水や無機塩を吸収して体内に蓄積する。こうした性質から，生産者として，生態系のすべての生物へ生存に必要なエネルギーと物質を供給している。私たち人類も食糧から建材，そして燃料に至るまで植物から多くの恩恵を受けている。現在の地球には，極端に気温の低い極地や高山，降水量の少ない砂漠などを除いて，コケ植物，シダ植物，裸子植物，被子植物を含む約25万種もの植物が陸地に繁茂している。本章では，植物の中で最も大きなバイオマスを占める被子植物を中心に，形態や代謝，環境適応の仕組みを説明する。

8.1　植物の生態的特徴と形態

植物は，動物と異なりすばやく形を変えて運動できない。そのため，植物のもつ形態はそのまま機能と直結する。ここでは，植物を構成する葉，茎，根，そして花と果実の形態と，それらの形態が作り出す機能について説明する。

8.1.1　植物細胞の特徴

植物を構成する細胞は**細胞壁**に囲まれた構造をもつ（図8.1）。細胞壁の内側には，細胞膜に包まれた細胞質が存在し，核，ミトコンドリア，小胞体，ゴルジ体，ペルオキシソームなどの動物細胞と共通する構造の他に，**色素体**（plastid）や**液胞**などの植物細胞に特有の構造がみられる。細胞壁は，数本のセルロース分子が束になったセルロース微繊維とセルロース微繊維を架橋するヘミセルロースから構成される。細胞壁には原形質連絡とよばれる小孔があり，これによって隣り合った細胞の細胞質は繋がっている。この原形質連絡によって細胞質の繋がった領域を**シンプラスト**（symplast）とよび，シンプラストの外側にある細胞壁などの領域を**アポプラスト**（apoplast）とよぶ。色素体は，葉では**葉緑体**（chloroplast）に分化して光合成を行う場になり，根の柔

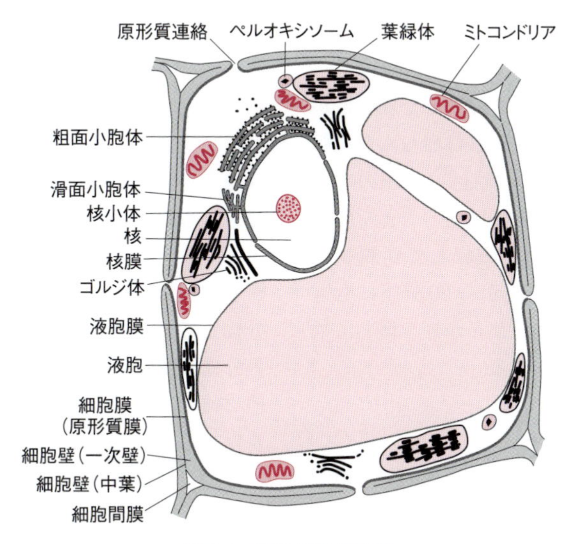

図8.1　植物細胞の特徴

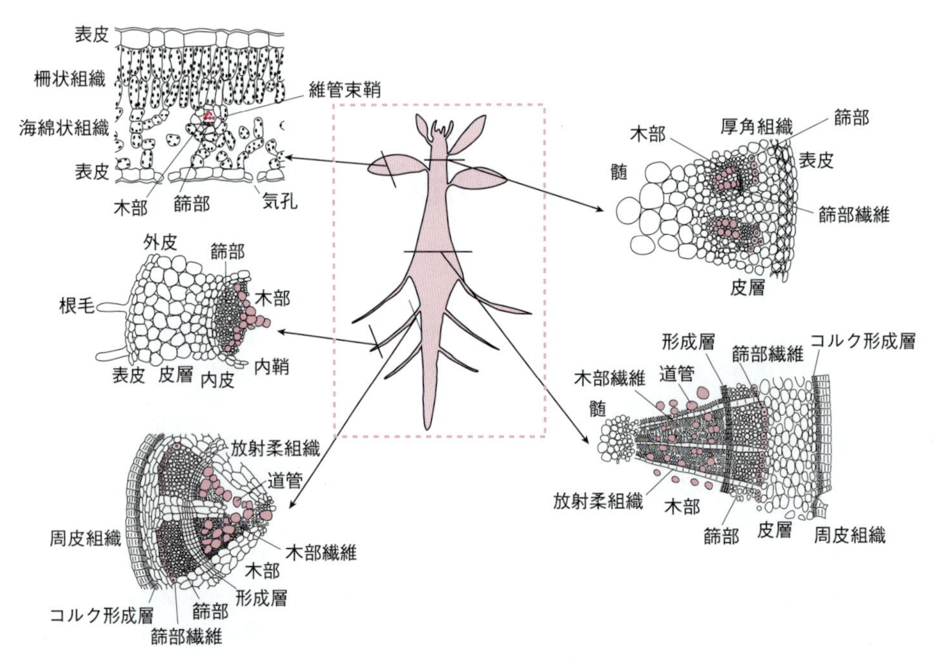

図 8.2 葉，茎，根の特徴

細胞ではアミロプラストに分化してデンプンを貯蔵する場となる。液胞は，成熟した細胞では細胞体積の大半を占める。液胞内部は，pH が細胞質よりも低く，色素や糖，有機酸が蓄積したり，老廃物の分解，重金属イオンやアルカロイド[1)]のような毒性のある物質が隔離される場となる。細胞質は多くの代謝反応の起こる場であり，原形質流動とよばれる流れによって細胞内の物質の移動が促進される。細胞膜は，水は通すがイオンや分子量の大きな糖などは通しにくい半透性をもつ。細胞質と細胞壁では溶液濃度が異なるため浸透的に細胞内に水が移動する。この際の細胞体積の増加に対して伸長した細胞壁が細胞内部の水に圧力をかける。これは膨らんだ風船のゴム（細胞壁）が内部の空気（細胞質）に圧力をかけるのに似ている。この内向きの圧力のことを**膨圧**（turgor pressure）とよぶ。水を吸収して膨潤状態にある組織では，膨圧は数気圧から 20 気圧にも達する。これによって薄い葉や花びらが形を保ち，果物の弾力のある食感がつくられる。

8.1.2 植物個体のつくり

植物の個体は，葉と茎とからなるシュートと根で構成される（図 8.2）。根と茎はともに，**一次組織**だけでなく**二次組織**も発達させる。一次組織はその先端にある頂端分裂組織からつくられる。二次組織は一次組織が成熟した後に発達する分裂組織（**形成層**（vascular cambium），**コルク形成層**）からつくられる。二次組織では形成層が木部や篩部を肥大させる。これにより，茎や根での物質輸送能力や力学的強度が増え，個体サイズを大きくできる。また，コルク形成層は積極的に周皮組織（樹皮）の細胞を増やし，根や茎の周囲長の増加に対応する。

植物は地下には根を，地上には葉と茎を発達させる。根には，双子葉植物でみられる主根と側根という明確な階層性がある構造と，単子葉植物でみられる，ひげ根とよばれるシュートの基部からの細い不定根が伸びる構造がある。根の到達する最大の深さは地下水位とよく一致するが，大半の根は無機塩が豊富にある 50 cm までの深さの土壌に分布する。シュートは植物の地上部を構成する最小単位であり，樹木などの複雑な樹冠も，このシュートが繰り返し分枝してできた構造体として理解できる。シュートの分枝頻度は葉の大きい植物種で低く，葉の小さい植物種では高い。シュートについている葉の面積は基部の茎の断面積に正比例する（パイプモデル）。この関係は多くの植物で成り立ち，葉を機能的に支えるためには決まった量の茎が必要であることを意味している。根とシュートのバランスは，欠乏する資源をうまく獲得できるように変化する。栄養塩の窒素やリンが少ない土壌では，これらを吸収できるようにシュートよりも根が大きく成長する。

根やシュートが成長を続ける状態を**栄養成長**(vegetative growth)とよび，子孫を残すための花や果実，無性生殖で増えるためのイモなどの貯蔵器官がつくられることを**生殖成長**(reproductive growth)とよぶ。植物は，ある時期まで栄養成長によって個体サイズを大きくし，その後，生殖成長に切り替える。木本植物では，生殖成長を開始した後でも栄養成長を続ける。しかし，生殖成長で多くのエネルギーや物質が消費されるため，栄養成長による個体サイズの増加は鈍る。

8.1.3 葉・茎・根のつくり

(1) 葉の形と機能

葉は光合成を行う組織であり，効率的に光や CO_2 を吸収する必要がある。葉の表皮では2つの孔辺細胞が**気孔**(stomata)を開け閉めすることで，葉内と大気の間で CO_2 や水蒸気の移動が調整される。表皮の内側には葉緑体をもつ葉肉細胞からなる葉肉組織が存在する。葉肉組織には，葉脈の**維管束**(vascular bundle)を境にして向軸側には**柵状組織**(palisade parenchyma)，背軸側には**海綿状組織**(spongy parenchyma)がつくられる。柵状組織には細長い葉肉細胞が高い密度で配置され，海綿状組織には葉肉細胞が散在し多くの細胞間隙がある。向軸側から葉に差し込んだ光は，まず柵状組織の細胞で吸収される。ここを透過した光は，海綿状組織の細胞間隙で散乱しながら，葉肉細胞に効率よく吸収される。

葉の厚さは，常緑樹のように寿命の長い葉では厚く，落葉樹や草本植物のように寿命の短い葉では薄い。同じバイオマスで葉をつくるとき，厚い葉に比べて薄い葉はより広い葉面積をもつことができる。したがって，薄い葉をもつ植物では個体の受光量が上がり，光合成生産が高くなる。一方で，薄い葉は柔らかいため，風による物理的傷害や草食動物の被食により寿命が短い。このように葉の厚さに関して光合成効率と寿命の間の**トレードオフ関係**が存在する。そして，草本植物のように激しい競争にさらされる植物種は光合成効率を優先して薄い葉を，常緑樹のように成長の遅い植物種は効率が悪くても長期間使うことができる厚い葉をもつ。

(2) 茎の形と機能

直立する太い茎は，光を巡る激しい高さ競争の中で進化したと考えられている。光合成のエネルギー源である太陽光は常に空から地上へ降り注ぐ。植物は，他個体よりも葉を高いところにつけることで，多くの光を獲得でき，高い光合成を実現できる。しかし，重力に抗って樹高を高くするには，茎に高い支持能力が必要となる。また，根と葉の距離が離れることで，効率的な輸送組織も必要となる。

茎には，中心に**木部**(xylem)と**篩部**(phloem)，形成層からなる維管束があり，そのまわりを皮層，表皮(一次組織)または周皮組織(二次組織)が取り囲む構造をもつ。一次組織の茎しかもたない草本植物では，皮層の周縁部に厚壁細胞や厚角細胞がつくられる。これらの細胞では，細胞壁が肥厚しており，力学的強度が高い。二次組織の茎をもつ木本植物では，茎の断面積の大部分を占める木部が力学的支持機能を果たす。裸子植物の木部は仮道管だけで構成されるが，被子植物の木部ではおもに道管と木部繊維からなり，水輸送と力学的支持の機能をそれぞれが分担している。

土壌から吸収した水や無機塩，光合成で獲得した有機物の輸送は，それぞれ維管束における木部と篩部が担っている。木部では，道管や仮道管の内腔を通って水や水に溶けた物質が移動する。道管や仮道管は内部が中空な死細胞であるため抵抗が小さく，速い速度で水が流れる。木部を通る水の流れは太陽の熱により駆動される。太陽の熱によって葉肉細胞の細胞壁の表面で蒸発が起きると，セルロース微繊維の隙間で表面張力による強い張力が生じる。その力が水分子どうしの凝集力(水素結合による分子間力)によって，植物体内にある水から根周辺にある土壌の水にまで伝わり，土壌から木部を通って蒸散が起きている葉まで水が移動する(**凝集力仮説**)。水移動の張力は数気圧から20気圧と非常に大きく，水は1時間に数mの速度で移動する。

篩部は篩管と隣接する伴細胞から構成される。篩部輸送では，光合成産物を生産する組織(ソース)にある篩管と光合成産物を消費する組織(シンク)にある篩管の膨圧差によって水の流れが生じ，この水に溶けたショ糖(スクロース)やアミノ酸，植物ホルモンなどの生理活性物質が移動する(**圧流説**)。ソースにおいて光合成産物のショ糖が，篩管へ移動することを**積込み**(phloem loading)とよぶ。積込みの仕組みには，① ショ糖が原形質連絡を通じて拡散で移動する，② ショ糖が葉肉細胞から細い原形質連絡を通じて拡散で伴細胞へ移動した後，ここでショ糖が重合してオリゴ糖が合成される。サイズの大きなオリゴ糖は葉肉細胞へ逆流することなく太い原形質連絡を通って篩管へ運ばれる（**ポリマートラップ**，polymer trap），③ 輸送タンパク質による能動輸送によってショ糖が濃度勾配に逆らって輸送される，という3つがある。篩部輸送の原動力は5気圧から10気圧になり，1時間に数十 cm の速度で物質が輸送される。

(3) 根の形と機能

根は，土壌から水や無機塩を吸収し，それらの物質を地上のシュートへと送るという2つの機能を担う。木本植物では，これらの2つの機能は根の一次組織と二次組織で分担されている。

根先端から5～10cm の部位では成熟した一次組織がみられ，積極的に水や無機塩の吸収を行っている。一次組織では，外側から表皮，外皮，皮層，内皮，内鞘，維管束が同心円状に並ぶ構造が分化する。表皮では根毛が発達して表面積が増大している。根の一次組織では，根の表面が正に内側は負に帯電しているために，正に帯電している物質は受動的に取り込まれ，負に帯電している物質は能動輸送により吸収される。リン酸イオンやカリウムイオンは土壌の粒子に吸着されやすく拡散速度が遅いため，根の近傍にあるイオンがおもに**拡散**によって吸収される。これらのイオンの吸収には，表面積の広い根毛や共生している菌根の菌糸が有効である（コラム 8.1）。一方で，硝酸イオンやカルシウムイオンは拡散速度が速く，水に溶けて植物の蒸散で引き起こされる**マスフロー**[2]によって土壌中を移動し，根に吸収される。

根で吸収された水や無機塩は，おもにアポプラストを通って根の内部へ移動する。しかし，外皮と内皮の細胞でみられる**カスパリー線**では細胞壁に**リグニン**[3]が沈着しているため，アポプラスト経路での水や物質の移動が阻害される。水や無機塩は外皮や内皮の細胞膜にある輸送タンパク質を介して細胞内部へ移動する。このように，カスパリー線は水や物質輸送にとって大きな障壁になるが，同時に外皮や内皮の内側に輸送した物質の逆流を防ぎ，効率的な吸収に寄与している。内皮の細胞を通過した水や無機塩は維管束へと運ばれる。

コラム 8.1：リンと菌根との共生

約8割の被子植物とすべての裸子植物は，菌類と共生し，菌根を形成できる。菌類の菌糸は根に比べて細く表面積が広いため，植物は菌糸を経由して，菌類からリン酸イオンを受けとる。植物は菌類に光合成産物を供給する。菌根は形態により，外生菌根と内生菌根に分かれている。内生菌根のうち広くみられるのはアーバスキュラー菌根（図 8.3）である。この菌根では細胞内に樹枝状体が形成され，菌類と植物との物質の受け渡しの場になっている。嚢状体とよばれる袋状の貯蔵器官を形成する。

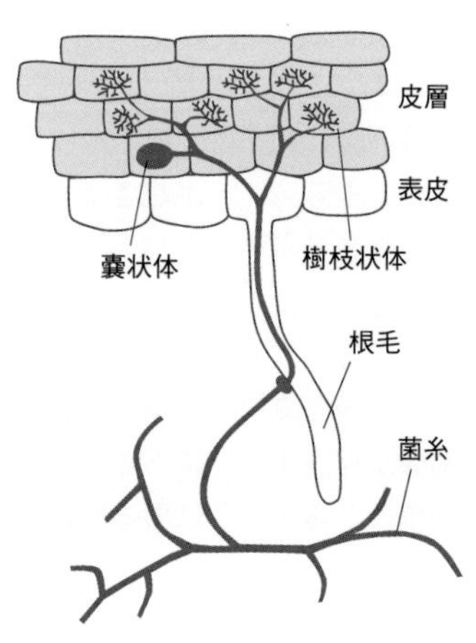

図 8.3　アーバスキュラー菌根模式図

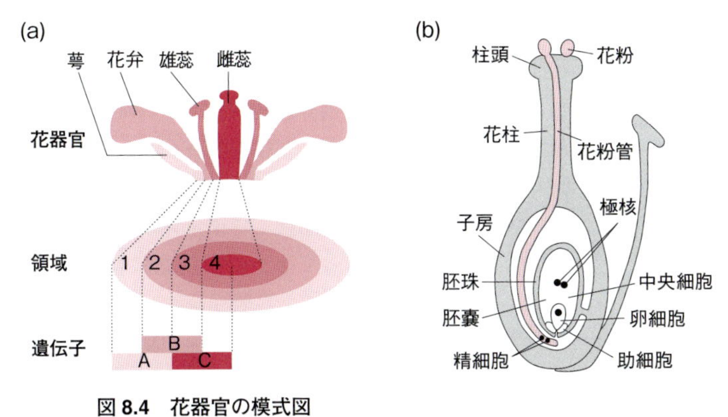

図 8.4　花器官の模式図
(a) 花器官の配置と ABC モデル，(b) 植物の受粉と受精

根端からさらに基部側にある根の組織では，形成層が発達して物質の輸送経路である木部や篩部が肥大し，内鞘から周皮組織が誘導され，二次組織がつくられる。ここでは高い疎水性をもつスベリンが沈着した周皮組織のため，水や無機塩の吸収は抑えられるが，大きな木部と篩部により地上部への効率的な輸送経路として機能する。

根の水や無機塩の吸収能力は，根の直径と強く関係する。同じバイオマスで根をつくったときに，直径の細い根は太い根に比べて広い表面積をもち，高い吸収能力をもつ。一方で，直径の細い根は土壌微生物に被食されやすい。こうした根における吸収効率と寿命の間のトレードオフ関係によって，草本植物のように無機塩への高い要求性をもつ植物は直径の細い根をもつのに対して，常緑樹のような成長の遅い植物は寿命の長い太い根をもつ。

8.1.4　花と果実のつくり

移動できない植物は，効率的な遺伝子交流（他家受粉）や種子散布のために，風や海流などの非生物的なものとハチやチョウなどの生物を利用する。被子植物では，送粉や種子散布を媒介する生物との共進化により，様々な色や形をもつ花や果実が獲得された。

被子植物の中でも**双子葉植物**（dicots）は，多種多様な大きさや形の花を咲かせる。しかし，どの花でも，**萼**（がく）（calyx，花弁と同様の色や形をしたものは sepal），**花弁**（petal），**雄蕊**（ゆうずい）（おしべ，stamen），**雌蕊**（しずい）（めしべ，carpel）の 4 つの組織から構成され，外側からこの順番で配置される（図 8.4，コラム 8.2）。最も外側に位置する萼は，葉の性質をよく残している。植物種によっては花弁と同様の形態をとり，花被とよばれる。花弁は，送粉者に花の存在をアピールするために，送粉者の種類によって様々な形や色をもつ。雄蕊は，花糸とその先端の**葯**（やく）（anther）からなり，葯には花粉が収められている。雌蕊は，基部の**子房**（ovary）と先端の**柱頭**（stigma），子房と柱頭を繋ぐ**花柱**（style）という 3 つの部位からなる。柱頭は多数の突起により花粉が付着しやすい構造をもつ。柱頭についた花粉は花粉管を伸ばし，花柱を通って雌蕊の基部にある子房の胚珠にある**胚囊**（はいのう）（embryosac）に到達する。ここで花粉からは 2 つの精細胞が放出され，1 つは卵細胞と受精し胚になり，もう 1 つは中央細胞と受精して胚乳になる（**重**

コラム 8.2：花器官の由来と ABC モデル

花は，シュートに由来した器官であることを最初に唱えたのはゲーテ（von Goethe, J. W., 1749-1832）である。彼は萼，花弁，雄蕊，雌蕊は葉が変形したものだと考えた。この仮説は，分子生物学によって実際に証明されている。A，B，C の 3 つの因子が決まった場所に発現することで，萼，花弁，雄蕊，雌蕊のアイデンティティが決まるというもので，ABC モデルとよばれる（図 8.4）。これら 3 つの因子に相当する遺伝子は同定されており，すべての遺伝子を欠損すると 4 つの組織はすべて葉に変わる。

複受精，double fertilization)。これらが種子を形成する。受精後は，子房壁が膨らんで果皮が形成され，種子を包んで成長して果実になる。果実は，果皮が乾いて硬い構造をもつ乾果と液質で柔らかい液果に分類され，種子散布の様式と強く関係する。

種子の内部には，胚と胚乳が種皮に囲まれた状態で存在する。胚は発芽後に芽生えとなる幼根，胚軸，子葉と幼葉から構成される。胚乳には，発芽時に必要な養分が蓄えられる。限られた環境でしか発芽しない植物種の種子は**休眠性**をもち，発芽に適した環境になるまで数十年も待つことができる。

種子の大きさは植物種間で多様である。種子をつくるための資源が限られるため，種子サイズが小さければ数多くの種子をつけられるが，種子サイズが大きいと種子数は少なくなる。サイズの大きな種子は胚乳の体積が大きいため，発芽後に早く成長できる。このため，他個体との競争に勝って定着できる可能性が高い。しかし，重量が大きく数が少ないために，種子が分散される距離は短い。一方で，小さな種子は芽生えの成長は劣るが，数が多いために様々な場所へ散布され，よい環境で定着できる可能性がある。この散布距離と定着の安定性のトレードオフ関係は，多様なサイズの種子を進化させる要因になっている。

8.2 植物の発生と植物ホルモン

固着性である植物は，定着した場所で一生を過ごす。そこで自らの生存や光合成を維持するために，植物は自分を取り巻く環境を感知して的確に応答する。この環境応答には，植物ホルモンが大きな役割を果たす。植物ホルモンは，刺激を感知した組織でつくられ，体内の異なる組織に移動して作用する。そして代謝反応を誘導したり，分裂組織の活性を高めて植物個体の形を変える。このダイナミックな作用機作によって，組織や個体レベルで統合された応答が作り出される。植物ホルモンには，**オーキシン**，**サイトカイニン**，**ジベレリン**，**ブラシノステロイド**，**エチレン**，**アブシジン酸**，**ジャスモン酸**などが知られている。

8.2.1 植物細胞の分裂と伸長

植物の成長は，細胞分裂によって細胞の数を増やし，細胞伸長によって個々の細胞を大きくすることで起きる。栄養成長を続ける植物の根とシュートでは，それぞれの先端にある**根端分裂組織**と**シュート頂分裂組織**にある幹細胞が細胞分裂を行い，それに続いて細胞伸長が起きる。

植物細胞の細胞分裂では，動物細胞と同様に核膜が崩壊して染色体が分裂面に並んだ後，微小管によって2つの娘細胞に移動して新しい核を形成する(1.3.2 参照)。その後，隔膜形成体によって微小管を伝って細胞膜や細胞壁の材料が新たな分裂面に運ばれて，細胞壁の断片である細胞板がつくられる。分裂面の真ん中付近にできた細胞板が外側へ広がっていき，やがて親細胞の細胞膜や細胞壁と融合して2つの娘細胞に分裂する。

硬い細胞壁で覆われた植物細胞の細胞伸長は，**エクスパンシン**[4)]がセルロース微繊維間の結合を緩めることで始まる。そして，細胞の浸透圧によって細胞壁が引き伸ばされて細胞が伸長する。細胞を取り巻く表層微小管が箍(たが)のように機能するので，細胞伸長は表層微小管の配向と垂直の方向に起きる。

8.2.2 環境応答と植物ホルモンの働き

植物ホルモンの作用は1つではなく，状況によって複数の応答に関与する。それぞれの植物ホルモンについておもな作用を紹介する。

オーキシンはシュート頂や若い葉でつくられ，維管束の形成層を通って基部へと**極性輸送**される。オーキシンの流れは，腋芽の成長を抑えて，主軸の成長が優先される樹形をつくる。これを**頂芽優勢**(apical dominance)とよぶ。また，オーキシンは，屈性を引き起こす細胞伸長にも関与する。サイトカイニンは植物の主要な窒素源である土壌中の硝酸イオンが豊富なとき根で合成されて地上部に送られ，シュート頂分裂組織の活性を高める。土壌の窒素条件に対する根と葉や茎のバランスは，サイトカイニンにより調節されている。ジベレリンは細胞伸長を誘導するとともに，木部繊維の分化を誘導して茎の力学的な支持能力を高める。ジベレリン合成遺伝子が欠損したサクラは枝垂れ性を示す。ブラシノステロイドは，暗所での茎の徒長に関与する。風衝地の枝では風による力学的な刺激によってエチレンが合成され，茎の節間成長を抑制する。これによって物理的負荷のかかりにくい短い枝がつくられる。エチレンは果実の成熟促進や葉の離層形成など植物の老化現象にも関与する。土壌が乾燥すると根でアブシジン酸が合成され，木部を通して地上部に送られ，気孔閉鎖や細胞伸長の抑制などの乾燥応答が誘導される。ジャスモン酸は，被食や傷害など植物体に傷がついたときに合成され，全身的に移動して昆虫の被食や病原菌の感染を防ぐ防御タンパク質の合成を誘導する。

近年，これらのホルモンの他に，分枝構造の発生にかかわる**ストリゴラクトン**も植物ホルモンとして認められている。また，情報伝達に関与するペプチド性の物質も知られており，**ペプチドホルモン**とよばれる。昆虫の食害に対して防御タンパク質の合成を促進するシステミンや，*CLAVATA*（*CLV*）遺伝子の産物で分裂組織の維持にかかわる *CLV3* などが報告されている。

8.2.3　栄養成長から生殖成長への転換

シュート頂分裂組織は栄養成長中には葉と茎からなるシュートをつくり続けるが，環境条件が合うと，花や花序を分化する生殖成長を開始する。このタイミングは，低温（春化処理），日長，土壌の栄養条件，個体サイズなどで決まる。気象条件が年間を通して変化の少ない熱帯では，稀に起きる低温や乾燥をきっかけにして多様な植物種が一斉開花を起こす。ササのように正確な年数で隔年開花する植物もある。

花芽分化には，シロイヌナズナやハクサンハタザオを使った実験から数多くの知見がある。これらの植物は低温を感じることで冬を認識して花芽分化を行う。低温は葉における ***FLC* 遺伝子**[5] の発現量を低下させて，**FT タンパク質**[6] の発現を促す。FT タンパク質は篩管を通ってシュート頂に運ばれて，シュート頂にある FD タンパク質と結合し，シュート頂分裂組織を栄養成長から生殖成長に変換させる。

8.3　植物の代謝経路の特徴

植物に特徴的な代謝は**光合成**（photosynthesis）である。光合成が行われる葉緑体は，**シアノバクテリア**の祖先が細胞内共生したものと考えられている（9 章参照）。約 27 億年に出現したシアノバクテリアは，まわりに豊富にある水から電子を受容できる**電子伝達系**を有していたため，光合成細菌に比べて生育範囲を大きく広げられた。現在の高い大気 O_2 濃度やオゾン層の発達による陸上での生物の繁栄は，シアノバクテリアの光合成による O_2 放出のためである。

細胞のタンパク質や DNA を構成するアミノ酸や核酸は窒素に富む。動物では，食物として摂取したアミノ酸からタンパク質が合成される。植物は無機態の硝酸イオン（NO_3^-）やアンモニウムイオン（NH_4^+）から，多様なアミノ酸が作り出されている（2.3.1 参照）。

8.3.1　光合成：太陽光の捕集と電子伝達反応

光合成反応は葉緑体にある**チラコイド膜**（thylakoid membrane）と**ストロマ**（stroma）で行われる（2.1.1 参照）。チラコイド膜では，光のエネルギーが捕集され，水が酸化され，ATP と NADPH が生成する。ストロマでは，NADPH と ATP を使って CO_2 が還元され，炭水化物が生成する（図 8.5）。

チラコイド膜にある 2 つの大きな**光化学系複合体**には，光を集める**アンテナクロロフィル**[7] が含まれ

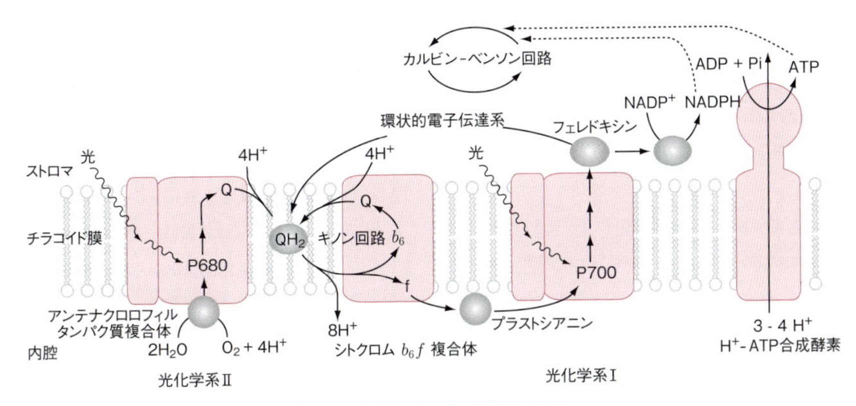

図 8.5　光合成電子伝達系の概略

るタンパク質複合体が結合している。アンテナクロロフィルは，400～700 nm の光（光合成有効放射といわれる）を吸収し，励起される。励起したアンテナクロロフィルは近傍のクロロフィルにエネルギーを渡す。このエネルギーの受け渡しが繰り返され，エネルギーは光化学系複合体の**反応中心クロロフィル**[8]に集められる。励起された反応中心クロロフィルは，電子受容体に電子を渡し，自身は酸化される。酸化された反応中心クロロフィルは，電子供与体から電子を受け取り，還元され，もとの状態に戻る。この光エネルギーが酸化還元反応に変換される過程が，光合成において最も特徴的な過程ともいえる。

チラコイド膜において，2つの光化学系複合体である**光化学系 II** と**光化学系 I** が連動して働くことにより，水の酸化によって生じた電子が $NADP^+$ を還元し，NADPH が生成する。水と $NADP^+$ の酸化還元電位を比べると，水よりも $NADP^+$ の方が酸化還元電位が低い（＝還元力が強い）。ミトコンドリア呼吸鎖電子伝達系のように，本来，電子は酸化還元電位の低い要素から高い要素に電子が流れる。光合成電子伝達系では，光化学系複合体において光エネルギーを使って，酸化還元電位を逆行されていることが重要である。そのため，光合成電子伝達系は，まわりに豊富にある水から，様々な酵素反応に利用されやすい NADPH が生成される。光化学系 II における水の酸化により O_2 が生じる。

電子伝達が起こると，プロトン（H^+）がストロマ側からチラコイド内腔に輸送され，チラコイド膜を隔てて，H^+ の化学ポテンシャル差が形成される。チラコイド膜の **H^+-ATP 合成酵素**は，この化学ポテンシャル差を利用して，ATP を生成する。光エネルギーが利用され，ATP が生成する反応であるので光リン酸化とよばれる。

8.3.2 光合成：カルビン－ベンソン回路と光呼吸

(1) カルビン－ベンソン回路とルビスコによる CO_2 固定

チラコイド膜での反応で生成した NADPH と ATP は，ストロマ内の**カルビン－ベンソン回路**で，CO_2 の固定に使われる（2.1.1 参照）。カルビン－ベンソン回路では，3分子の CO_2 から，グリセルアルデヒド 3-リン酸（GAP）が1分子生成する。GAP は葉緑体内のデンプンの生合成に使われる。また，GAP は葉緑体から細胞質に運ばれ，ショ糖合成の前駆体としても使われる。

カルビン－ベンソン回路は3つの過程に分けられる。① リブロース 1,5-ビスリン酸カルボキシラーゼ／オキシゲナーゼ（**ルビスコ**，Rubisco）による CO_2 固定反応，② ルビスコによって生成された 3-ホスホグリセリン酸（3-PGA）が GAP に還元される過程，③ GAP がルビスコの基質であるリブロース 1,5-ビスリン酸（RuBP）に再生される過程である。電子伝達反応でつくられた ATP は②と③の過程で，NADPH は②の過程で使われる。

カルビン－ベンソン回路の反応を律速する酵素の1つがルビスコであり，CO_2 と RuBP から2分子の 3-PGA を生成する。ルビスコにとって，基質である CO_2 の濃度が現在の大気では非常に低く（400 ppm ＝ 0.04％），また，ルビスコの CO_2 を触媒する反応（カルボキシラーゼ反応）速度は非常に遅い。そのため，多くの植物の葉では高い光合成速度を維持するため，多量のルビスコを葉に含み，葉のタンパク質の3割ほどがルビスコである。また，葉にはルビスコ以外の光合成関連のタンパク質も多く含まれる。土壌窒素量が少ない環境では，光合成関連のタンパク質の量が少なくなり，光合成速度が低下する。

(2) 光呼吸経路

CO_2 を固定するルビスコは O_2 とも反応し，3-PGA と 2-ホスホグリコール酸（2-PG）を1分子ずつ生成する（オキシゲナーゼ反応）。現在の大気では O_2 濃度が高く，CO_2 濃度が低いため，ある一定の割合でオキシゲナーゼ反応は起きる。植物が乾燥し，気孔が閉じると，葉緑体内の CO_2 濃度はさらに低下し，オキシゲナーゼ反応がより起こりやすい。生じた 2-PG はカルビン－ベンソン回路の阻害剤なので，速やかに 3-PGA に変換される。

この変換経路は葉緑体の他にペルオキシソームやミトコンドリア内の酵素も経由する。葉に光が当たるときに O_2 を消費し，CO_2 を発生する反応なので，**光呼吸経路**とよばれる。この経路では，電子伝達反応でつくられた ATP と NADPH が消費され，ミトコンドリアでは NH_4^+ が生成する。NH_4^+ は葉緑体内の窒素同化酵素によって再固定される。

(3) C4 植物と CAM 植物

C3 植物[9]では，最初にルビスコが CO_2 を固定し，炭素を3つ含む 3-PGA が生じる。**C4 植物**[10]は，CO_2 濃縮装置といえる C4 経路が発達している。C4植物は，大気CO_2濃度が低下した時代に様々な植物系統群から進化してきた。C4経路では，葉肉細胞でルビスコよりもCO_2の親和性の高いPEPカルボキシラーゼ（PEPC）が最初にCO_2を固定し，炭素を4つ含むC4化合物が生じる。C4化合物は，ルビスコを含む別の細胞（維管束鞘細胞）に運ばれ，ルビスコ近傍で脱炭酸酵素によりCO_2が生成される。このCO_2はルビスコによって最終的に固定される。葉内が**クランツ構造**とよばれる構造に特殊化されているC4植物種も多い。この構造では，葉肉細胞が維管束鞘細胞を取り囲み，ルビスコ近傍で高いCO_2濃度が維持される。

C4植物の葉ではルビスコ近傍のCO_2濃度が高いため，気孔が閉じ気味になっても，光合成速度が高い。そのためC4植物は，多くのC3植物よりも乾燥した地域に出現し，乾燥した環境でも高い光合成生産を実現できる。森林が成立しないバイオームのサバンナでは，C4草本が優占する草原が広がる。この地域の多数の大型草食哺乳類は，高い光合成生産を示すC4植物に支えられている。

より乾燥した環境では，昼間に気孔を閉じ，温度が下がり乾燥しにくい夜間に気孔を開く**CAM型光合成**[11]をする植物がみられる。CAM型光合成でも，最初にCO_2を固定する酵素はPEPCである。夜間，PEPCによって生成したC4化合物はリンゴ酸に変換され，液胞内に蓄積される。昼間，CAM植物の葉に光が当たると気孔は閉じる。液胞に蓄積していたリンゴ酸は細胞質に輸送され，脱炭酸酵素によりCO_2が生成する。生成したCO_2は，ルビスコによって最終的に固定される。CO_2に対する親和性はルビスコよりもPEPCの方が高いので，CAM型光合成には，脱炭酸酵素により生成したCO_2がPEPCに再固定されることを防ぐ仕組みがある。昼間のPEPCは脱リン酸化され，蓄積したリンゴ酸により活性が阻害される。夜間のPEPCはリン酸化され，リンゴ酸に阻害されない高い活性を示す。

8.3.3　土壌の窒素形態とNO_3^-の吸収

土壌には，動物遺体や枯葉・枯枝（リター）に含まれるタンパク質，分解したペプチドやアミノ酸などの**有機態窒素**と，それらが無機化された**無機態窒素**のNH_4^+とNO_3^-が存在する。NH_4^+は硝化細菌により酸化されてNO_3^-が生成する。O_2濃度が低い土壌では，NO_3^-は**脱窒**により還元され，N_2OやN_2が大気に放出される場合もある。熱帯では温度が高いため，無機化速度も脱窒速度も速く，無機態窒素の少ない貧栄養の土壌環境が多い。

植物の根では，NH_4^+やNO_3^-だけでなく，アミノ酸も細胞内に吸収される。土壌にNH_4^+が高濃度存在する環境で，吸収されたNH_4^+が細胞内に蓄積し，成長阻害などのNH_4^+毒性がみられる植物種も多い。NO_3^-は硝酸イオンの輸送体（nitrate transporter: NRT）によって細胞内に輸送される。NRTは2分子のH^+と1分子のNO_3^-を共輸送する。細胞外にあるH^+は，細胞膜型H^+-ATPaseによって，1分子のATPが加水分解されて，細胞外に運ばれる。つまり，1分子のNO_3^-を細胞に取り入れるのに，2分子のATPが消費される。根においてNO_3^-を取り入れるためのATPが，根の呼吸系から得られるATPの3割を超える場合もある。

8.3.4　窒素同化

吸収されたNO_3^-は，**硝酸還元酵素と亜硝酸還元酵素**によって，亜硝酸イオン（NO_2^-）を経て，NH_4^+に還元される（図8.6）。葉では，亜硝酸還元酵素は葉緑体に存在し，光合成電子伝達系から生じる還元型**フェレドキシン**[12]から電子を受け取り，NO_2^-を還元する。葉緑体内の亜硝酸還元酵素は，光が当たる葉で高い活性を示す。NO_2^-は毒性を示すため，NO_2^-を生成する硝酸還元酵素の遺伝子発現やタンパク質活性は光による厳密な制御がなされ，細胞内のNO_2^-濃度は低く保たれている。

葉緑体内の亜硝酸還元酵素によって生じたNH_4^+は，**グルタミン合成酵素**（GS）と**グルタミン酸合成酵素**（GOGAT）によって，有機酸のα-ケトグルタル酸に転移され，グルタミン酸のアミノ基に変換される。葉緑体内のGSとGOGATは，新規のグルタミン酸合成にも働くが，光呼吸経路で生じるNH_4^+の回収にも働く。光合成の高い葉では，後者の反応が顕著になる。O_2濃度が低く，**硝化作用**が低い冠水土壌や湿地の土壌では，NO_3^-よりもNH_4^+濃度が高い。水面下の水稲の根では，表皮や外皮，柔組織にGSやGOGATが発現し，吸収されたNH_4^+が速やかにアミノ酸に変換され，他の器官に運ばれている。

GSとGOGATによりグルタミン酸に固定されたアミノ基は，アミノ転移酵素により，他の有機酸に

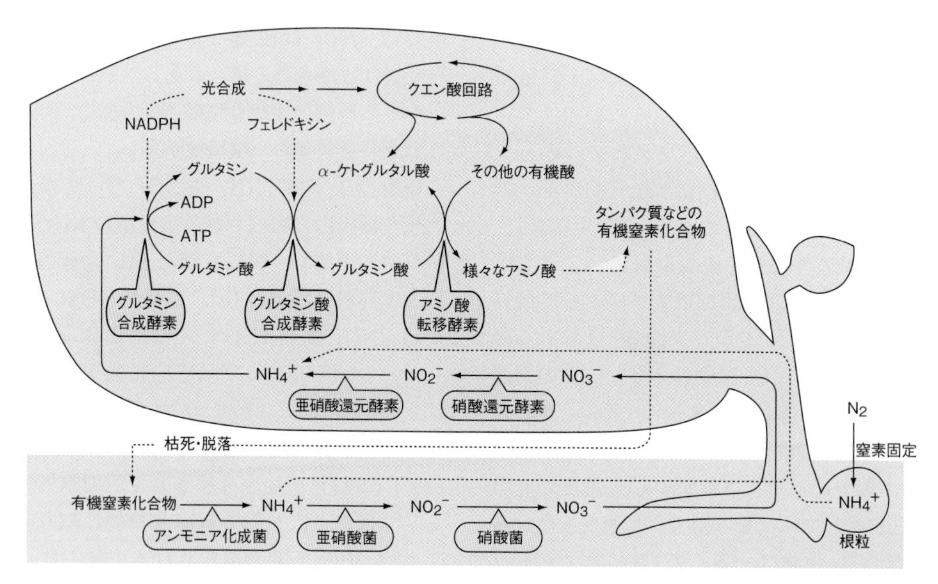

図 8.6　窒素同化の概略

転移され，多様なアミノ酸が合成される（2.3.1 参照）。アミノ酸は二次代謝産物の前駆体になる。例えば，芳香族アミノ酸のフェニルアラニンが前駆体となって，細胞壁に蓄積するリグニンや，花弁に蓄積するアントシアニジンなどのフラボノイドが合成される。

8.3.5　窒素の再利用と窒素固定

野外では土壌窒素濃度が低い環境が多いため，多くの植物種は有機態窒素を回収して再利用する性質をもつ。上部の若い葉の陰になった下部の古い葉では，タンパク質がアミノ酸に分解され，若い器官に転流される。イネの古い葉では，維管束柔組織に GS が発現し，転流されやすいグルタミンの合成に働く。花や果実などの繁殖器官のタンパク質も，古い葉のタンパク質がアミノ酸に分解されて再利用される。

窒素を含むクロロフィルは，多くの植物種の古い葉では分解され，枯葉内にはほとんど含まれない。しかし，ハンノキ属のミヤマハンノキなどでは，葉を緑色のまま落とす。その理由は，これらの樹木の根が**窒素固定**できる放線菌と共生し，根粒が形成されるためである。**根粒**は，**窒素固定細菌**（nitrogen fixation bacteria）とマメ科植物との共生がよく知られる。窒素固定細菌は，ニトロゲナーゼを使って，窒素分子（N_2）から NH_4^+ を合成し，共生している植物に渡している。植物は窒素固定細菌にすみかと基質の有機酸を与えている。根粒を形成する植物は低い窒素濃度の土壌でも生育でき，マメ科植物では体内の窒素の 8 割が窒素固定由来の窒素になることもある。ニトロゲナーゼは O_2 に弱い酵素であり，根粒内では O_2 濃度が低く維持される。また，1 分子の NH_4^+ をつくるのに 8 分子の ATP が必要であるため，窒素固定のためのエネルギーコストは大きい。そのため，根粒を形成している植物は，窒素肥料が与えられ，体内の窒素濃度が上がると，共生関係をやめてしまう。

8.4　植物の環境応答機構

生物が生育している環境によく適合し，次世代に遺伝される形態や機能をもつことを**適応**（adaptation）という。環境は一定ではなく，刻々と変化する。生物個体は，まわりの環境変化に適合した性質を示すように，遺伝子発現パターンなどを変える。この変化は**順化**（acclimation）とよばれ，適応とは区別される。陸上選手が高地トレーニングで心肺機能を高めるのは，順化のよい例である。

8.4.1　光環境への応答機構

固着性の陸上植物は，生育環境に順化する能力が高い。温度や水，栄養塩濃度などの様々な環境要因の中でも光の強さは変動する幅が大きい。光の強さに応じて，植物は葉の形態や生理的な性質を順化させる。強光で発達した葉は厚く，葉面積あたりに数多くの葉緑体をもち，光合成速度の高い**陽葉**になる。弱光で発達した葉は広く薄い光補償点が低い**陰葉**になる。陽葉は光合成タンパク質を多くもつため，葉面積あたりの窒素量は陰葉よりも多い。

森林の樹木の下の林床は光強度が弱い。しかし，葉や枝の隙間から木漏れ日が差し込み，林床の陰葉には，強い直達光が当たる場合がある。陽葉でも，夏の昼間の非常に強い光は，カルビン－ベンソン回路で CO_2 固定に必要とされる以上の過剰な光が当たる。植物は過剰な光に対して，受光量を下げる仕組みや光エネルギーを熱に変換する仕組みを備えている。葉の角度や葉緑体の位置の変化は受光量を調節する仕組みである。光が強いとき葉緑体は光の向きと平行に定位し，光が弱いとき細胞の上部に定位する。これを**葉緑体光定位運動**（chloroplast photo-relocation movement）とよぶ。

葉に強すぎる光が当たるとき，過剰な光をクロロフィルが吸収してしまう。アンテナクロロフィルタンパク質複合体には，カロテノイドの一種の**キサントフィル**が含まれる。キサントフィルは，光エネルギーで励起したクロロフィルからエネルギーを受け取り，熱に変換する。強光が当たる陽葉には，陰葉よりも多くの量のキサントフィルが含まれる。強光下では，電子伝達反応で生成されるATPやNADPHの量が，カルビン－ベンソン回路の CO_2 固定で消費される量を上回る場合もある。このような時，電子伝達系内の電子の一部が O_2 に渡され，活性酸素の**スーパーオキシド**[13)]が生じる。葉緑体には，スーパーオキシドを過酸化水素に変換し，さらに水に変換する酵素群が含まれる。これらは葉緑体の**活性酸素消去系**とよばれ，ビタミンCとして知られるアスコルビン酸も利用されている。ホウレンソウなどの緑葉に多くのアスコルビン酸が含まれているのは，強光への対抗策の結果である。

8.4.2 水ストレス環境への応答機構

植物は，乾いた空気に囲まれて絶えず体内から水を失う環境に生育している。また，土壌からの水の吸収も降雨という不確実性の高いイベントに依存している。このため，平均降水量が高い日本のような地域でも，植物は常に水ストレスと背中合わせの状態で生育している。

植物が受ける水ストレスにはいくつかの段階がある。日中に気温が高く湿度が低い状態で気孔を開くと，蒸散が活発に起きて体内から水分が失われる。植物体の水分含量が大きく下がると，さらなる水分の損失を防ぐために気孔を閉鎖させる。土壌に水が十分にあれば，気温が下がり湿度の上がる夜間に根から水を吸収して，植物の水ストレス状態は解消される。こうした日中に水分を失い夜間に回復するサイクルは，正常な成長をする植物にもみられる。

降雨と降雨の間隔が長くなり，土壌の水分含量が下がり始めると，夜間に水を吸収しても植物体の水分含量は完全には回復しない。このとき，根ではアブシジン酸がつくられ，道管の蒸散流を通して地上部に送られる。気孔は閉じ気味になり，細胞ではショ糖やアミノ酸，トレハロースやグリシンベタインなどの**適合溶質**が生成されて，細胞質の水分含量の低下に備える。根では**アクアポリン**[14)]の発現量が減少して細胞膜の透過性が低下し，植物体内から土壌への水の逆流を防ぐ。土壌の乾燥がさらに進むと，落葉したり，地上部を枯死させて蒸散面積を減らし，環境が改善するまで休眠状態をとる。

砂漠気候などの降水量が極端に少ない地域では，強い水ストレスに適応した植物が分布する。サボテン科の植物は乾燥に対して高い抵抗性をもつ。こうした植物は，CAM型光合成に加えて，葉を針状にして蒸散面積を減らし，表皮を厚い**クチクラ**で覆うことで，体内からの水の損失を抑える。茎は多肉化して少ない降雨を貯水して有効に使う。対照的に砂漠に生える一年生草本は，降雨のあるわずかな期間に発芽から結実までを終え，その後に起きる強い乾燥の期間は種子の形で回避する。

■ 演習問題

8.1 陽葉では陰葉に比べて柵状組織が厚く，光吸収率が高い。なぜ，陽葉の海綿状組織は厚くならないのか説明せよ。

8.2 草本植物では，木本植物のように二次組織の茎が発達せずに，一次組織の茎しかないのはなぜか説明せよ。

8.3 土壌中の NO_3^- 濃度によって根とシュートのバランスが変わる。このバランスの変化を植物ホルモンの作用から説明せよ。

8.4 多くの草本植物は個体サイズが大きくなった後で，栄養成長から生殖成長に切り替わる。しかし，河川の水際に生育する草本植物には，個体サイズが小さくても生殖成長に切り替わり，長期間にわたり生殖成長を行う植物種もみられる。このような植物種にはどのような利点があるか述べよ。

8.5 光合成電子伝達系には，図8.5のように，フェレドキシンからプラストキノンプールへの環状的電子伝達系がみられる。この電子伝達系が働くとどのような利点があると考えられるか述べよ。

8.6 葉の細胞内では葉緑体の側にミトコンドリアやペルオキシソームがよく観察される。どのような意味があるか述べよ。

■ 注釈

1) アルカロイド：窒素を含み塩基性を示す二次代謝物質の総称で，強い毒性を示すものが多い。植物は防御物質として利用している。

2) マスフロー：溶媒の流れを介して溶質が運ばれること。植物ではおもに蒸散によって生じる水の流れによって無機塩などの物質が土壌中や植物体内を移動することを意味する。溶質となる物質は濃度差を原動力とする拡散によっても移動するが，マスフローに比べると移動速度は極めて小さい。

3) リグニン：芳香族化合物であるモノリグノールが3次元的に重合してできた高分子。細胞壁におけるセルロース微繊維の隙間を埋めるように沈着し，疎水性や力学的強度を高める。木部や支持組織の細胞の他に，傷害を受けた細胞でも合成される。系統学的にも重要で，リグニンが沈着した仮道管を獲得した植物が維管束植物へと進化した。

4) エクスパンシン：植物の細胞壁の伸展を可能にする分子量22,000～27,000のタンパク質の総称。細胞壁では，複数のセルロース微繊維をキシログルカンが水素結合によって繋ぎ止めることによって堅固な構造体を形成している。エクスパンシンは，両者の間の水素結合を外すことによって細胞壁を伸びやすくすると考えられているが，その詳細はわかっていない。

5) *FLC* 遺伝子：*FLC*（Flowering Locus C）遺伝子は，MADSドメインをもつ転写抑制因子をコードしており，花芽形成を制御する *FT*（Flowering Locus T）遺伝子の転写を抑制する。低温条件では，*FLC* 遺伝子の転写が抑制されてFTタンパク質が発現し，花芽形成が誘導される。このことから，越年草などが冬の到来を認識する，いわゆる「春化処理」で中心的な役割を担っているとされる。

6) FTタンパク質：FT（Flowering Locus T）タンパク質は花芽形成を直接的に制御している。FTタンパク質は葉で発現したのち篩部輸送によってシュート頂へ送られ，ここでFD（flowering Locus D）タンパク質と結合する。そして，シュート頂分裂組織が葉や茎ではなく花芽を発生させるようにする。FTタンパク質を過剰発現することで1年たらずで花をつけるリンゴなどが開発されており，育種への応用が期待されている。

7) アンテナクロロフィル：アンテナクロロフィルタンパク質複合体に含まれ，光を吸収し，励起され，近傍のクロロフィルにエネルギーを渡す働きがある。

8) 反応中心クロロフィル：光化学系複合体に含まれ，励起されると電子受容体に電子を渡すことで，光エネルギーを酸化還元反応に変換する働きがある。

9) C3植物：カルビン－ベンソン回路だけで炭素同化を行う植物。最初の光合成固定産物が三炭素化合物であることから，このようによばれる。イネ，ムギ，ダイズなど主要な作物が含まれる。

10) C4植物：PEPCによりCO_2が固定されてからカルビン－ベンソン回路により炭素同化をする植物。最初の光合成固定産物が四炭素化合物であることから，このようによばれる。サトウキビ，トウモロコシなどが含まれる。

11) CAM型光合成：夜間に蓄えた有機酸を昼間脱炭酸することで，カルビン－ベンソン回路により炭素同化をする光合成。CAM型光合成をする植物にパイナップルやアロエなどが含まれる。

12) フェレドキシン：鉄硫黄タンパク質の1つであり，電子伝達体として機能する。光合成電子伝達系だけではなく，窒素同化における電子供与体としても機能する。

13) スーパーオキシド：O_2の1電子還元で生成し，葉緑体では光化学系Iの還元側で生じる。

14) アクアポリン：水分子を通す膜内在タンパク質。アクアポリンの水分子の輸送速度は数ある輸送体の中でも最速といわれ，アクアポリンが存在することで細胞膜の水透過性が100倍以上も増加する。根では葉での蒸散が活発になるとアクアポリンの活性が高まる。また，乾燥条件では活性が低下することが知られている。葉肉細胞ではCO_2を通すアクアポリンの存在も示唆されている。

9 進化と多様性

9.1 生物の多様性と系統樹

地球上には数千万といわれる数の生物種が生息している。遺伝物質としてDNAを使っており，遺伝の仕組みや遺伝情報が読み取られて，生命活動が行われる仕組みは，どの生物も基本的に共通であり，地球上のあらゆる生物は，太古に地球に存在した共通祖先から進化してきたと考えられている。生物の系統関係は，時間の経過とともに成長する系統樹で表すことができる。かつては，生物がもつ様々な特徴（表現型）をもとに系統樹がつくられたが，現在ではDNAやタンパク質の配列の情報をもとに系統樹がつくられるようになり，表現型ではわからなかった**原核生物**や単細胞真核生物の系統関係を詳しく調べることが可能になった（分子系統解析）。

図9.1は，分子データに基づいて地球上のすべての生物の系統関係を示した系統樹である。この系統樹では，これまでに記載された**真核生物**はすべて1本の枝の中に含められている。これに対し，従来は細菌（バクテリア）類としてひとくくりに扱われてきた原核生物は，まったく異なる2つのグループ，**古細菌**（**アーキア**，archaea）と**細菌**（**真正細菌**[1]，bacteria）に分けられる。細菌の中でも，これまでグラム陰性細菌として分類されていたものが，異なる系統の寄せ集めであることがわかってきた。古細菌と細菌の違いは，真核生物と細菌の違いと同じくらい大きいことから，現在では，生物界全体を**古細菌ドメイン**，**細菌ドメイン**，**真核生物ドメイン**という3つのドメインに分けて考えられている[2]。

一方，真核生物の見方も分子系統解析によって大きく変わってきた。かつては，真核生物は動物界，

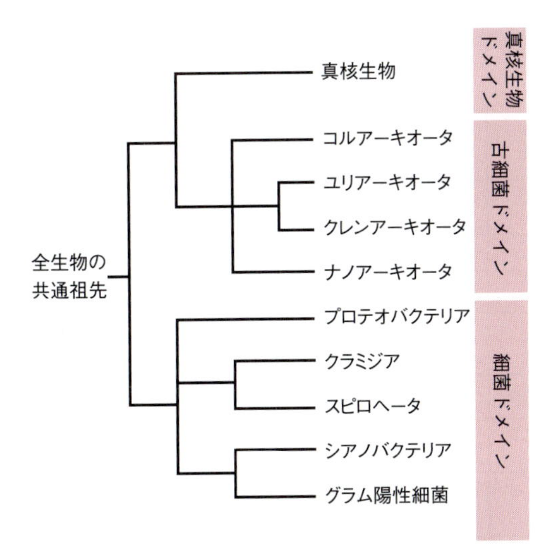

図9.1　地球上のすべての生物の単純化した系統樹
（Reece, J. B. *et al.* 2013より改変）

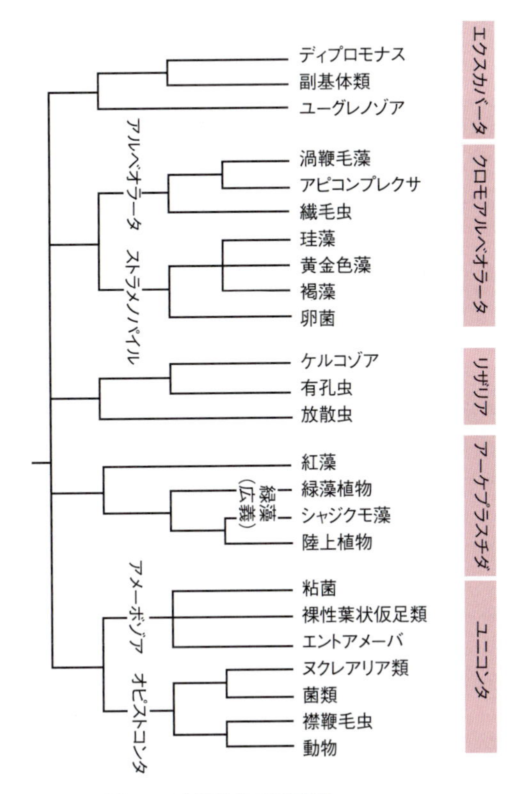

図9.2　真核生物の系統樹
（Reece, J. B. *et al.* 2013より改変）

植物界，菌界[3)]，原生生物界という4つの界に分けられていたが，原生生物界とされたおもに単細胞の真核生物には，非常に多様な異なる系統の生物が含まれることがわかった。現在，真核生物は7つの大きなグループに分けられており，**動物**と**菌類**は同じグループ，**植物**は別のグループとされる（図9.2）。

ゲノムDNA配列を解析してわかってきたもう1つの重要な発見は，種間を遺伝子が移動する，**遺伝子水平伝播**（horizontal gene transfer）という現象である[4)]。こうした現象は，動物の進化にも重要な役割を果たしてきた[5)]。

以下，本章では，地球上の生命がいつどのようにして生まれ，多様な生物が現れたのか，地球環境とのかかわり，ヒトの誕生と進化を含めて解説し，生命の多様性と歴史性を明らかにする。また，進化の仕組みについても解説する。

9.2 生命の起源

地球が生まれたのは，約46億年前の出来事である。太陽から放出される高エネルギーの粒子が降り注ぎ，太陽系の形成から取り残された岩や氷の巨大な塊が衝突していた。このため，当時の地球は高温で水は蒸発して海は存在せず，生命が誕生し，生き残ることは不可能な環境であった。数億年の間は，このような環境が続いた（図9.3）。

原始地球が冷却されるにつれて，大気中の水蒸気が凝縮して，海洋を形成した。1920年代にロシアの**オパーリン**（Oparin, A. I., 1894-1980）とイギリスの**ホールデン**（Haldane, J. B. S., 1892-1964）は，初期の大気にはメタンやアンモニアなどの還元的[6)]な分子が多く含まれ，雷や紫外線のエネルギーによってこれらの単純な分子から有機化合物がつくられた，という仮説を提唱した。1953年に，シカゴ大学の**ミラー**（Millar, S., 1930-2007）は実験的に原始地球の環境を模倣すると，アミノ酸などの有機化合物が作り出されることを確かめた。原始地球において，火山や深海の熱水噴出孔の近くは，特に還元的で，多くのアミノ酸が形成される環境だったらしい。このような場所で最初の有機化合物がつくられたとされる。また，隕石によっても，原始地球に有機化合物がもたらされた可能性がある。

生命誕生のための次のステップは，低分子有機化合物からのタンパク質や核酸などの形成である。タ

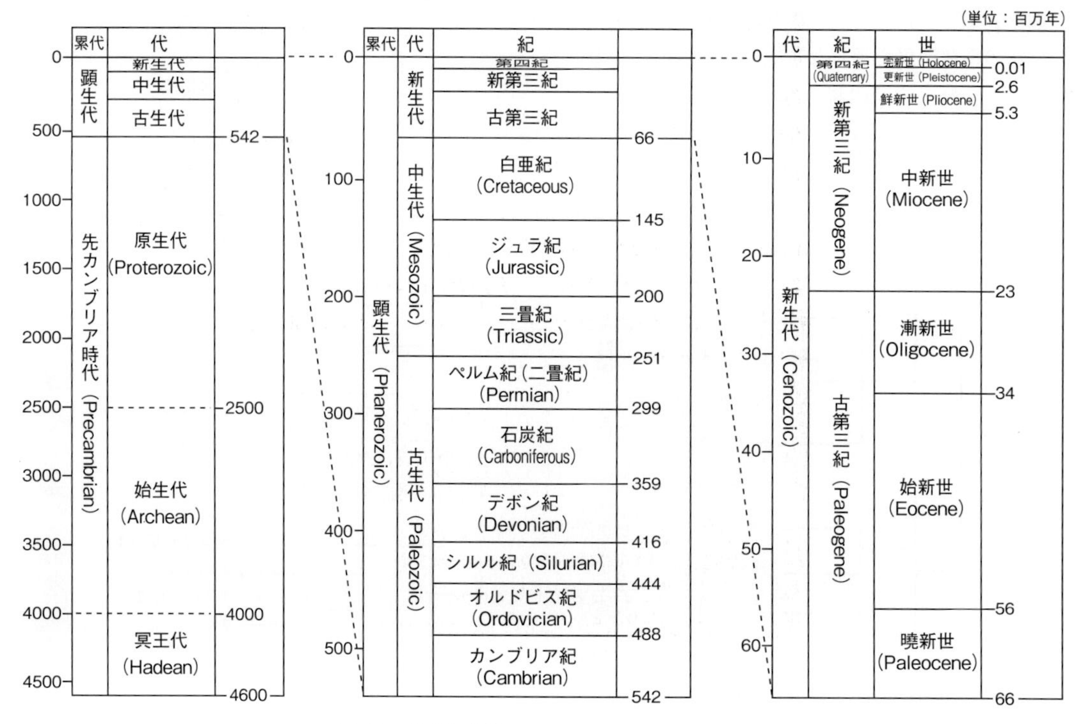

図9.3　地質年代表

（『理科年表 第89冊』地第22図より改変）

ンパク質や核酸は，細胞の中では酵素によって合成されるが，生命が出現する以前は，ある種の粘土や鉱物にみられる触媒作用がこうした反応にかかわった可能性がある。RNA自体，酵素のような触媒作用をもつことがあり，**リボザイム**（ribozyme）とよばれる。リボザイムのあるものは自己複製することがあり，こうしたRNAは，時折，複製のエラーにより，より優れた性質を獲得し，より多くの子孫分子を残す。DNA/RNA/タンパク質からなる現在の遺伝と代謝のシステムができる以前に，自己複製するRNAが遺伝情報を運び，同時に酵素の役割を果たしていたとする説があり，**RNAワールド**と名づけられている。

生命誕生のためのもう1つの重要なステップは，周囲とは異なる内部化学環境をつくる膜の出現である。粘土などの働きで形成された小胞が，自己複製能力をもつRNAとその材料となる有機化合物を取り込んで原始細胞が生まれたのかもしれない。

以上に述べた最初の生命誕生のシナリオは断片的な証拠に基づく推論であり，様々な異論もある。今後，実験室での検証や新たな証拠の発見によって，次第に理解が深まるであろう。

9.3　細胞の進化

最初に現れた生物は，細胞内に核をもたない単細胞の原核生物であった。2016年に，グリーンランドの地層から，37億年前の**ストロマトライト**（stromatolite）が発見され，これが最も古い生物の痕跡である[7]。

原始地球の大気や海水中には，酸素分子はほとんど含まれていなかったが，**シアノバクテリア**（藍藻）に似た原核生物が出現し，光合成によって水を分解して酸素を放出するようになった[8]。大気中の酸素濃度の増加は約27億年前に始まり，約23億年前になると急速に上昇を始めた。現在の多くの生物は呼吸のために酸素を必要とするが，強力な酸化剤である酸素は，生物にとって危険な物質でもあり，酸素濃度の上昇によって，嫌気的な環境で生きてきた原始地球の生物の多くが絶滅した。こうした環境変化の中で，酸素を利用して生体分子に蓄えられたエネルギーを取り出す好気呼吸の仕組みを備えた原核生物が現れた。

核をもつ真核生物とされる最古の化石は21億年前のものであり，真核生物の誕生は，これ以前に遡ると考えられる。真核生物の細胞（真核細胞）は**細胞小器官**を備えている（1.2節参照）。細胞小器官のうち，核膜，小胞体，ゴルジ体などは真核生物の祖先となった原核生物の細胞膜が細胞内に取り込まれて形成された。こうして生じた比較的大きな細胞に2種類の小さい原核生物が共生して，それぞれ**ミトコンドリア**と**色素体**[9]になった。ミトコンドリアの祖先は酸素呼吸を行う好気性の従属栄養原核生物であり，色素体の祖先はシアノバクテリアに近い光合成を行う原核生物であったと考えられている。このような**細胞内共生**（endosymbiosis）起源の証拠として，ミトコンドリアと色素体は，細菌と同じような環状のDNAと，転写，翻訳のための独自の分子装置をもち，これらを構成するRNAやタンパク質が原核生物のものに似ていることがあげられる。最初にミトコンドリアをもつ真核生物が誕生し，その中のあるものが色素体を獲得して現在の紅藻，緑藻および植物の祖先となった。色素体をもった真核生物が誕生したことで，前述のように大気中の酸素濃度は急速に上昇した。

9.4　真核生物の多様化と多細胞生物の出現

多細胞生物の最古の化石は，約12億年前の微小な藻類の化石であるが，より大きな多細胞生物が5億7500万年前から5億3500万年前にかけて知られる（**エディアカラ生物群**）。この生物群には大きさが1mを超えるものもあり，薄く柔らかい体をもつが，現在の生物との類縁性は不明である。それ以前に大きな生物が現れなかった理由として，5億8000万年前までの1億年以上にわたって地球全体が氷で覆われていたという，**スノーボール・アース仮説**が提唱された。

地球が温暖化した5億4000万年前になると，現在みられる多細胞動物と同じ門の動物たちが，1000万年ほどの比較的短い期間に一斉に現れた。この時期以降を古生代とよび，それ以前を原生代とよんでいる。この爆発的な多細胞動物の出現を，古生代のはじまりであるカンブリア紀に因んで**カンブリア大爆発**（Cambrian explosion）とよんでいる。この時期には体の大きな捕食者が現れ，それに対抗して被食者の動物も丈夫な外骨格や棘を発達させた。アノマロカリス，オパビニア，ハルキゲニアなどは，その奇怪な姿で特に有名である。動物が眼や活発な運動能力を獲得したのもこの頃である。例えば，カンブリア紀に現れた古生代の代表的な海の生物である三葉虫は，発達した複眼をもっていた。**脊椎動物**の祖先もこの時期に現れた[10]。

9.5 植物と動物の陸上への進出

10億年前までにはシアノバクテリアが湿った地表を覆っていたことがわかっているが，植物や動物が上陸したのはずっと後のことである。最初の陸上植物の証拠は4億7500万年前の花粉の化石であり，約4億2000万年前（シルル紀後期）の地層からは，**維管束植物**[11]と陸生の節足動物の化石が見つかっている[12]。

デボン紀になると陸上植物は大型化して森林を形成するようになり，私たちの祖先である2対の肢をもった陸上脊椎動物（**四肢類**）が現れ，昆虫は翅をもち飛翔能力を獲得して空中も利用するようになった。以後，陸上植物と動物は互いに影響を与えながら進化し，現在の地球環境がつくられていった。デボン紀から現在に至る動物と植物の進化史については後で詳しく述べる（9.7節，9.8節）。

9.6 大陸移動と大量絶滅

地球表面のプレートの動きとともに大陸はゆっくりと移動している。古生代の終わりに，すべての大陸が1つになって**超大陸**（**パンゲア**，Pangaea）が形成され，沿岸の浅い海域の消失，気候の大きな変化がもたらされた。中生代の中頃から後半には，ふたたび大陸が分離して地域が分断された。これに伴う環境や気候の大きな変動は，多くの種の絶滅と新しい環境への適応による新たな種の誕生をもたらした。

大陸移動に加え，様々な要因による地球環境の変化が生物種の絶滅を引き起こした。大規模な絶滅が過去5億年の間に5回起きたことが知られており，特に，ペルム紀（二畳紀）の終わり（2億5100万年前）と白亜紀の終わり（6600万年前）には，海洋では生物種の半数以上，陸上でも多くの種が絶滅した[13]。大量絶滅によって，一時的に地球上の生物多様性が失われたが，その後の新しい生物群の出現と繁栄に繋がった[14]。

9.7 植物の系統と進化

9.7.1 植物の起源

10億年以上前に，単細胞真核生物にシアノバクテリアが共生し，紅藻（紅色植物）と緑藻（緑藻植物）が進化した。陸上植物は4億7500万年前までに緑藻に近縁なシャジクモ藻類の祖先から進化した。緑藻類，シャジクモ藻類，陸上植物を合わせて，緑色植物とよぶ（図9.4）。シャジクモ藻類の多くは，池や湖の浅い水中に生息し，接合子が一時的に空気にさらされても生存できる。このような性質が，陸上植物の祖先が陸上に進出することを可能にしたと考えられている。

9.7.2 陸上植物の多様性と系統

最初に上陸した植物は，現在のコケ植物に似た植物であったと考えられている。陸上植物[15]の生活環が単相（n）の**配偶体**（gametophyte）と複相（2n）の**胞子体**（sporophyte）という2つの世代の交代（**世代交代**）で成り立っているのに対し，シャジクモ藻類にはこのような世代交代がない。胞子体は減数分裂により単相の胞子をつくる[16]。胞子は細胞分裂によって多細胞の配偶体をつくり，この中に生じる単相の**配偶子**は他の個体の配偶子と接合（受精）し，複相の**接合子**となって，配偶体の中で多細胞の胚を形成する。コケ植物の主要な植物体は配偶体（n）であるのに対し，種子植物は胞子体（2n）である。

9.7.3 コケ植物

コケ植物（bryophyte）は，単系統群[17]ではなく，維管束をもたない陸上植物の総称であり，一般に背

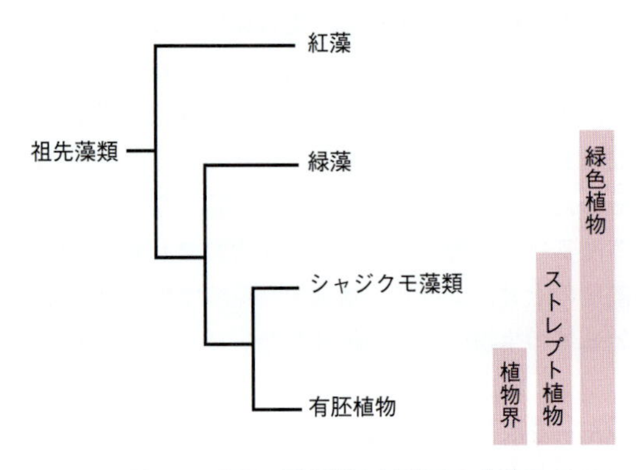

図9.4 藻類の系統樹と植物界の定義
（Reece, J. B. *et al.* 2013より改変）

が低い[18]。コケ植物の主要な植物体は単相の配偶体で，成熟すると造卵器と造精器がつくられる。造卵器には卵が1個つくられ，造精器には多数の精子がつくられる。通常，コケ植物の精子は水の薄い層を泳いで造卵器に到達するため，受精のためには水が必要である。このため，コケ植物は湿った環境によくみられる。受精によりできた2nの接合子は胞子体の胚に発生する。コケ植物の胞子体は単独で生きることができず，親の配偶体に付着したままとどまる。

9.7.4 ヒカゲノカズラ植物とシダ植物

最古の**維管束植物**（vascular plant）として約4億2500万年前のシルル紀の化石が知られている。維管束植物は，木部と篩部からなる維管束をもち，根と葉を進化させた。最初に現れた維管束植物は，**胞子**で増殖する**非種子維管束植物**であった。現生の非種子維管束植物は，**ヒカゲノカズラ植物門**と**シダ植物門**に分類されている。

石炭紀には巨大な木生のヒカゲノカズラ植物が森林を形成したが，石炭紀の終わりに寒冷で乾燥した気候になると絶滅し，小型のヒカゲノカズラ植物だけが生き残った[19]。シダ植物門には，**シダ類**，**トクサ類**，**マツバラン類**が含まれる。3つのグループは形態が大きく異なるが，分子系統解析で単系統群であることが示されている。シダ類やトクサ類[20]は石炭紀に繁栄したグループの生き残りであり，ヒカゲノカズラ植物と同様，石炭紀には木生種も多く存在した。シダ類は現在も繁栄し，1万種以上が知られている。

維管束植物の木部には根から水や無機塩類を運ぶ仮道管があり，その丈夫な細胞壁は木化した木部組織を形成する。このため，維管束植物は，コケ植物よりも背が高くなることが可能であり，日光の獲得，胞子の分散などの点で有利となった。石炭紀にヒカゲノカズラ植物やシダ植物の森林が形成されるのに伴って，大気から二酸化炭素が急速に除去されたため，地球は寒冷化して大規模な氷河が形成された。石炭紀の非種子維管束植物の森林は，長い年月をかけて大量の**石炭**を形成した[21]。

9.7.5 種子植物

種子植物（spermatophyte）で胞子に相当するのは花粉四分子と胚嚢細胞であり，成熟した花粉と胚嚢が配偶体に相当する。花粉の中の精細胞（精子）と胚珠の中の卵が受精して胚になり，胚珠全体が発達して種子になる。花粉は分解されにくい物質でできた花粉壁で覆われ，乾燥に強く，風や動物によって遠くに運ばれることが可能になり，水がなくても受精できるようになった。種子は丈夫な種皮をもち，発芽に適さない環境を長期間生き延び，好適な環境が得られると内部に貯蔵した栄養を使って発芽・成長することができる。花粉と種子を獲得したことが，種子植物が地球上で繁栄することに繋がった。

最初に現れた種子植物は，受精後に種子になる胚珠がむき出しの**裸子植物**（gymnosperm）であり，石炭紀に現れ，中生代になると多様化して生態系において主要な地位を占めるようになった。ソテツとイチョウは中生代に繁栄した裸子植物の生き残りで，生きた化石といわれている[22]。針葉樹の仲間は，球果植物ともよばれ，多くは常緑樹で，寒冷な地域で広大な森林を形成している。

子房に包まれた胚珠をもつ**被子植物**（angiosperm）は，現在の地球上で最も繁栄している植物で，陸上の様々な環境に適応し，全植物種の約90%（25万種以上）を占める。多くの被子植物の特徴は，美しい花を咲かせ果実を実らせることである。花は，昆虫や鳥を誘引し，花粉を別の花に運んでもらうのに役立つ。果実は，動物に食べられることで，種子が運ばれて分布を広げるのに役立っている。

被子植物は伝統的に，子葉が1枚の**単子葉植物**と2枚の**双子葉植物**に大別され，双子葉植物はさらに合弁花類と離弁花類に分類されてきた。単子葉植物は約7万種が知られ，子葉が1枚であることの他に，葉脈が平行脈であること，維管束が散在すること，根は主根がなく側根のみからなることなどが共通の特徴である[23]。双子葉植物は約17万種が知られ，熱帯や温帯で広大な森林を形成し，地上の生態系や景観の中で主要な役割を担っている[24]。子葉が2枚であることの他に，葉脈は網状脈で，維管束は環状に並び，根には主根がある。人類とのかかわりは多岐にわたり，森林の減少や被子植物の多様性の減少は，人類の将来を左右する問題である。

9.8 動物の系統と進化

9.8.1 動物の特徴

動物は一般的に有性生殖で，生活環の大半が二倍

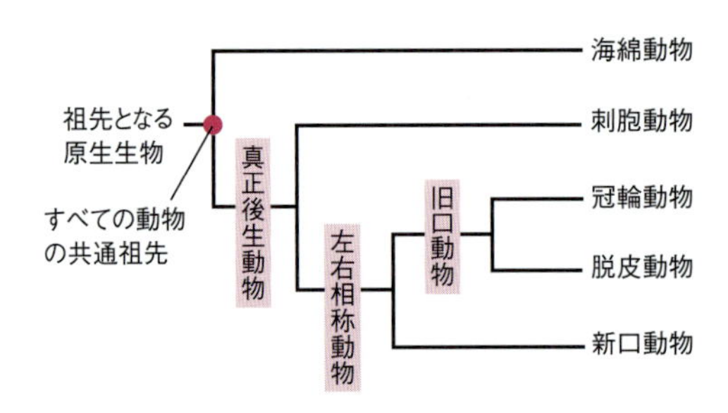

図 9.5　動物（多細胞動物）の系統関係
（Reece, J. B. *et al.* 2013 より改変）

体である。減数分裂によって一倍体の卵と精子がつくられ，受精して胚になる（7.2 節参照）。動物と菌類はどちらも従属栄養生物だが，菌類は栄養分を体外から吸収するのに対して，動物は食物を飲み込んで消化管の中で消化酵素を使って消化する。菌類や植物は細胞壁が構造を支えているが，動物細胞には細胞壁がなく，細胞膜上や細胞間にあるタンパク質の働きで構造を維持している。

9.8.2　動物の起源

動物の祖先が菌類の祖先から分かれたのは，約 10 億年前と見積もられており，カンブリア大爆発で現れた動物は，すでに現在とあまり違わない動物門の特徴を備えている。動物に最も近縁な単細胞生物は**襟鞭毛虫**で（図 9.2），1 本の鞭毛をもち，鞭毛の基部を微絨毛の列が取り囲んで襟とよばれる構造を形成している[25]。

現生の動物の中で，最初に分岐したグループは**海綿動物**（sponge）である（図 9.5）。多数の小さな穴が開いた袋状の構造で，多数の小孔から水を取り込み，大孔から体外に排出する。内腔の表面には多数の襟細胞があり，通過する水中の食物粒子を捕食する。海綿動物の**ボディプラン**（体の基本構造）は単純で，真の組織をもたないが，襟細胞の他に，数種類の分化した細胞をもっている。

海綿動物に次いで，初期に分岐したと考えられている動物群として，**刺胞動物**，**有櫛動物**，**無腸動物**などが知られている。刺胞動物[26]のボディプランは，外胚葉由来の表皮と内胚葉由来の胃層の 2 層からなる二胚葉性で，放射相称である。胃層に囲まれた内腔が消化管として働き，口と肛門を兼ねた開口部が 1 つあって，その周囲には触手をもつ。刺胞動物を他の動物群と区別する大きな特徴は，触手に刺胞という刺糸を格納した小器官を備えた細胞（**刺細胞**）をもつことで，獲物や外敵に反応して刺糸を射出する。有櫛動物[27]は，二胚葉性で放射相称のボディプランをもち，外観はクラゲに似ているが，刺胞はなく，刺胞動物とは異なる系統である[28]。

9.8.3　旧口動物と新口動物

私たちヒトを含めて多くの動物の体は左右相称で，これらの動物は共通の祖先から生じた（図 9.5）。左右相称動物は**旧口動物**（protostome）と**新口動物**（deuterostome）に大きく分けられる[29]。旧口動物では，胚の原腸がつくられるときの最初の陥入部（原口）が将来の口になるが，新口動物では，原口は肛門になり，口は原口の反対側につくられる（7.4 節参照）。ヒトを含む脊椎動物は新口動物である。新口動物には他に，**被嚢動物**[30]（ホヤ），**頭索動物**（ナメクジウオ），**棘皮動物**（ウニ，ヒトデ，ナマコなど），**半索動物**（ギボシムシ）などが含まれる。

棘皮動物は五放射相称のボディプランなのに対し，半索動物は左右相称で環形動物に似た外観であるが，両者は近縁であり，**水腔動物**（ambulacraria）という大きなグループにまとめられている。

被嚢動物と頭索動物は，脊椎動物とボディプランが共通で，脊椎動物も含めて**脊索動物**（chordate）とよばれる。その特徴は，胚の中軸組織として脊索をもつこと，脊索の背側に神経管に由来する中枢神経系が，腹側に消化管があること，脊索の両側に運動のための横紋筋が並ぶこと，咽頭に鰓裂があること，などである。ホヤの成体は固着性で移動することができず，海中の岩などに付着しているが，遊泳性の幼生はオタマジャクシ型で，脊索動物のボディプランを備えている[31]。

旧口動物はさらに，**冠輪動物**（lophotrochozoa）と**脱皮動物**（ecdysozoa）に分けられる。冠輪動物は，冠状の触手（触手冠），トロコフォア（担輪子）幼生期をもつことから名づけられた。代表的な動物門として，**扁形動物**（プラナリアの仲間），**軟体動物**（タコ・イカなどの頭足類，巻貝・二枚貝の仲間），**環形動物**（ヒル，ミミズ，ゴカイなど），**腕足動物**（シャミセンガイ），**外肛動物**（コケムシなど），**輪形動物**（ワムシ類）などがあげられる。脱皮動物には，**節足動物**（エビ・カニなどの甲殻類，昆虫，クモ，サソリなど），**線形動物**（線虫），**緩歩動物**（クマムシ）などが含まれ，強固な外皮（クチクラ）をもち，成長に伴って脱皮する[32]。脱皮動物の種数は，他の動物と植物，菌類，原生生物をすべて合わせた種数よりも多い。また個体数も動物の中で最も多く，繁栄しているグループである。

9.8.4　脊椎動物の進化と系統

脊椎動物(vertebrate)は頭部に高度に発達した脳と感覚器(眼，鼻，耳など)をもち，これらが様々な環境に適応した脊椎動物の繁栄を支えている。脊椎動物は，進化の過程で**神経堤**，そして**プラコード**とよばれる胚組織を生じるようになり，これにより発達した頭部を獲得したとされる(7章参照)[33]。

最初に現れた脊椎動物は顎のない**無顎類**で，代表的なものに，丈夫なよろいに覆われた多様な**甲皮類**，鋭い歯をもった**コノドント類**[34]が知られている。カンブリア紀からデボン紀にかけて栄えたが，デボン紀の終わりには大半が絶滅し，**円口類**(ヤツメウナギ類，ヌタウナギ類)のみが生き残っている。オルドビス紀中期(4億7000万年前)までに顎をもつ脊椎動物(**顎口類**)が現れた[35]。

オルドビス紀の終わりからシルル紀にかけて顎口類は多様化し，現生の顎口類に通じる3つの系統群(**軟骨魚類**，**条鰭類**，**肉鰭類**)が現れた。骨格がおもに軟骨からなる軟骨魚類はサメやエイを含むグループで，現在も繁栄している。条鰭類と肉鰭類を合わせて**硬骨魚類**という。条鰭類は鰭を支える骨質の鰭条をもち，私たちになじみのあるほとんどの魚類が条鰭類に含まれる。肉鰭類はシルル紀に現れ，デボン紀に栄えた。その生き残りがシーラカンス類と肺魚類で，陸上脊椎動物(四肢類[36])もデボン紀の肉鰭類の子孫である。

デボン紀の後期(約3億7000万年前)に，最初の四肢類が現れ，陸に上がった。初期の四肢類の特徴を現在まで保持しているグループが**両生類**(カエル，サンショウウオなど)である。多くの両生類は体外受精し，幼生は水生であり(鰓呼吸)，変態して陸上生活に移ると，肺で呼吸をする他，湿った皮膚や口腔でガス交換をしている。初期の四肢類もおそらく，現在の両生類のような生活をしていたと考えられる。

石炭紀になると，卵殻に包まれた卵を産む四肢類が現れた。現在の**爬虫類**，**鳥類**，**哺乳類**の共通祖先である。この卵は**羊膜卵**とよばれ，体内で受精した後に卵殻が形成され，胚は羊膜という膜でできた袋の中で発生する。この特徴から，このグループは，**羊膜類**(amniote)とよばれている。羊膜の中は羊水とよばれる液体で満たされていて，これにより陸上でも発生が可能である。**単孔類**(カモノハシ，ハリモグラ)以外の哺乳類では，卵は母親の体内にとどまり，胚は子宮の中で羊膜に包まれて発生する。また，羊膜類は丈夫で乾燥に強い皮膚をもつ[37]。こうした特徴により，羊膜類は陸上の様々な環境への適応が可能になった(7.5節参照)。

羊膜類の祖先は石炭紀後期に大きく2つの系統に分かれた。1つは爬虫類であり，もう1つは**単弓類**とよばれるグループであった。爬虫類は，中生代になると，多様化し，海や空中を含む様々な環境に進出して，繁栄した。代表的なものに，恐竜類，翼竜類，首長竜類，魚竜類があるが，これらは白亜紀の終わりとともに絶滅した。唯一生き残った恐竜類の1系統が鳥類である[38]。爬虫類のうち，カメ類，ワニ類，ムカシトカゲ類，トカゲ・ヘビ類の祖先は中生代に恐竜と共存していたが，白亜紀の終わりの大絶滅期を生き延びた。

単弓類[39]の多くはペルム紀終わりの大絶滅期に絶滅し，一部が夜行性の小動物として生き残った。これが哺乳類の祖先で，子を育てるための乳腺をもち，体表が毛で覆われて体温を維持できるようになった。白亜紀の終わりに大型の爬虫類が絶滅すると，哺乳類は極地方から熱帯，高山，砂漠，地中，海洋に至る様々な環境に適応し，多様化した。現在，5300種以上が知られている。

四肢類の大きな特徴である四肢は，肉鰭類の胸鰭と腹鰭が変化してできたものである。条鰭類や軟骨魚類も同じように左右対になった胸鰭と腹鰭をもち，これらは**相同器官**である。四肢の起源は初期の顎口類まで遡ることができる。もう1つの四肢類の特徴は肺をもつことである。肺魚やポリプテルスなどの原始的な硬骨魚類も肺で空気呼吸を行うことから，硬骨魚類の共通祖先は肺をもち，その後，浮力調節のための鰾へと進化したと考えられる。一方，軟骨魚類には肺も鰾も存在しない。

9.9　ヒトの誕生と進化

9.9.1　類人猿とヒトの祖先

ヒト(ホモ・サピエンス，*Homo sapiens*)は，霊長目の中の**類人猿類**の一員である。ヒトに最も近縁なのはチンパンジー属で，チンパンジーとヒトの共通祖先からヒトに至る系統（ヒト族[40]）が分かれたのは，600～700万年前である。

ヒトを他の類人猿と区別する最大の特徴は，直立して二足歩行することである。ヒト族の出現に先立って，気候が乾燥し，アフリカとアジアで森林が縮小してサバンナが出現したことが，直立二足歩行の出現やその後のヒト族の進化と関係があると考えられている[41]。

ヒトの進化の過程でいくつもの系統が出現し，絶滅していった。ヒトの進化史の大半で，同時に2種以上が生きていたことがわかっている。ヒト族の可能性がある最古の霊長類は650万年前にいた**サヘラントロプス・チャデンシス**で，頭骨の特徴に直立二足歩行していた徴候がみられる。

約400万年前から200万年前にかけて，ヒト族は多様性を増し，多くの種が現れた。320万年前の**アウストラロピテクス・アファレンシス**の全身骨格やタンザニアの約350万年前の地層で見つかった足跡は，当時のヒト族が直立二足歩行をしていたことをはっきりと示している。興味深いのは，アウストラロピテクスの頭骨の容積がチンパンジーと大差がないことである（300～450 cm^3）。ヒトは，まず直立二足歩行をするようになり，その後で脳が発達したと考えられる。

9.9.2　初期のヒト属とホモ・サピエンスの出現

240万～160万年前に生きていた**ホモ・ハビリス**[42]は，最古のヒト属（*Homo*）であり，石器を作製したはっきりとした証拠が見つかっている。ホモ・ハビリスの脳の容積は，アウストラロピテクスの2倍近い大きさ（600～700 cm^3）で，顎が短く，よりヒトに近い顔立ちであった。アフリカを出て，ヨーロッパやアジアへと分布を広げていった最初のヒト族は**ホモ・エレクトス**である[43]。

ホモ・エレクトスは，現在のヒトに繋がるいくつかの新しい特徴を備えていた。彼らは，ホモ・ハビリスよりも精巧な石器をつくり，火を使い，歯がより小さく現代人に近づいた。また，ヒト以外の類人猿やアウストラロピテクスでは，雌雄間の大きさの違いが顕著であるが，ホモ・エレクトスでは，現在のヒトと同様に性差が少ない[44]。

これまでに知られている最古の**ホモ・サピエンス**の化石は，エチオピアで発見された19万5000年前のものである。ホモ・サピエンスはその後アフリカを出て世界中に広がっていった。ホモ・サピエンスは優れた認知能力によって，文化や芸術を生み，狩猟採集が中心の生活から，牧畜，農業，工業を発展させ，地球全体の環境を大きく変えるに至った。地球の歴史を1年にたとえると，人類が農耕や牧畜を始めたのは，大晦日の23時58分を過ぎてからのことである。

9.10　進化の仕組み

進化（evolution）の視点を通してみることで，生物がもつ様々な性質や現象が理解できる[45]。本章の最後に，どのような仕組みで進化が起きるのかを考えてみよう。

9.10.1　『種の起源』と自然選択説

中世のヨーロッパでは，神によって創造されて以

コラム9.1：現代人はネアンデルタール人の子孫？

1856年にドイツのネアンダー渓谷で発見された4万年前のヒトの化石は，ネアンデルタール人（ホモ・ネアンデルターレンシス）と名づけられた。現生人類の先祖から50万年以上前に分岐し，独自に進化した人類である。脳は現代人と同じか，それ以上の大きさであり，火を積極的に使用し，狩猟のための道具をつくっていた。また，抽象的な思考能力をもち，おそらく言語を使うことができた。死者を埋葬したことを示す遺跡も見つかっている。ネアンデルタール人は約3万年前に絶滅したが，その理由はわかっていない。骨から抽出したDNAを用いて，ネアンデルタール人のゲノム情報の解析が行われた結果，ホモ・サピエンスとネアンデルタール人の間でかつて交配が行われたことがわかった。交配が行われた時期は，ヒトの祖先がアフリカを出た後の約6万年前頃と推定されている。このためアフリカ人以外の現代人はネアンデルタール人から受け継いだ遺伝子をもっている。

来，生物の種は不変であると考えられていた。18世紀になると，生物が進化するという考えが一部の学者によって唱えられるようになったが，人々の伝統的な考えを大きく変えるには至らなかった。イギリスの**チャールズ・ダーウィン**（Charles Darwin, 1809-1882）は，長年にわたる観察と考察に基づいて生物進化の考えをまとめ，1859年に『**種の起源**』を発表した。膨大な証拠と明晰な論理に基づいたダーウィンの主張は説得力があり，地球上の生物の多様性が進化の産物であることが，広く認識されるようになった。

地球上の生物種は，現在とは形や性質が異なっていた種の子孫であり，「変化を伴う継承」を経て現在の姿に至った，とダーウィンは提案した。ダーウィンの説の中心となる概念は，**適応**（adaptation）と**自然選択**（natural selection）[46]である。適応とは，ある環境での生存や繁殖に有利な遺伝形質をもつことである。自然選択は，ある遺伝形質をもつ個体が，その形質のおかげで，他の個体よりも生存率や繁殖率が高くなる，あるいは低くなるような過程である。

ダーウィンが進化説を発表したときには，遺伝子の概念はなかったが，同種個体間に形質の違いが存在し，ある形質は親から子に遺伝する（**遺伝的変異**，genetic variation）ことは知られていた。その遺伝的変異が繁殖や生存に有利であれば，その変異が子孫に受け継がれ，不利であれば取り除かれる。適応はこうした自然選択の結果であり，祖先種から現在の種に至る生物の進化をもたらした。

9.10.2 遺伝形質の違いをもたらす原因

3章で遺伝情報を運ぶ物質がDNAであることを学んだ。同じ種を構成する個体間でもDNAの配列にはわずかな違いがある。例えば，ヒトの場合，99.9％の塩基配列は同じであるが，約0.1％（1000～1500塩基につき1個程度）に個人間で違いがみられる。DNA配列の違いによって，タンパク質のアミノ酸配列や量に違いが生じ，遺伝形質（表現型）の違いとして現れる場合がある。

DNAに新しい変異が生じると，両親や祖父母にはみられなかった形質が，子に現れることがある。**突然変異**（mutation）である。突然変異は，DNAの複製，修復，組換えの異常によって偶然生じる。転移因子やレトロウイルスがゲノムに挿入されるときやゲノムから飛び出すときに生じることもある。化学物質や放射線によるDNAの損傷も突然変異の原因となる。染色体の転座や倍数性の変化など，染色体レベルの大きな構造の変化が生じることもある。

様々な原因で遺伝子を含むDNA領域が重複し，遺伝子のコピーができることがある。1個の遺伝子だけの重複の場合もあれば，染色体の一部や全体，あるいはゲノム全体が重複することもある。**大野乾**（おおのすすむ）（1928-2000）は，1970年に進化における**遺伝子重複**の重要性を提唱し，進化学に大きな影響を与えた。多くの遺伝子は，コードするアミノ酸配列に高い類似性がみられる遺伝子ファミリーを構成している[47]。遺伝子ファミリーは，共通の祖先遺伝子が重複を繰り返して形成された。

小さな変異に対する自然選択が何世代にもわたって繰り返されることで，大きな形質の違いを生み出すことができる。一方，1つの変異で大きな形態変化をもたらす突然変異も知られている[48]。こうした変異の多くは，生存にとって不利であるが，その一部は，形態の進化に重要な役割を果たしてきたと考えられる。

9.10.3 中立進化と遺伝的浮動

DNAに変異が生じても，表現型には影響がない場合がある。例えば，コドンの3番目の塩基に変異が生じても，多くの場合，指令するアミノ酸の種類は変わらない。このような突然変異は，生存や生殖に有利でも不利でもないので，**中立突然変異**（neutral mutation）とよばれる。中立突然変異に対しては自然選択が働かないため，子孫に伝えられるかどうかは偶然によって決まる。**木村資生**（きむらもとお）（1924-1994）は，1968年に分子レベルの進化においては，中立突然変異が大きな役割を果たしているという**分子進化の中立説**を唱えた。中立説は多くの証拠によって正しいことが証明されている。

遺伝子の塩基配列に変異が存在しても，生存や繁殖にとっての有利・不利に大きな差がない場合，集団中のある配列をもつ遺伝子の頻度の増減は偶然に左右される。このような，偶然による集団内の遺伝子頻度の変化を，**遺伝的浮動**（genetic drift）という。集団から少数の個体が隔離されて新しい集団がつくられる場合や，自然災害や病気などで集団の大多数が死んで，少数の個体だけが生き残ったような場合には，新しい集団の遺伝子の構成は，遺伝的浮動により，もとの集団とかなり異なったものになる可能性が高い。こうしたプロセスを経て，遺伝的浮動が進化に影響を与える可能性がある。

■ 演習問題

9.1 「RNA ワールド」説とはどのような考え方かを説明せよ。

9.2 真核細胞の細胞小器官のうち，ミトコンドリアと色素体が，細胞内共生起源と考えられる理由を説明せよ。

9.3 現在の地球上で繁栄している多細胞生物のグループとして，動物，植物，菌類がある。これら3つのグループは，それぞれ独立に多細胞化したと考えられる。その根拠を述べよ。また，動物，植物，菌類の系統関係を真核生物の共通祖先を根元においた系統樹で示せ。

9.4 条鰭類の鰭(ひれ)のうち，ヒトの足に相同な鰭はどれか，その名称を述べよ。

9.5 人類が地球上に広く分布することが可能になったのは，他の類人猿と異なるどのような特徴が重要であったと考えられるか説明せよ。

9.6 現代の人類社会は，過去の生命活動によって形成された資源に依存している。そのような資源にはどのようなものがあるか。おもなものを2つあげて，それらがどのようにして形成されたかを簡潔に説明せよ。

■ 注釈

1) 真正細菌：古細菌が提唱された当初，古細菌との区別を明瞭にするために eubacteria と名づけられたが，現在では bacteria が一般的である。

2) 古細菌には，細菌にはみられない真核生物との共通点がある。例えば，遺伝子にイントロンが存在する場合があり，DNA に結合するヒストンタンパク質をもつ種も知られている。

3) 菌界：細胞壁をもち運動性がなく，表面での吸収による栄養摂取を行う従属栄養性の真核多細胞生物が菌界に分類された。おもなものはキノコ・カビの仲間で，現在も菌類に分類されている。変形菌類，細胞性粘菌，ラビリンチュラ類，卵菌類なども菌界に含められたが，これらは菌類とは異なる系統である。

4) 原核生物のゲノム中の遺伝子の8割が進化の過程で，種間を移動したとされる。

5) 脊椎動物と近縁な動物であるホヤの体は，セルロースを主成分とする外皮で覆われている。ホヤのゲノムを解読した結果，セルロース合成酵素は，進化の過程でバクテリアがもつセルロース合成酵素の遺伝子がホヤゲノムに取り込まれることによって獲得されたことが示されている。

6) 電子を与える性質があること。

7) ストロマトライトは細菌の集団によってつくられた層状の岩石で，現在もシアノバクテリアによってつくられている。

8) 酸素分子はまず，海水中の鉄イオンと反応して，酸化鉄の沈殿を生じた。これが鉄を得るのに用いられる鉄鉱石の起源である。鉄イオンがすべて沈殿し，海水中に溶けきれなくなった酸素は大気中に放出された。

9) 色素体：葉緑体とこれに類似した細胞小器官を総称して色素体またはプラスチド(plastid)という。二重の膜に包まれ，環状 DNA(プラスチドゲノム)をもつ。光合成器官である葉緑体の他に，貯蔵組織にみられデンプンを貯蔵しているアミロプラスト，カロチノイドを多量に含んだ有色体，根などにあり色素をもたない白色体などがある。これらの色素体は，プロプラスチドとよばれる未分化の色素体から，細胞の分化に応じて，構造と機能が変化して生じる。

コラム 9.2：進化論をつくったダーウィンとウォーレス

ダーウィンは 1831 年，23 歳のときにビーグル号の調査に携わる博物学者に採用された。5 年間の航海に旅立ち，南米やガラパゴス諸島などの様々な生物の観察を通して，生物進化の着想を得た。イギリスに帰国後，考察を深め，マルサス(Malthus, T. R., 1766-1834)の『人口論』(1798)に大きな影響を受けて，自然選択による進化の考えに至った。ダーウィンの考えは，1844 年にエッセイにまとめられたが，数人の知人に自説を紹介しただけで，しばらく公表されなかった。1858 年にイギリスの博物学者ウォーレス(Wallace, A. R., 1823-1913)からダーウィンのもとに，ダーウィンと同様の自然選択に基づく進化仮説が送られてきたため，ダーウィンのエッセイの要約と一緒にウォーレスの論文が発表された。ダーウィンは『種の起源』の完成を急ぎ，翌 1859 年に出版された。ウォーレスは生物地理学の研究を通して進化を確信し，『人口論』を読んで独自に自然選択の考えに至ったが，自分より先にダーウィンが自然選択による進化理論を着想していたことを認めている。

10)　カンブリア紀前期の中国雲南省の澄江（チェンジャン）動物群のハイコウイクチス（*Haikouichthys*）やミロクンミンギア（*Myllokunmingia*）が知られている。

11)　コケ植物以外の陸上植物には，植物全体に水や栄養を運ぶための維管束（8章参照）があり，維管束植物とよばれる。

12)　植物と一緒に菌類も陸上に進出したと考えられている。

13)　ペルム紀の大量絶滅は巨大火山の噴火が引き金となり，三葉虫やフズリナ，多くの両生類など古生代を代表する生物が絶滅した。白亜紀の大量絶滅は巨大隕石の落下が引き金となり，アンモナイトや恐竜が絶滅した。

14)　白亜紀の大量絶滅が起こらなければ，その後の哺乳類や人類の繁栄はなかったであろう。

15)　陸上植物には，コケ植物，ヒカゲノカズラ植物，シダ植物，種子植物が含まれる。

16)　胞子は耐乾性が強く，空気中を分散することができる。

17)　単一の祖先とその子孫すべてからなるグループを単系統群（クレード）という。

18)　コケ植物には，苔類（ゼニゴケなど），蘚類（スギゴケ，ミズゴケなど），ツノゴケ類が含まれる。蘚類のミズゴケは世界中の湿地に生育し，泥炭を形成する。大量の有機炭素が泥炭として蓄積され，大気中の二酸化炭素を安定させるために役立っている。泥炭は，燃料，ウイスキーの製造，園芸用品などに用いられている。

19)　ヒカゲノカズラやイワヒバなど，園芸や祭事などで日本では古くから親しまれてきた植物が含まれる。

20)　ツクシはトクサ類のスギナの胞子茎である。

21)　石炭は，産業革命以後の社会の発展を支えた化石燃料であり，一方でその消費によって排出される二酸化炭素は地球温暖化の原因の1つといわれている。

22)　種子植物の精細胞は，通常，鞭毛をもたないが，ソテツとイチョウは鞭毛をもち運動性がある精子をもつ。

23)　イネ，コムギ，トウモロコシなど，主食となる穀物の多くが単子葉植物であり，他にもサトイモ，タケノコ，サトウキビなどが，農産物として重要である。また，ラン科やユリ科など美しい花を咲かせる観賞用の種も多く含まれている。

24)　近年の研究により，双子葉植物に含められるスイレン類やモクレン類は，単子葉植物とその他の双子葉植物（真性双子葉植物）が分岐する以前に分かれたことがわかった。

25)　襟鞭毛虫によく似た形態の襟細胞が，海綿動物，刺胞動物，扁形動物，棘皮動物から見つかっている。

26)　サンゴ，ヒドラ，イソギンチャク，クラゲなど。

27)　クシクラゲやウリクラゲの仲間。

28)　有櫛動物は，海綿動物よりも初期に分岐したとする説もある。

29)　旧口動物と新口動物はそれぞれ前口動物，後口動物ともいう。

30)　尾索動物ともいう。

31)　分子系統解析から，被嚢動物が脊椎動物に最も近いという考えが支持されている。

32)　冠輪動物と脱皮動物は，分子系統解析で見いだされた分類群であり，名称の由来となった特徴は，必ずしもすべての動物が共有する形質ではない。

33)　脊椎動物の祖先はナメクジウオに似た姿であったと考えられているが，ナメクジウオにはプラコードや神経堤がなく，脳や発達した感覚器をもたない。一方，ホヤのオタマジャクシ型幼生には，神経堤やプラコードに似た細胞群が存在する。

34)　コノドントは歯状の微化石として知られ，無顎類に近い脊椎動物の歯と考えられている。3回の大量絶滅期（オルドビス紀末，デボン紀末，ペルム紀末）を生き延びたが，三畳紀（トリアス紀）の終わりまでに絶滅した。

35)　体表がよろいで覆われた板皮類といくつもの鰭をもつ棘魚類がシルル紀からデボン紀に多様化したが，古生代の終わりまでに絶滅した。

36)　四足類ともいう。

37)　胸郭を使った効率のよい肺呼吸のおかげで，皮膚を通したガス交換が不要になり，ケラチンに覆われ乾燥に耐えることのできる皮膚が発達した。

38)　鳥類は，羽毛をもった二足歩行の恐竜類から進化し，高度な飛翔能力を獲得した。新生代に入って多様化し，様々な環境に適応して繁栄している。

39)　以前は，哺乳類型爬虫類とよばれていた。

40)　族（tribe）は，生物の分類における階級で，必要に応じて科および亜科の下，属の上におかれる。

41)　直立二足歩行によって，効率的に長距離を移動できるようになり，両手が解放されることで，道具の作製や使用への道が開かれた。

42)　ホモ・ハビリスとは，器用なヒトという意味である。

43)　アフリカ以外の最古のホモ・エレクトスの化石は，グルジアで見つかった約180万年前のものである。

44)　ゴリラでは雄の体重は雌の約2倍，アウストラロピテクス・アファレンシスでは約1.5倍，ヒトの男性の体重は女性の約1.2倍である。

45)　このことをアメリカの進化生物学者ドブジャンスキー（Dobzhansky, T. G., 1900–1975）は，“Nothing in biology makes sense except in the light of evolution”という言葉で表現した。

46)　自然淘汰と訳されることもある。

47)　代表的な遺伝子ファミリーとして，Gタンパク質共役型受容体遺伝子ファミリー，アクチン遺伝子ファミリー，ホメオボックス遺伝子ファミリーなどがある。

48)　例えば，ショウジョウバエのウルトラバイソラックス（***Ubx***）遺伝子の変異では4枚の翅をもつハエが生じ，アンテナペディア（***Antp***）遺伝子の変異体では，本来触角であるべき部位に脚がつくられる。

10 生態系

10.1 生態系と生態学

生態系(ecosystem)とは，イギリスの生態学者タンスリー(Tansley, A. G., 1871-1955)が1935年に提唱した用語である。彼は，生物を対象とする生態学においては，生物そのものだけでなく，その環境を形成しているまわりの物理要因を切り離さずに，1つのシステムとして研究する必要性を説いた。ただし，自然の中で生物と物理的環境が相互作用するという視点は必ずしも新しいものではなく，アメリカの生態学者であるオダム(Odum, E. P., 1913-2002)が20世紀後半になってシステム科学に基づく数量的な生態系生態学の分野を発展させるまで，この用語はそれほど注目されていなかった。

システムとは，広辞苑によれば，「複数の要素が有機的に関係し合い，全体としてまとまった機能を発揮している要素の集合体」である。例えば，冷蔵庫は複数の機械(要素)が関係し合って，庫内を4°Cに維持するというまとまった機能を発揮するシステムである。庫内温度はセンサーで感知され，4°Cより高い場合は温度を下げるように，低い場合には温度を上げるようにコントローラに命令を出す。このような相互作用(冷蔵後は温度に影響を与えるだけでなく，温度も冷蔵庫に影響を与える)を**フィードバック調節**とよび，システムとしての機能を維持するための基本的な仕組みである。フィードバック調節には正と負があり，冷蔵庫やエアコンのような温度を一定にする目標追求型システムでは，出力の一部を入力として送り返す負のフィードバック調節機構によって温度を一定に保っている。

地球の**バイオスフィア**(biosphere)は，おそらく冷蔵庫のような目標追求型のシステムではない。地球上のすべての生物は，地球表面のごく薄いフィルム(バイオスフィア)の中だけで生存しており，物理的環境に受動的に影響されるだけでなく，物理的環境にも影響を与えるという相互作用をもちながら維持されている。このようなまとまりを生態系とよび，これが生態学における基本的な機能単位である。生態系生態学は，ある1つの統合されたシステムの中で相互作用する構成要素として生物要素と非生物的要素(物理的環境)に焦点を当て，両者の関係を研究する学問といえる(コラム10.1)。

10.2 地球上にはどのような生態系があるのか

地球のバイオスフィアにはどのような生態系があるだろうか。便宜的には，地球上の生態系を陸上生態系(森林，砂漠，草原など)と水界生態系(湖沼，河川，外洋など)の大きく2つに分ける。これらの境界は曖昧な場合もあるが，湖のような明らかに周囲と不連続な空間的広がりは，システムとしての機能的な独自性が高く，自然の生態系の単位とみなせる。陸上生態系では，その見た目(相観)を決定しているのは多くの場合，相対的に巨大な植物である。陸上生態系における植物の集まりを表す用語には，いくつかある。地表を覆っている植物の集まりをさす一般的な用語は植生(vegetation)である。構成種や優占種に注目した，ある場所に生育する植物の集まりは植物群落(plant community)とよぶ。さらに，植生をその相観から分類したものが**バイオーム**(biome)である。

生物はどれも特定の環境下で適応進化してきたので，同じ気候条件下では似たような形態の植物(すなわち似た相観の生態系)が出現する。一番はっきりとしたバイオームの違いは草原と森林であろう。日本のような高温多湿の環境では，多くの場合人為的環境下(農耕地，校庭，ゴルフ場など)でしか草原は成立しない。しかし，年降水量が500mmを切るような乾燥した地域では，樹木という形態を進化させることは難しく，モンゴルの大草原のような生態系ができあがる。このようなイネ科草本が優占し

コラム 10.1：バイオスフィア実験

地球の人口は産業革命以降爆発的に増加し，2050 年には 92 億人に達しようとしている。窒素肥料の化学合成技術の発達による食料生産の増大などに支えられ，悲劇的な人口減少はまだ起こっていないようである。しかし，1 つしかないバイオスフィアで，このシステムをいつまで維持できるだろうか。生態学的な問題を考えるうえではスケールを考慮することは非常に重要である。スケールとは時間とか空間の広がりのことであり，対象とする生態系のスケールによって，研究方法や維持される仕組みも異なる。地球のバイオスフィアのように，実験による再現性が不可能で，空間的に巨大で 1 つしかないものを対象とした場合，どのような科学的検証を行えばよいだろうか。

ここに，非常にユニークな実験がある。1991 年 9 月，8 人の住人がアリゾナの砂漠につくられた人工閉鎖生態系（図 10.1）に閉じ込められて生活を開始した。この建物は地球に続く 2 つ目のバイオスフィアとして，バイオスフィア 2 と名づけられ，森林，海，農地などの様々な生態系を内蔵して，水や空気などのすべての物質を循環させながら，外部からの一切の補給なしで 2 年間暮らすという壮大な実験である。バイオスフィア 2 では，もちろん自給自足が基本である。農場での多種多様な作物だけでなく，家畜がもたらす卵や肉などもつくられたが，住人は常に飢餓状態であり 2 年間食糧計画のことで頭がいっぱいであったという。また，バイオスフィア 2 ではバイオスフィア 1（つまり地球）に比べて土地に対する空気の割合が非常に小さく，大気の安定を維持することが非常に難しかった。日照時間が長いアリゾナでの光合成による酸素生産を期待していたがまったく不十分で，土壌微生物の働きなどにより酸素が減少していった。酸素が減少すると逆に CO_2 が増えるはずが，光合成に必要な CO_2 も減少していったという。後になってコンクリート構造物が吸収していることが判明した。大気調節の難航や日光不足から植物生産は予想を大きく下回り，さらに家畜の多くが死んで食生活が悲惨になると，メンバー間の心理的問題にも発展した。このように，様々な問題を抱えながらも，彼らは閉鎖生態系での 2 年間の生活を全うした。途中で酸素が激減して緊急注入を余儀なくされたことから，実験の失敗と考える人もいるが，生態系の構造と機能に関して多くの知見が得られた。

また，今後の火星有人探査を考えた場合には長期の宇宙船生活が必須である。宇宙飛行士の何年間にも渡る食糧などのすべての資源を積んだロケットを打ち上げることは難しく，火星での長期の生活も必要かもしれない。バイオスフィア 2 での実験は実は宇宙開発に対しても大きな意義をもっているといえる。

図 10.1　アリゾナにあるバイオスフィア 2 の概観

写真左側の大きな温室が熱帯雨林である。現在はアリゾナ大学が管理しており，教育や研究に使われている。一般見学も可能である。（Wikipedia「バイオスフィア 2」より引用）

て樹木がほとんどない相観はステップ（steppe）とよばれる。一方で，赤道直下には熱帯気候（tropical climate）とよばれる1年中気温の変化がほとんどなく，多くの雨が降る地域がある。アマゾン川流域，東南アジア，熱帯アフリカが地球上の三大熱帯であるが，これらの地域（特に南米地域とその他）では地史的に植物の種類そのものはかなり異なる（異なる群落である）。しかし，高温多湿の条件下では30 mを超えるような巨大な常緑広葉樹が優占し，多くの樹種による階層構造，多様なつる植物・着生植物などの点で，類似した相観をもつ熱帯雨林（tropical rainforest）なのである。

地球上に多様なバイオームが生み出されるのはなぜだろうか。地球の気温は赤道付近では高く，極に向かって低くなっていくことは誰でも知っている。これは地球に入ってくるエネルギー（太陽放射）と地球から出ていくエネルギー（地球放射）のバランスによって決定する。地球は球体なので太陽の入射角が大きい赤道付近では地球放射に比べて太陽放射の方が大きくなるが，太陽の入射角が小さい極付近では逆になる。このようなアンバランスは緯度方向の気候条件に大きな影響を与える。地球の熱源である赤道付近（熱帯収束帯）では上昇気流が発生して低気圧となり，高温で降水量の多い湿潤熱帯気候が生まれる（図 10.2）。上空約 15 km の対流圏上部に達したこの上昇気流は南北の両極方向に向かい，やがて，緯度 20～30° 付近で下降する。この下降する空気には水蒸気がほとんど含まれていないので高温で非常に乾燥している（亜熱帯高圧帯）。この地域は乾燥熱帯あるいは亜熱帯（subtropical climate）とよばれ，世界中の大きな砂漠はだいたいこの地域に広がっている（私たちが住む東アジアではモンスーンの影響で亜熱帯の概念が異なる）。このような仕組みで地球上には南北方向に3つの大気の大循環系，すなわち半球ごとに2つの高圧帯と2つの低圧帯が形成される。このように，緯度によって帯状に変化する気候条件を**気候帯**（climate zone）とよび，これに対応した**植生帯**（vegetation zone）としてバイオームを分類できる（図 10.3）。

熱帯地域では，湿潤熱帯（狭義の熱帯）から乾燥熱帯（亜熱帯）に向かって降水量が大きく減少していくために（図 10.2），樹木が優占する赤道周辺の熱帯雨林から，樹木がだんだんまばらになってサバンナ（savannah）になり，最終的には雨のほとんど降らない砂漠（desert）へと，緯度に沿ってバイオームも大きく変化していく。緯度 30° 以上の温帯気候（temperate climate）は比較的湿潤で夏の気温が高く，温帯性落葉広葉樹林（temperate deciduous forest）が成立するが，温帯でもモンゴルのような大き

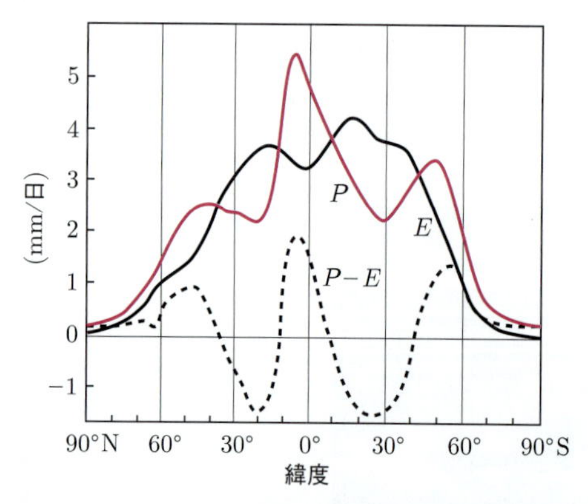

図 10.2　降水量（*P*）と蒸発散量（*E*）の年平均値，および両者の差の緯度分布

赤道付近は上昇気流（低気圧）が発生して多雨な環境となる（湿潤熱帯）。一方で，この上昇気流は緯度 20°～30° 付近で下降し，空気は非常に乾燥している。この地域は比較的赤道に近く気温が高いので蒸発散量が大きくなり，乾燥熱帯（亜熱帯）気候を示す。緯度 30°～60° 付近は比較的湿潤で夏の気温が高い温帯となる。（小倉義光 2016 より一部改変）

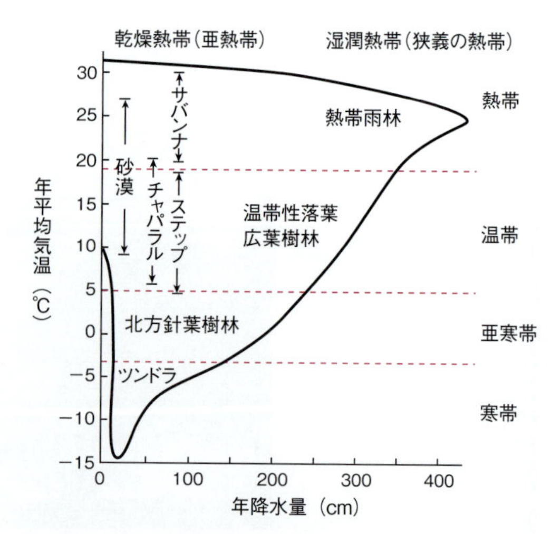

図 10.3　年平均気温と年降水量からみた 8 つの主要な陸上バイオームの分布

気候帯を重ねているが，実際には年平均気温だけで気候帯を分けることはできないので，おおよその分布である。（Begon, M. *et al.* 2003 より一部改変）

な大陸の内陸部は乾燥気候となり，ステップとなる。さらに，北に行った亜寒帯（subarctic climate）では常緑の針葉樹が優占する北方針葉樹林（northern coniferous forest）が出現するが，極に向かって樹木はだんだんまばらになっていき，やがて，樹木のない寒帯のツンドラ（tundra）へと変化していく。チャパラル（chaparral）は，日本人にはあまりなじみのないバイオームである。ヒースのような低木が優占する荒地で，地中海性気候（Mediterranean climate，穏やかで湿潤な冬と暑くて乾燥した夏）で成立する。このようなバイオームは地域によって様々な名前がつけられているが，地中海沿岸だけでなく，カリフォルニア，中央チリ，オーストラリア西部・南部など世界各地にみられる。

熱帯から亜寒帯の湿潤地域の森林生態系をみると，葉の性質が大きく変化していく。コストのかかる常緑葉は乾燥や低温のストレスがない湿潤熱帯環境では有利になるが，落葉性の葉に比べて光合成能力は低い。温帯性の落葉樹はコストの安い葉で，夏の高温と強い光を利用した高い光合成能力をもつ。落葉樹は物質生産を短い夏に集中し，葉を使い捨てにして寒さや乾燥の季節を休眠状態で過ごす。一方で，さらに低温が厳しくなると常緑性の針葉樹が有利になる。針葉樹は一般的に耐凍性が高く，生育期間が極端に短い場所で寿命の長い葉を大事に使う。

10.3　生態系はどのように維持されているのか

みなさんは水槽の世話をしたことはあるだろうか。どんな水槽であっても生態系を維持する（水槽内の生物をなるべく長生きさせる）には苦労が伴う。魚には少なくとも餌を定期的にやる必要があるし，水が汚れるので濾過装置も必要であろう。一方でこんな水槽を知っているだろうか（図10.4）。小魚やエビ，水草などが入っている点は通常の水槽と同じであるが，大きな違いは水槽が完全に閉鎖しているという点である。この閉鎖型水槽では最初に生態系の構成要素を入れてしまうと，地球のバイオスフィアと同じように物質が系外から入ってきたり，系外に出て行くことがない。このような閉鎖型水槽において生態系を維持する方法を考えてみよう。

最初にこの水槽（生態系）に何を入れたらよいだろうか。生物を入れる前に，まず物理的環境の要素

図10.4　完全閉鎖型水槽の一例
従属栄養生物としてエビと微生物が，独立栄養生物として藻類が入っている。ビーチワールドの名前で過去に市販されていた。

として水，空気，土壌などを入れる必要がある。一般的に物理的環境要素として，**資源**（resource）と**環境条件**（condition）を区別することは重要である。環境条件とは環境の物理化学的な特性であり，水温やpHなどのように，生物に消費されることはない。一方で，資源とは生物が利用するとなくなっていくような要素（光，二酸化炭素，無機塩類など）である。また，生態系内にはネクロマス（necromass）とよばれる物理的環境と生物を結ぶ中間の有機物も存在する（死んだ生物体や排泄物，腐植のような分解中間生成物）。

次に，水槽に入れる生物群集について考えてみよう。生態系を構成する複数種の生物の集まりは**群集**（community）とよばれる。この水槽の群集として，まず水草や藻類のような**独立栄養生物**（primary producers or autotrophs）（生産者）が必要である。一方で，物理的環境の要素と生産者だけを入れた場合，捕食者もいない水槽は水草にとって優れた生態系のように思うかも知れない。しかし，閉鎖型水槽内の資源を考える必要がある。生産者とは，おもに光合成によってCO_2とH_2Oから有機物$(CH_2O)_n$を合成する生物機能群である。これらの有機物は生産者の呼吸で使われるとともに，生産者の体を構成する様々な形態の有機物（多糖類，アミノ酸，核酸など）に同化される。このように，植物の成長に伴い資源としてのCO_2はだんだん減少していくので，生産者がつくった有機物を分解して再びCO_2に戻すような生物機能群（**従属栄養生物**，heterotrophs）

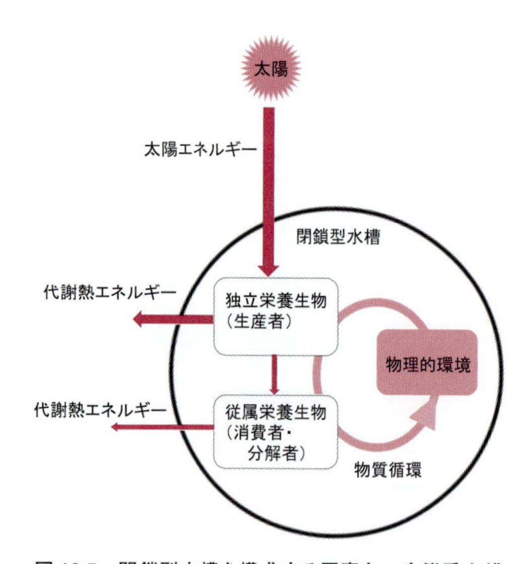

図 10.5　閉鎖型水槽を構成する要素と，生態系を維持するための，エネルギーの流れと物質循環
エネルギーは一方向で水槽（生態系）を流れて再利用されないが，水槽内の物質は生物と物理的環境の間を循環して，繰り返し使われる。

が存在しないと，やがて，水槽内に枯れた水草（ネクロマス）が堆積して生態系の機能は停止するだろう。つまり，物質は系の中で何回もリサイクルされて循環していないとシステムは維持されない（図 10.5）。高校の教科書では従属栄養生物として分解者と消費者の差が強調されているが，有機物を分解して最終的に CO_2 に戻すという面では実質的に両者の違いはそれほど明確ではない。

一方で，**物質循環**（material cycle）と表裏一体となった**エネルギーの流れ**（energy flow）について考えてみよう。生態系を駆動して物質を循環させるためにはエネルギーが必要である。閉鎖型水槽に光を当てることによって，生産者は生態系に必要なエネルギーを有機物に変換して系に取り込むポンプの役割をもつ。有機物は生産者自身の呼吸によって分解されて CO_2 に戻されるとともに，エネルギーは代謝熱として系外に失われていく（図 10.5）。さらに，有機物のほとんどは従属栄養生物の呼吸によって分解され，やはり代謝熱として水槽を通過して出ていくことになる。つまり，一時的に有機物として貯蔵された光エネルギーは，最終的に分解呼吸による代謝熱として生態系から失われて再利用されることはない（すなわち太陽が燃え尽きれば地球のバイオスフィアは機能しない）。このように，生物機能群として独立栄養生物（生産者）と従属栄養生物（消費者と分解者）を水槽に入れることによって系内での物質循環と，系内を一方通行で通っていくエネルギーの流れが生み出される。

10.4　生物は永遠に増え続けることはできない

10.4.1　個体群の動態

閉鎖型水槽を一定期間維持するためには，独立栄養生物と従属栄養生物という 2 つの生物機能群によるエネルギーの流れと物質循環が必要条件であった。それでは，この水槽をもっと長い期間維持する方法を考えてみよう。生態学的な研究ではスケールの問題が重要である（コラム 10.1）。ここでは，ある 1 つの水槽を対象としているので空間的スケールは別として，時間スケールの問題は無視できない。つまり，この水槽を維持する期間によってその解決策は異なってくる。この水槽内の従属栄養生物である小魚やエビなどの寿命は短く，何年間もこの生態系を維持するためには，それぞれの生物種の世代を超えて水槽を維持する必要が出てくるだろう。生態系内における特定の生物種の集団を**個体群**（population）とよんでいる。広い空間の中に，わずかな数の個体群（例えば，数匹のエビ）を入れた場合には，生物は潜在的に高い繁殖能力をもっている。一方で，生態系の資源には限りがあるので，エビ個体群がこの水槽の中で永遠に増え続けることは不可能である。

有限資源の環境の中で生物はどのように個体群を維持するのだろうか。これは生態学の古典的な実験でよく知られている。ある一定空間の中に資源としての餌を十分に用意して，わずかなゾウリムシを入れてやると，密度が低いときには指数関数的に増加していく（図 10.6（a））。しかし，個体数が増えてくると資源（餌や空間）を巡る個体群内の競争（**種内競争**，intraspecific competition）が激しくなってくる。個体群密度が大きくなるにつれてゾウリムシの個体数の増加率は徐々に低下して，最終的に個体数が一定になってその増加が止まる。このように，密度が個体数の増加に与える負の効果を**密度効果**（density effect）とよぶ。図 10.6（a）で示すような変化は，**ロジスティック式**とよばれる式（10.1）で表され，S 字状の曲線になる。

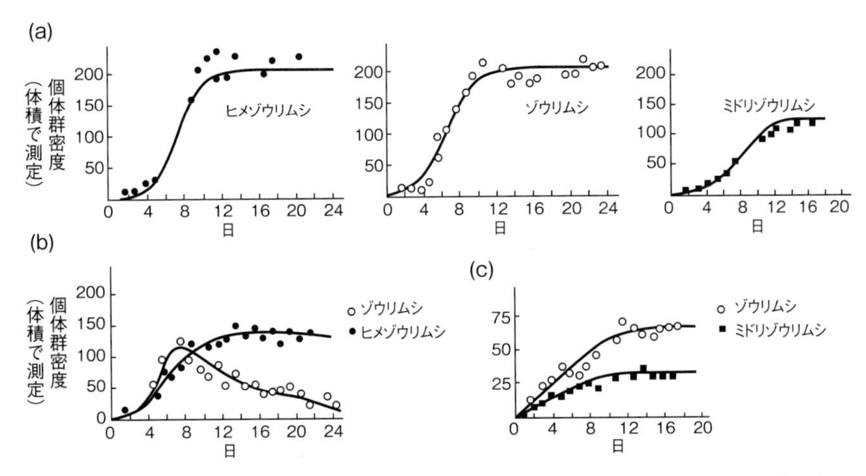

図 10.6　(a) 3 種のゾウリムシをそれぞれ培養液中で飼育した結果。種によって環境収容力に差があるが，どれもロジスティック式によく適合した個体群密度の変化を示している。(b) ゾウリムシとヒメゾウリムシの 2 種を一緒に飼育した場合は，やがて前者が絶滅した。(c) ゾウリムシとミドリゾウリムシの 2 種を一緒に飼育した場合は，単独で培養した場合より個体群密度は低いが，両種の共存が続く。(Begon, M. *et al.* 2003 より引用)

$$\frac{dN}{dt} = rN\left(1 - \frac{N}{K}\right) \tag{10.1}$$

ロジスティック式は個体数 N に対して，**内的自然増加率** r と**環境収容力** K という 2 つのパラメータからなっている。内的自然増加率は，水槽の中に最初にわずかな個体群を入れた場合のように，密度が低いときにどれだけ急速に個体群が増殖できるかを表す。個体群密度が非常に低い場合 ($N \approx 0$ の場合) には，式 (10.1) は $dN/dt \approx rN$ に近似され，個体群は指数関数的に増加する。一方で，$N = K$ になると，式 (10.1) の増加率は 0 になり，個体群は増加しなくなる。環境収容力とは，特定の環境条件で生息できる最大密度のことである。密度が高くなると，混み合った条件でどれだけ繁殖できるかは環境収容力に依存して，内的自然増加率は個体群の増殖にほとんど影響しなくなる。

しかし，生物の種類によっては環境収容力で個体群が安定するとは限らない。アラスカ沖のセントポール島へのトナカイの放牧は個体群変動の極端な例であろう。1911 年に 25 頭のトナカイが島に導入された。この島には，トナカイと競争する他のシカ類も，草食動物を食べる捕食者もいなかったため，試験管に最初に入れたゾウリムシのように，トナカイは内的自然増加率によって指数関数的に増加していき，その個体数は 30 年もたたずに 2,000 頭を超えた。しかし，環境収容力を超えるような個体群密度に達しても，個体数は安定することはなかった。やがて，トナカイは自分たちの冬の食物資源まで食い尽くして，1950 年にはわずか 8 頭まで激減した。このように，密度効果があまりみられない個体群では，破滅的な減少が起こり局所的に個体群が絶滅してしまう場合さえある。

このような草食動物では，2 種の個体群密度が密接に関連し合った周期で変動する例も知られている。例えば，捕食者であるカナダオオヤマネコと，被食者であるカンジキウサギはともに毛皮が有用であるために，わな猟師が毛皮会社に持ち込んだ毛皮の数でその個体群密度を推定することが可能であった (図 10.7)。大型動物の個体群の長期的モニタリングは希少であるが，この結果は両種の個体群がほぼ 10 年周期で大きく変動することを示した。餌となるウサギの個体群が増加するとヤマネコ個体群も増加するが，やがて，ウサギの減少とともにヤマネコの個体群も減少する。このような関係は，負のフィードバック調節に基づくシステムである。捕食者と被食者の 2 つのサブシステムからの出力としての個体群密度は，互いのサブシステムにフィードバックしながら，非目的的にそれぞれの個体群の動的平衡状態を生み出している。

10.4.2　ニッチと生物間相互作用

生態系を構成する群集は，ただ単に一緒に生活し

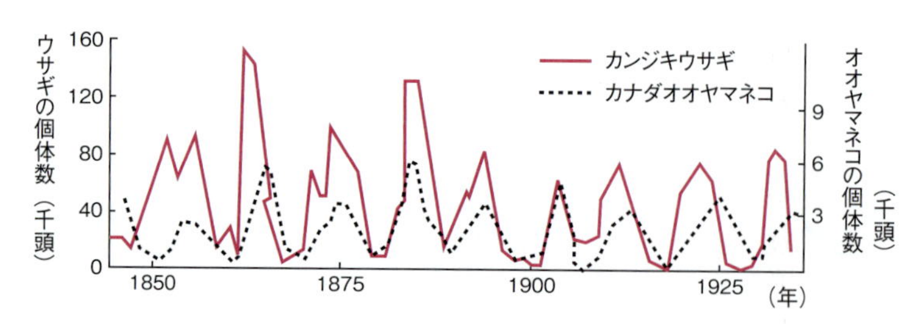

図 10.7　わな猟師がカナダの会社へ売却した毛皮の数から推定した，カナダオオヤマネコとカンジキウサギの個体数の変動

カンジキウサギはカナダオオヤマネコの餌であり，両者の個体数はほぼ 10 年周期で変動している。(Begon, M. *et al.* 2003 より引用)

ているわけではない。生態系内の生物群集は**食物連鎖**[1] (food chain) によって表現でき，それぞれがフィードバック調節として機能している。異なった 2 つの個体群の相互作用は，両者が利益を得る**相利共生** (mutualism)，片方が利益を得て他方が害を受ける**消費者－犠牲者相互作用**，両方が負の影響を受ける**種間競争** (interspecific competition) の 3 つに分けることができる。相利共生は，相互作用のもたらす利益が両種にとっての負担よりも大きい場合に実現する。例えば，ある種のエビは隠れ家としての穴を掘り，これをハゼと共有する。餌を食べに穴から外に出るときに，目の悪いエビにとってハゼは警報システムとして働く。

消費者－犠牲者相互作用は，さらに，① 捕食者，② 寄生者，③ 病原体，④ 草食動物の 4 つのタイプがある。上述したヤマネコとウサギの関係のように「捕食者」は，その餌となる動物をすぐに殺してしまうので，非常に強い影響を与える。しかし，互いの影響が異なるこれらの相互作用には負のフィードバックが働き，変化に対して対抗して動的な平衡状態が生み出される (図 10.7)。もちろん，このような 2 種の相互作用だけで群集動態がすべて説明できるわけではない。実際の生態系内の生物群集は多様であり，多くの種間の相互作用による複雑なメカニズムが働いていると考えるべきである。ただし，図 10.4 のような小さな閉鎖型水槽では，例えば，肉食魚のような多様な従属栄養生物群集を入れて，複雑な食物連鎖を維持することは難しく，非常に脆弱な生態系と考えることができる。

異なる 2 つ以上の個体群間での競争が種間競争であり，それぞれが使うはずの資源を消費してしまうので，互いにとって負の効果をもつ。それぞれの種が必要とする資源の要素と生存可能な環境条件の組合せを**ニッチ** (niche) とよぶ。種内競争では密度効果により環境収容力で動的平衡状態に達する場合がある (図 10.6 (a))。一方で，種間競争はニッチの重なりが大きい (少ない食物や空間などの資源をともに必要とする) 場合に起こりやすく，片方の種が競争関係において優位に立ち，もう一方の種を絶滅させてしまうような場合が多い。近縁なゾウリムシ 2 種を培養液で飼育した結果，24 日後には一方の種は絶滅してしまった (図 10.6 (b))。限られた資源を巡って 2 種の個体群が競争したとき，片方の種が排除され，その平衡状態において長くは共存できないという現象をガウゼ (Gause, G. F., 1910–1986) は，**競争的排除の原理** (competitive exclusion principle) とよんだ。しかし，別の 2 種のゾウリムシを大腸菌と酵母を混ぜた培地で飼うと，一方は浮遊層で大腸菌を，他方は底層で酵母を食べることで，両者の共存が持続する (図 10.6 (c))。このように，種によっては，ニッチを異にする (餌の種類を変えたり，採餌場所を時間的・空間的に変える) ことによって共存する場合もある。

10.5　生態系を記述する方法

10.5.1　コンパートメントモデル

生態系の構造や機能は環境によってどのように変わるのだろうか。生態系間の比較を容易にするためには，**コンパートメントモデル**が使われる。これは生態系の構造をまずコンパートメント (生物体のように炭素を一時的に蓄積している**プール** (pool)) に区分して，それぞれのプールの単位面積あたりの重量として表現する (図 10.8 (a))。さらに，各プール

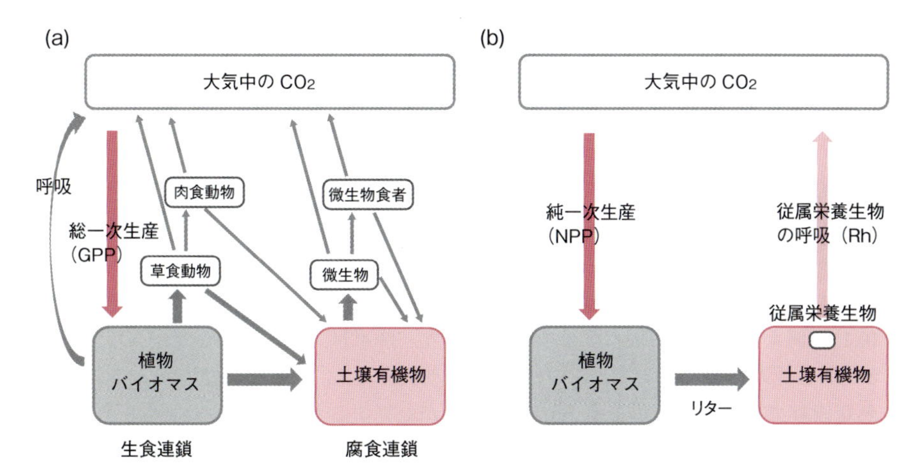

図 10.8　(a) 陸上生態系のコンパートメントモデルと炭素循環の模式図。四角は生態系のコンパートメントである各種の炭素プールを示す。矢印は炭素プール間の出入りとしての炭素フラックスを示す。(b) 単純化した森林生態系のコンパートメントモデルと炭素循環の模式図。生食連鎖は相対的に少なく，植物リターを起点とする腐食連鎖が中心である。腐食連鎖の従属栄養生物はほとんどが土壌表面あるいは土壌中に存在している。

には常に物質の出入りがあり，その収入と支出の収支として時々刻々とその重量は変化していく。このような単位面積・単位時間あたりのプール間の物質移動速度を**フラックス** (flux) とよぶ。コンパートメントモデルでは，生態系の構造がプールの種類と大きさに対応しており，生態系の機能がフラックスの向きと大きさに対応するといえる。

炭素という元素をもとにして，森林生態系のコンパートメントモデルと物質循環を考えてみよう。生産者である樹木は生態系を構成する重要な炭素プールであり，単位地表面積あたりの乾燥重量 (g/m^2, t/ha など) あるいは炭素量 (乾燥重量の約半分) を**バイオマス** (biomass，現存量) とよぶ。それでは，従属栄養生物のバイオマスはどうだろうか。森林生態系では，生きた葉を草食動物が食べ，さらに，肉食動物が食べるというような**生食連鎖**[1] (plant-based food chain) はフラックスとしては実は非常に小さい (草原では状況はまったく違う)。このため，生食連鎖を構成する従属栄養生物 (草食動物や肉食動物) のバイオマスは生産者に比べて通常は無視できるほどに小さい。むしろ，森林生態系の食物連鎖は枯れた植物 (リター) を中心とする**腐食連鎖**[1] (detritus-based food chain) である。リターはまず土壌動物によって細かく破砕される。土壌動物は，細菌類や菌類の捕食，土壌構造の改変などを通してリター分解に影響する。細菌類はサイズが小さく，体積あたりの表面積が大きいので，可溶性物質のすばやい吸収が可能である。このため，可溶性基質の豊富な，動物遺体や根圏 (植物の根からの直接的影響を受ける土壌の部分) において細菌は特に多い。さらに，植物リターを分解する主要な生物は菌類である。腐食連鎖を構成するこれらの従属栄養生物はおもに地表面や土壌中に存在する土壌微生物であり，生物そのもののサイズが非常に小さいことから，やはり生産者に比べてその現存量は極めて小さい。しかし，土壌微生物は寿命が短く回転率 (プールの入れ替わり速度) が極端に速いために，分解呼吸のフラックスは決して小さなものではない。したがって，森林生態系の炭素プールと炭素循環は図 10.8 (b) のように単純化できる。

バイオマスと並んで重要な炭素プールはネクロマスプールである。森林生態系におけるネクロマスとは，枯葉，枯枝，枯死木のような植物リターと，土壌中に存在するその他の有機物 (**腐植**，humus) である。リター分解をおもに担う菌類 (特に褐色腐朽菌) はセルロースやヘミセルロースのような易分解性成分から分解していく。しかし，植物成分の中でも樹木の腐朽・食害耐性を担うリグニンは分解しにくい。リグニンを分解する能力をもつ菌類 (白色腐朽菌) もいるが，その分解中間産物の一部は土壌鉱物と混じり合って土壌中で比較的安定な有機物 (腐植) に変化していく。腐植は，官能基をもつ非常に不規則な化学物質の混合体で，微生物の外酵素はこの不規則な構造を分解しにくいので土壌中にかなり長い時間貯留される。一般的に，陸上生態系の土壌炭素プールは，植物バイオマスプールよりも格段に大きくて回転率が遅い。

10.5.2 炭素プールと炭素フラックス

バイオームの相観は植物群落によって決まるので，コンパートメントモデルを用いると，植物炭素プール（バイオマス）によって生態系の構造を比較できる（表 10.1）。例えば，樹木が優占する森林生態系のバイオマスは他のバイオームに比べて圧倒的に大きく，熱帯雨林では地上部だけでも 1 m^2 あたりで 30 kg 以上に達する。一方で，草原や砂漠のバイオマスは非常に小さく，例えば，ステップのバイオマスは熱帯雨林の 100 分の 1 以下にすぎない。しかし，草本で構成される生態系の特徴として，植物の地下部の割合が大きくなる。森林生態系では地下部の割合は 20～30% 程度にすぎないが，ステップやツンドラでは 60% を超え，生産者のバイオマスの半分以上が地下に存在する。

一方で，生態系の機能として炭素フラックスを比較してみよう。生態系スケールでの光合成同化量（有機物生産量）は**総一次生産量**（gross primary production: **GPP**）とよばれる（図 10.8（a））。GPP によりつくられた有機物の約半分は生産者の成長や維持のための呼吸として消費され，それ以外は系内に一時的に蓄積される。GPP から生産者の呼吸を差し引いたものを**純一次生産量**（net primary production: **NPP**）とよび（図 10.8（b）），光合成による実質的な有機物生産量とみなせる。生態系の構造を示す生産者のバイオマスに対して，生態系の機能を示す最も大きなフラックスはこの NPP である（図 10.8（b））。バイオマスと同様に NPP はバイオームによって大きく異なり（表 10.1），熱帯雨林が最も大きく，ツンドラでは極端に小さい。これは，植物のタイプが NPP を制御しているというよりも，直接的には温度，降水量，生育期間などが NPP を制御している要因である。光合成は酵素反応であるために，温度が上昇すると一般的に NPP も上昇する。一方で，水分に関してみると，降水量が年間 2,400 mm 程度までは陸上生態系の NPP は上昇していくが，それ以上になると逆に低下する（図 10.9）。土壌水分の増加は光合成に必要な水と栄養塩の吸収を促進して光合成を活性化するが，降水量が過度になると日射不足と過剰の土壌水分による土壌中の酸素不足によってむしろ NPP を低下させてしまう。

陸上生態系で NPP と並んで大きなフラックスは，**土壌呼吸**（soil respiration）である。リター分解者としての土壌微生物（おもに細菌類と菌類）の分解呼吸フラックス（図 10.8（b））は，森林生態系では従属栄養生物呼吸の 80～90% を占める。このように，陸上生態系においては土壌中では常に CO_2 が生成されて土壌表面から大気中に放出されている。このような CO_2 フラックスを土壌呼吸とよび，この CO_2 放出は陸上植物によって固定された CO_2 が

表 10.1 陸上バイオームの植物バイオマス，純一次生産量（NPP）および生態系純生産量（NEP）の比較

	バイオマス（g/m^2）			NPP（g/m^2yr）			NEP（g/m^2yr）
	地上部	地下部	合計	地上部	地下部	合計	平均値 SD
熱帯雨林	30400	8400	38800	1400	1100	2500	156±379*1
温帯性落葉広葉樹林	21000	5700	26700	950	600	1550	264± 26*1
北方針葉樹林	6100	2200	8300	230	150	380	133± 74*1
チャパレル	6000	6000	12000	500	500	1000	
サバンナ	4000	1700	5700	540	540	1080	
ステップ	250	500	750	250	500	750	116±168*1
砂漠	350	350	700	150	100	250	127± 17*2
ツンドラ	250	400	650	80	100	180	34± 62*3
農地	530	80	610	530	80	610	316±147*1

*1: Kato, T. & Tang, Y. 2008, *2: Jasoni, R. L. *et al.* 2005, *3: Heikkinen, J., *et al.* 2002 より引用。
砂漠での NEP の研究例は少なくモハベ砂漠での変動を示す（*2）。ツンドラは冬季を除く生育期間のデータに基づく（*3）。また，チャパレルやサバンナでの研究例はまだほとんどない。他のデータは Chapin III, F. S. *et al.* 2002 より引用。

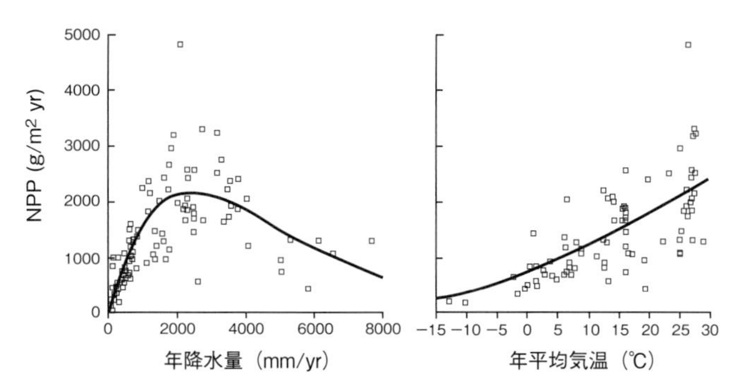

図 10.9　陸上バイオームの純一次生産量（NPP）と年降水量および年平均気温との関係
（Chapin III, F. S. 2002 より引用）

大気に戻る主要な経路である。ただし，土壌呼吸は土壌表面から放出されるすべてのCO_2をさすので，実際にはその起源は土壌有機物の分解だけではない。そのおもな起源は，リターや土壌有機物を呼吸基質とする土壌動物や微生物（従属栄養生物）の呼吸（Rh，図 10.8（b））と，同化産物を呼吸基質とする根や根茎などの植物（独立栄養生物）の呼吸である。

10.6　生態系を破壊する撹乱

10.6.1　撹乱とは何か

あくまでシミュレーションとして，さらに数十年間にわたって閉鎖型水槽を維持する方法を考えてみよう。このような長い時間スケールでは，**撹乱**（disturbance）という現象を考慮する必要がある。自然の生態系では，系内のコンパートメント（生物や土壌有機物などの炭素プール）を一時的に破壊してしまうような外的な力が加わる場合があり，これを撹乱とよんでいる。日本における典型的な撹乱としては火山噴火がある。例えば，観光地としても有名な桜島は，今でも活発な活動を続ける火山であるが，島内は決して「はげ山」ではない。場所によっては立派な常緑広葉樹林がみられるのはなぜだろうか。桜島には大正溶岩や昭和溶岩とよばれる噴火年代の異なる溶岩堆積物がたくさんあり，まさに自然の撹乱の実験場である（コラム 10.2）。近年噴火した場所ではススキなどが優占する草原になっているが，やがてクロマツが優占するマツ林になり，噴火後数百年も経つとアラカシやタブなどを中心とした常緑広葉樹林が再生してくる。このように，生態系には撹乱から自律的に再生するような仕組みが組み込まれており，これを**遷移**（succession）という。

10.6.2　遷移と時間的機能群

このような遷移が起こるのはなぜだろうか。生態系の群集の中にはエネルギーの流れと物質循環を引き起こすような機能群が必要であった。このような群集の空間的機能群と同時に，撹乱後の様々な時間軸で出現する時間的機能群が生態系内には存在している。マッカーサー（MacArthure, R. H., 1930–1972）とウィルソン（Wilson, E. O., 1929–　）は生物種がもっている生活史の特性に注目して，どのような環境でどのような生活史が進化してくるかを予測した。種内競争が激しくないような環境（図 10.6（a）の曲線の最初のような場合）では，個体の潜在的な増殖能力（内的自然増加率，r）を高めるように自然選択が働く（r 選択）。逆に，個体群密度が高くて種内競争が激しいような環境（図 10.6 の曲線の最後のような場合）では，種内競争を勝ち抜くような自然選択（K 選択）が働くという ***r*-*K* 選択説**を提唱した。r 選択および K 選択によって進化した生活史の特性のセットを，それぞれ r 戦略，K 戦略とよんでいる。

これは生物の生活史特性を 2 つに単純化した理論だが，時間的機能群のわかりやすい例である。遷移初期のように，不規則に大きく変化する物理的環境で新しい生息域に生物が侵入した場合には，個体群密度は非常に小さいために，成長が速くて寿命が短く 1 回にたくさんの子供を産むような，r 戦略種が優位に働く。遷移概念では，このような性質をもった種類を先駆（パイオニア）種（pioneer species）とよんでいる。一方で，成熟した生態系（極相，climax）

コラム 10.2：攪乱と遷移

攪乱は種類もその規模（生態系内で破壊される炭素プールの割合）も様々である。ヤマネコのウサギに対する捕食は炭素プールの一部破壊ではあるが，個体群動態の通常範囲であり攪乱とはいえない。しかし，数十年に一度の蛾の大発生で葉のほとんどが被食されてしまうような現象は攪乱といえるだろう。攪乱には，草刈りや山火事のようにおもに地上部の生物炭素プールだけを破壊するような小さな規模から，氷河の後退や火山噴火のように生物や土壌を含めて系内の炭素プールをほぼ100％消失させてしまうような，大規模なものまである。

生態系は，このような攪乱に対して受け身の存在ではなく，自律的にもとの生態系に回復する力をもっている。例えば，アメリカのイエローストーン国立公園では，雷などでたびたび大きな山火事が起こる。1988年の夏は乾燥した天気が続き異常気象に見舞われた。公園内では6月下旬に最初の火事が発生し，異常乾燥と強風のためにどんどん広がって手が付けられなくなった。この年の山火事は尋常ではなく，最終的に軍まで動員される事態に陥ったが，それでも収まらず結果的に11月16日の大雪によってようやく終焉を迎えた。山火事は公園面積の36％に及び，生態系の崩壊と悲観的に捉える人も少なくなかった。しかし，この火災で燃えた森林には，その後一切植林は行われていない。火災直後は焼け野原に見えるが，地上部が焼けても土壌が緩衝剤となって土の中の温度はほとんど上がらないために，生き残った種子から，すぐに以前のようなマツ林が再生してくる。

山火事のように，地上部の炭素プールだけが消失するような攪乱後の遷移は二次遷移とよばれる。一方で，桜島の1914年（大正3年）の大噴火では火山灰は上空8,000m以上まで上昇し，黒髪地区をたった1日で埋め尽くした。現在では有名な観光地である黒髪埋没鳥居はもともとの高さは3mあったというが，今では約1mしか地上部に出ていない。さらに，近隣地区は大正瀬戸溶岩で埋め尽くされた（図10.10）。このような攪乱では地上部の生物だけでなく，土壌を含めた地下部炭素プールも火山灰や溶岩の下に埋没して消失しただろう。このような攪乱後の遷移は一次遷移とよばれ，二次遷移に比べて時間はかかるものの，生態系には復元する能力が備わっている。攪乱によって炭素プールが除去される程度は相対的なものなので，二次遷移と一次遷移の違いはあくまで便宜上のものである。

一方で，特に人為的な攪乱では，非常に高い頻度で繰り返されることで，もとの生態系に復元しない例もある。例えば，草原における過放牧は，植物の減少だけでなく地面を踏みつけることで土壌環境を大きく改変して，砂漠化を進行させることがある。環境条件が変化してしまうと，仮に草食動物を排除したとしても，もとの草原に戻すことが難しくなる。このような新たな生態系への不可逆的な変化を生態系レジームシフトとよぶ。

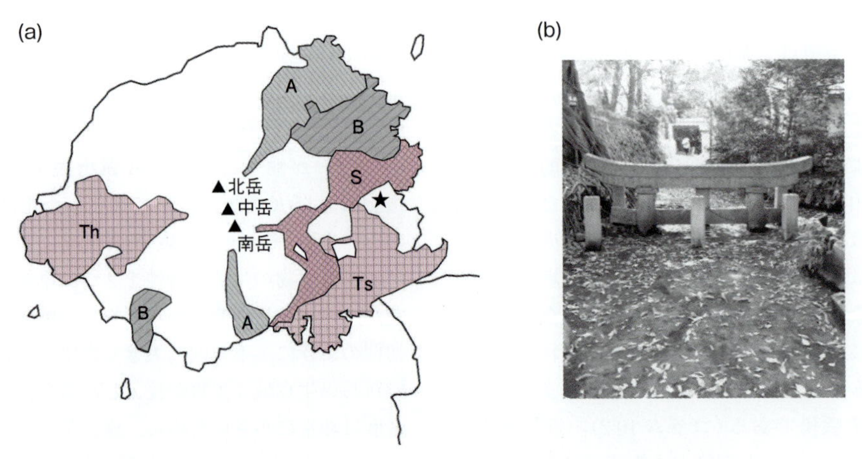

図 10.10　鹿児島県桜島における溶岩流の分布（a）と，火山灰に埋まった黒髪埋没鳥居（b）

B：文明溶岩（1476），A：安永溶岩（1779），Th：大正袴越溶岩（1914），Ts：大正瀬戸溶岩（1914），S：昭和溶岩（1946），★：黒髪埋没鳥居。北岳（1117m），中岳（1060m），南岳（1040m）。

（宇都・鈴木 2002より一部改変）

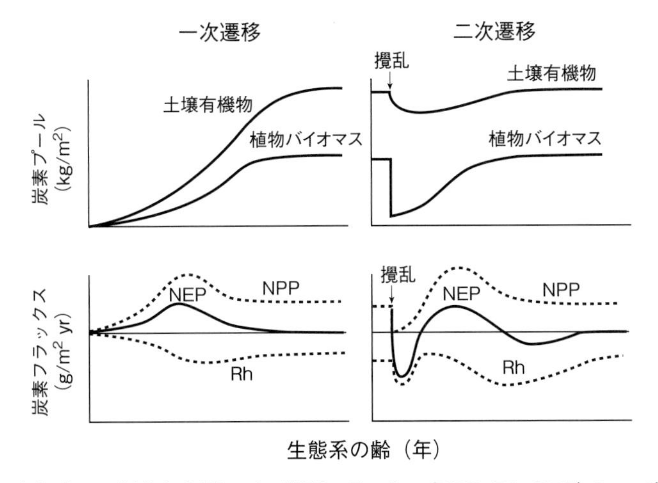

図 10.11　生態系の炭素プール（植物と土壌）および炭素フラックス（NPP, Rh, NEP）の，一次遷移および二次遷移に伴う変化の概念的パターン

二次遷移では遷移初期には生態系は炭素放出源となる。また，一次遷移でも二次遷移でも遷移中期に NPP と NEP は最大になり，生態系が成熟して極相に近づくと NEP は 0 に収束する。（Chapin III, F. S. 2002 より引用）

のような安定した物理的環境では，個体群密度が高く種内競争が激しくなる。このような環境では，成長が遅く繁殖も遅くて大きな体をつくり，長い寿命で高い競争能力をもつ K 戦略種が有利になる。このような種を極相種（climax species）とよぶ。

ある生態系の空間的広がりを考えた場合，成熟した極相生態系だけで構成されているわけではない。例えば，桜島全体を 1 つの生態系と考えた場合には，時間的に異なる様々な生態系がパッチ状に集まっている（図 10.10 (a)）。自然の中では一定の確率で撹乱は必ず起こるので，パイオニア種が出現するような立地が空間的に必ず存在する。逆にいうと，このような生物群は撹乱後にまず土地を覆って土壌の流出を防ぎ，その後の生態系の発達を促すような役割をもっていると考えられる。つまり，空間的な広がりの中で生態系はパッチ状に異なる時間的機能群をもっていることが必要であり，ただ 1 つの閉鎖型水槽だけでは撹乱に対応してこれを長期的に維持していくことは不可能である。

10.6.3　生態系機能の遷移的変化

このような遷移に伴って生態系の機能はどのように変化するだろうか。生態系の大きな 2 つのフラックスは，独立栄養生物の光合成による有機物生産（NPP）と，従属栄養生物の呼吸（Rh）による有機物分解である（図 10.8 (b)）。両者の炭素収支（NPP−Rh）は生態系全体での実質的な炭素吸収量（有機物蓄積量）を意味しており，これを**生態系純生産量**（net ecosystem production: **NEP**）とよぶ（表 10.1）。生態系の 1 つの機能としての NEP は，遷移に伴う生態系の発達プロセスに大きな影響を受ける。例えば，山火事のような撹乱が起こって森林が一時的に裸地になると，NEP が 0 になるわけではない。生産者がいなくなるので NPP は 0 になるが，土壌微生物は依然として存在している。裸地化して地表面の温度が上がり Rh が増大する場合もあるので，二次遷移直後の生態系の NEP は大きくマイナスとなる（すなわち生態系が CO_2 の放出源に変わる）（図 10.11）。

その後の二次遷移による森林発達の初期にはバイオマスプールに有機物がどんどん蓄積されていくので，NPP は時間的に増加していく。吉良竜夫（きらたつお）（1919-2011）と四手井綱英（しでいつなひで）（1911-2009）は森林生態系の NPP の時間的変化を検討した。樹木が成長して森林の林冠が閉じると，単位面積あたりの総葉面積である**葉面積指数**（leaf area index: **LAI**）が最大に達して NPP も最大になる。しかし，その後，樹木の同化器官（LAI）は増加せずに非同化器官（幹や枝）だけが増加していくために，NPP は低下していくことを見いだした。なお最近の研究では，同齢林（人工林のような構成樹種の林齢がほぼ揃った森林）における NPP の低下は，森林の老齢化に伴って幹や枝の木部の水が通りにくくなることや，生態系レベルでの栄養塩類の不足などに起因することがわかってきた。

地球温暖化（global warming）が問題になっている現代において，陸上生態系の NEP（すなわち炭素吸収量）は生態系の重要な機能の1つである。例えば，二次遷移に伴う NEP の時間的変化については，上述したように，攪乱直後は炭素放出源（NEP < 0）であるが，LAI の増加に伴って NEP も増加していく（図 10.11）。しかし，生態系が成熟していくと NPP と Rh の比は1に近づくので，NEP はだんだん低下して極相では0に収束すると考えられている。このことから，いわゆる極相林は炭素吸収の面からみるとほとんど役に立っていないとみなされてきた。20 世紀末の炭素吸収源として，地球上の森林（特に温帯性落葉樹林や北方林）が大きく寄与していたことについては多くの証拠がある（表 10.1）。これは，先進国の多いこれらの地域では，20 世紀後半には原生林がほとんど存在せず，耕作放棄地での二次遷移や植林後の発達による NEP の回復が大きな影響を与えていたのである。

日本でも，明治以降のエネルギー供給や戦中戦後の需要によって，一時的に身近な森林の大部分が失われた。しかし，50～60 年前の拡大造林政策と燃料革命による薪炭林放棄という森林利用の大きな転換以降，日本全体で森林が再生してきた。このため，20 世紀後半の日本全体での森林の NEP はかなり大きかっただろう。しかし，伐期を迎えて利用されずに荒廃している人工林の例をあげるまでもなく，今後 100 年程度の時間スケールでの CO_2 増加や温暖化などの気候変動に対する環境応答を理解するためには，生態系に内在する要因としての遷移に伴う中長期的な生態系機能の自律的変化についての理解が何より重要である。近年では，温帯性落葉広葉樹林の極相であるブナ林では，林齢が数百年を超える原生林においても，吉良・四手井の結果とは異なり，NPP が低下せず NEP も高いまま維持されるという証拠が増加しつつある。いわゆる極相林の生態系機能に関する研究は，実はまだ始まったばかりである。

■ 演習問題

10.1　負のフィードバック調節により制御されている身近なシステムを1つあげ，その制御様式を説明せよ。

10.2　図 10.3 の気候帯に伴う植生帯の変化は，登山に伴って日本では観察できる。海岸付近では常緑広葉樹林が優占する 2,500 m 以上の中部山岳を登山した場合の植生帯の変化と，その理由を説明せよ。また，日本の（自然の）山岳では見ることができないバイオームを1つあげ，その理由を説明せよ。

10.3　ヒト個体群の生存にかかわる物理的環境の要素として，資源と環境条件を1つずつあげよ。その資源がなくならないように使い続けるにはどうしたらよいか述べよ。

10.4　世界の人口は 1800 年頃には 10 億に過ぎなかったが，1960 年代には 30 億を超え，国連の「世界人口白書」によると 2011 年には 70 億に到達したという。現在の人口増加率は日本ではマイナスで人口は減少しているが，世界平均では 1.2% 程度と推定されている。人口増加率が 1.2%（すなわち N_t/N_{t-1} = 1.012）と，2.0% の場合の，2011 年から今後 100 年間の人口推移をグラフで示せ。

10.5　表 10.1 にあるように，熱帯雨林はツンドラ生態系と比べるとそのバイオマスは約 60 倍もあり，純一次生産量（NPP）も 10 倍以上ある。しかし，2つの生態系の土壌に蓄積する炭素（ネクロマス）を比較すると，むしろツンドラ生態系の方が大きくなるという。その理由を説明せよ。

10.6　r 戦略，K 戦略をもつと考えられる生物種名（植物でも動物でもよい）を1つずつあげ，その生活史の特徴を説明せよ。

■ 注釈

1)　従属栄養生物は，他の生物を捕食することによって自身のエネルギーを得ている。おもに捕食によって引き起こされる，ある生物から別の生物へのエネルギーや栄養の移動によって，直接的に繋がれた生物のグループを食物連鎖という。例えば，草とそれを食べるバッタ，またそれを食べる鳥は食物連鎖を構成している。食物連鎖にはおもに2つの経路があり，バッタのように生きた植物を捕食する生物に繋がる食物連鎖を生食連鎖とよぶ。一方，動物の死骸や植物リターのようなネクロマスを餌とする生物に繋がる食物連鎖が腐食連鎖である。実際の生態系内の生物群集では，このような食物連鎖が網の目のように繋がっており，たくさんの食物連鎖が集まって植物網（food web）を構成している。

11 生物科学の産業応用

本章では，現代生物科学で得られた知見が畜産業や水産業といった産業分野でどのように応用されているかについて紹介する。

11.1 生殖の人為的支配

有性生殖を行う種において，新たな個体の誕生は雌雄に由来する生殖細胞の受精から始まる。この受精を人為的に制御する方法として，**人工授精**(artificial insemination)，**体外受精**(in vitro fertilization)，**顕微授精**(micro insemination)といった技術が，また，受精によりできた胚を体内に移植して産子[1]を得る技術(**胚移植**)がそれぞれ発達してきている(図11.1)。

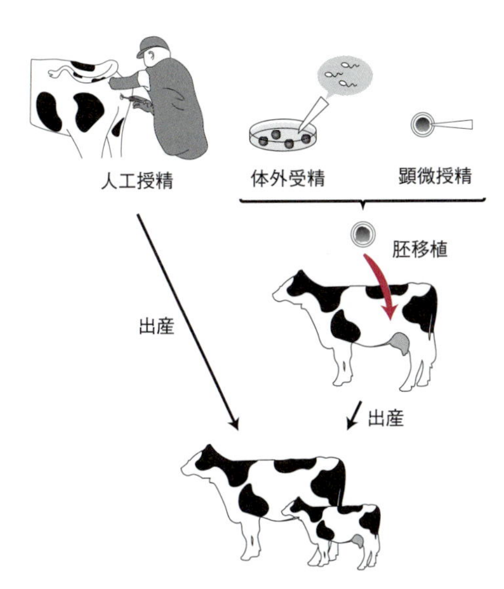

図 11.1 家畜における人為的生殖支配
人工授精，体外受精，顕微授精により得られた胚を仮親に移植(胚移植)することにより，家畜の生殖を人為的に支配する技術が開発されている。(図版提供：道家未央)

(1) 人工授精

人工授精は，新鮮な，もしくは凍結保存してあった射出精子を，雌の生殖器に人工的に導入する技術である。この技術の利点は，受精に十分な数の精子が確保され，なおかつその運動能が維持されていれば行えることである。この技術は，射出精子の確保が比較的容易な家畜，ヒト，希少動物の一部(ジャイアントパンダやコアラ)で広く用いられている。なかでもウシは，その射出精子の**凍結保存**法がよく確立されており，1回の射精で得られる精子から人工授精により約300頭を生産できることから，全世界で人工授精が実施されている。日本では優良な種雄牛の育種選抜や精子の凍結技術の発達が著しく，乳牛，肉牛ともにほぼすべてが人工授精により生産されている。

(2) 体外受精

体外受精は，人工授精とは異なり，受精現象自体を体外で行う技術であるため，人工授精に比べ，技術確立のうえでは留意すべき点がいくつかある。1つは自然交配時や人工授精時に起こる，雌の生殖器内での精子の**受精能獲得**(capacitation)である(7.2.1参照)。一般的に精巣上体から採取もしくは射出により得られた直後の精子は受精能をもたない。そのため，体外受精に用いる場合には特殊な培地の中で一定時間培養する過程(前培養)を経ることで受精能を獲得させる必要がある。体外受精を行うにあたり留意すべきもう1つの点は，**卵子[2]の成熟**である。人工授精に用いる卵子は，卵胞から採取して用いることが多いが，卵胞内にある卵子は未成熟であるため(一次卵母細胞)，卵成熟培地とよばれる培地の中で培養し，成熟卵子にする必要がある。以上のような点に留意して，体外受精により得られた受精卵は，胚移植((4)参照)という技術により雌の体内に戻される。体外受精は，不妊や低受精率の解決や，屠場において通常廃棄される卵巣の卵胞からの卵子回収による有効利用などに応用される技術である。

(3)　顕微授精

顕微授精は，精子の運動能が極めて低いなどの理由により通常の受精能をもたない場合に用いられる技術で，その代表的なものとして**精子細胞質内注入法**(intra cytoplasmic sperm injection: ICSI)がある。この技術は，顕微鏡観察下で精子を卵子の細胞質内に直接注入するもので，現在では，精子だけでなく，そのもととなる精母細胞を用いても受精卵をつくることができる。このように，顕微授精は，精子の運動性や成熟度に左右されないという利点をもつ技術であるため，不妊治療をはじめとした様々な分野での応用が期待されている。

(4)　胚移植

胚移植は，雌の生殖器から採取した着床前の胚や，体外受精や顕微授精により得られた受精卵に由来する胚を，他の雌の生殖器に移植し，着床，妊娠，分娩させる技術である。胚移植技術の開発が家畜生産性の向上にもたらす効果は非常に大きい。例えば，雌に性腺刺激ホルモンを注射することで多数の卵胞を発育させ，過排卵を誘起し，雄と交配もしくは人工授精することで，大量の胚を採取することが可能である。このようにして得られた胚を凍結保存する技術が普及しており，この胚凍結技術と胚移植技術を併用すれば家畜を生体としてではなく，凍結胚として移動，流通させることができる。また，特定の品種や系統の胚を，他品種，他系統の雌の体内に移植して生体にすることも可能である。実際，日本では肉用種である黒毛和牛はその胚を，乳用種であるホルスタインに移植して生産されている(図11.2)。

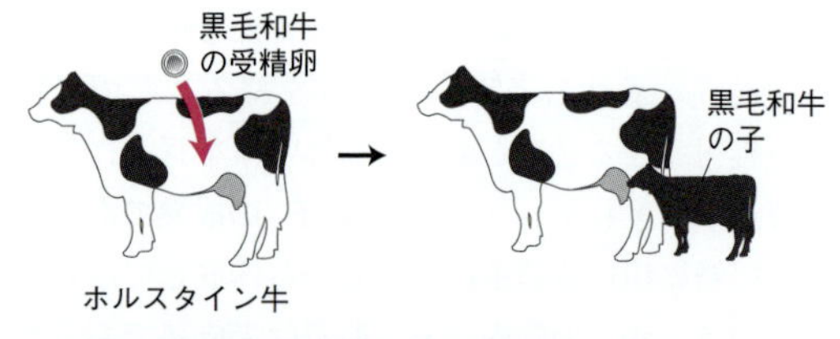

図 11.2　胚移植技術を用いた肉用牛の生産
肉用種である黒毛和牛の受精卵を乳用種であるホルスタインに移植し，産子を得ることができる。(図版提供：道家未央)

11.2　家畜における遺伝子改変技術の利用

人為的な繁殖技術の発達は，家畜における**遺伝子改変**にあたっては必要不可欠なものである。家畜における遺伝子改変は，外因性遺伝子を導入する**トランスジェニック技術**，逆に家畜がもつ内因性遺伝子に人為的に変異を導入することで不活化する**ノックアウト技術**に大別される。いずれの技術についても，その確立にはマウスなどの小型実験動物を用いた研究が基盤となっており，その成果を活用することで家畜の遺伝子改変が可能となっている。家畜における遺伝子改変はその形質を改良することによる生産性の増加や付加価値の増大にとどまらず，ヒト疾患に関する研究を行ううえでのモデル動物，ヒトへの移植用臓器の作製など多岐にわたる。

11.2.1　外来遺伝子の導入技術(トランスジェニック技術)

家畜に外来性の遺伝子を導入する場合，導入する遺伝子をいかにして効率的にゲノムに組み込むかが重要である。その手段としてこれまでに様々な技術が開発されている(図11.5)。以下に主要な技術について述べる。

(1)　DNA顕微注入法

1980年にゴードン(Gordon)らは，**マイクロマニピュレーター**という機器を用いてマウス受精卵前核にDNAを顕微注入し，ゲノムに組み込む技術を報告した。家畜を含め，これまでに作製されたトランスジェニック動物のほとんどで，この技術が使われている。注入されたDNAは，受精卵に最初の細胞分裂が起こる際，ゲノムの一部もしくは複数箇所にランダムに組み込まれる。また，その際に組み込まれるDNAのコピー数により，生まれた個体における外来DNAの発現量は異なる。この技術ではDNAを2つある**受精卵前核**(雌性前核と雄性前核)の一方に注入するため，生まれてきた個体では導入されたDNAは片側のアレル(対立遺伝子)にのみ存在することになる。

(2)　レトロウイルスを利用する技術

1978年にイエーニッシュ(Jaenisch, R., 1942-)らが考案した技術で，**レトロウイルス**のプロウイルスに導入したい外来遺伝子を組み込み，ウイルスの感染性を利用して受精卵に導入する技術である。レトロウイルスは一本鎖RNAウイルスで，感染して細胞内に侵入すると，自らのもつ逆転写酵素により二本鎖 DNA となって細胞のゲノムに組み込まれる。この技術はマイクロマニピュレーターのような特殊な機器を必要としないという利点はあるものの，その一方で，レトロウイルスは活発に分裂をしている細胞にしか感染しないという性質があるため，受精卵への遺伝子導入の際，**桑実胚**以後の細胞分裂が活発な後期胚を用いないと導入効率は下がる。その結果，生まれてきた個体は導入遺伝子が組み込まれた細胞とそうでない細胞とが混在する**モザイク個体**となる。また，導入遺伝子が組み込まれた細胞が**生殖細胞**になった場合には次世代への遺伝子伝達が可能となるが，そうでなかった場合には，導入遺伝子の発現は一代限りとなる。

コラム 11.1：サバにマグロを産ませることは可能か？

日本におけるマグロ類（クロマグロなど）の供給は，太平洋や大西洋における漁によるものと養殖によるもので約半分を占めており，残りは各国からの輸入に依存している。近年，近隣各国でもマグロに対する人気が上昇しており，今後はいわゆるマグロの争奪や乱獲が問題化することが懸念されている。養殖用マグロの稚魚を得るための親魚は大型で，なおかつ世代時間も長いため（一世代あたり 3～5 年間），その維持には大きなコストや労力を必要とする。

このような問題点を解消するために考案されているのが**代理親魚技術**（借り腹）である。竹内裕と吉崎悟朗らのグループは，ニジマスから採取した始原生殖細胞（将来，精子や卵子になる細胞）をヤマメ稚魚の腹腔内に移植したところ，免疫反応による拒絶を受けることなく生着し，移植した始原生殖細胞はヤマメの生殖腺へと移動して精子や卵子を作り出すことを発見した。さらに，このようにしてヤマメ体内でつくらせたニジマスの精子は，ニジマスの卵と受精することによりニジマスの稚魚を生産することもわかった。

この技術を他の魚種に応用できれば，将来は体が小さく飼育も簡単なサバなどの小型魚にマグロの精子や卵子をつくらせ，マグロの稚魚を大量に生産することも可能になるのではないかと大きな期待が寄せられている（図 11.3）。

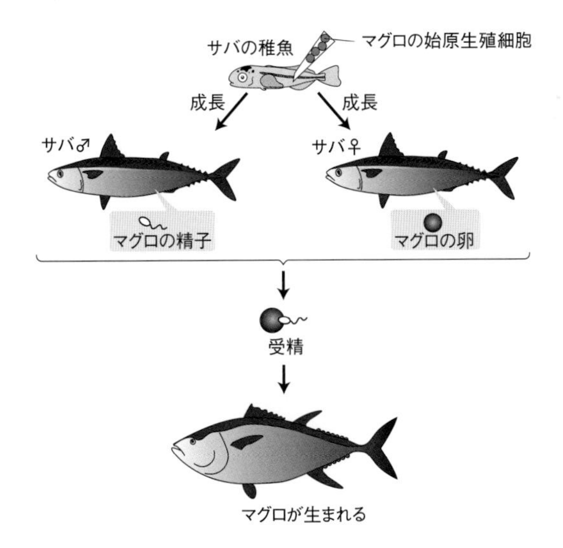

図 11.3　サバを利用してマグロを産ませる

サバの稚魚の体内にマグロから採取した始原生殖細胞を移植する。サバが成長するとともに雌雄体内ではマグロの精子と卵がつくられる。これを受精させることによりマグロを生産することができる。（図版提供：道家未央）

(3) 胚性幹細胞 (ES 細胞) を利用する技術

多能性を備えた**胚性幹細胞** (**ES 細胞**, embryonic stem cell) に外来遺伝子を導入し，それを受精卵に移植することでトランスジェニック個体を作製する技術である。目的とする外来遺伝子をES細胞に導入し，外来遺伝子がゲノムに取り込まれて**形質転換**した細胞のみを選択する。得られた形質転換ES細胞を**胚盤胞**期の受精卵に注入することにより，生ま

コラム 11.2：三倍体ニジマス

水産業の分野では，**染色体操作**により3組の染色体群をもつ魚 (三倍体) が開発されている。魚では卵子 (2n) と精子 (n) が受精した後に，卵子から極体 (n) が放出されることで最終的に受精卵は 2n となる (7.2節参照)。この時，水圧や温度などの物理的刺激をかけることで極体の放出を阻止し，3組の染色体群をもつ魚 (三倍体 (3n)) を作製することができる。また，2n となった受精卵に圧力をかけ，卵割を阻止することで四倍体 (4n) を作製することも可能である。

このような染色体操作技術を用いて，長野県では『信州サーモン』とよばれるブランド魚が開発されている。通常のニジマスの受精卵 (2n) に高い水圧をかけることで作製した四倍体ニジマスの雌から採取した卵子と，ブラウントラウト[3]の雌の稚魚を雄性ホルモンにより**性転換**した雄 (もとはXXなので精子はすべてX) の精子を受精させることで三倍体をつくることができる。このようにしてできた魚はニジマス由来の染色体が2組 (2n) でブラウントラウト由来の染色体が1組 (n) であり，また性染色体はXXXであるため，全雌異質三倍体ニジニジブラとよばれ，『信州サーモン』として生産・販売されている。『信州サーモン』は，育てやすく肉質がよいというニジマスの特徴と，ウイルス性の病気に強いというブラウントラウトの特徴の両方を兼ね備えている (図 11.4)。

この他にも，日本では三倍体アユなど，他の魚種についても開発が進められている。

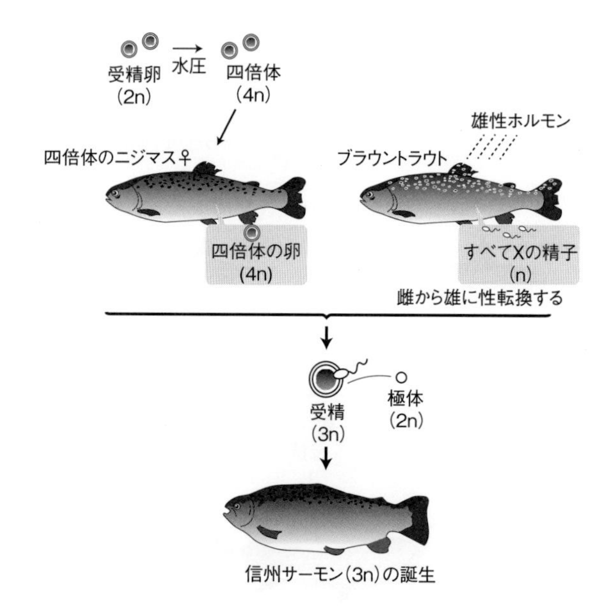

図 11.4 三倍体ニジマス『信州サーモン』

ニジマスの受精卵 (2n) に高い水圧をかけることで四倍体の雌ニジマスをつくる。一方，雄性ホルモン処理により雌ブラウントラウトを雄へと性転換させ，すべてX染色体をもつ精子 (n) を得る。四倍体ニジマスの卵 (4n) とブラウントラウトの精子 (n) を受精させると，極体 (2n) が放出され，ニジマス由来のX染色体2組 (2n) とブラウントラウト由来のX染色体1組 (n) をもつ三倍体 (3n) が誕生する。(図版提供：道家未央)

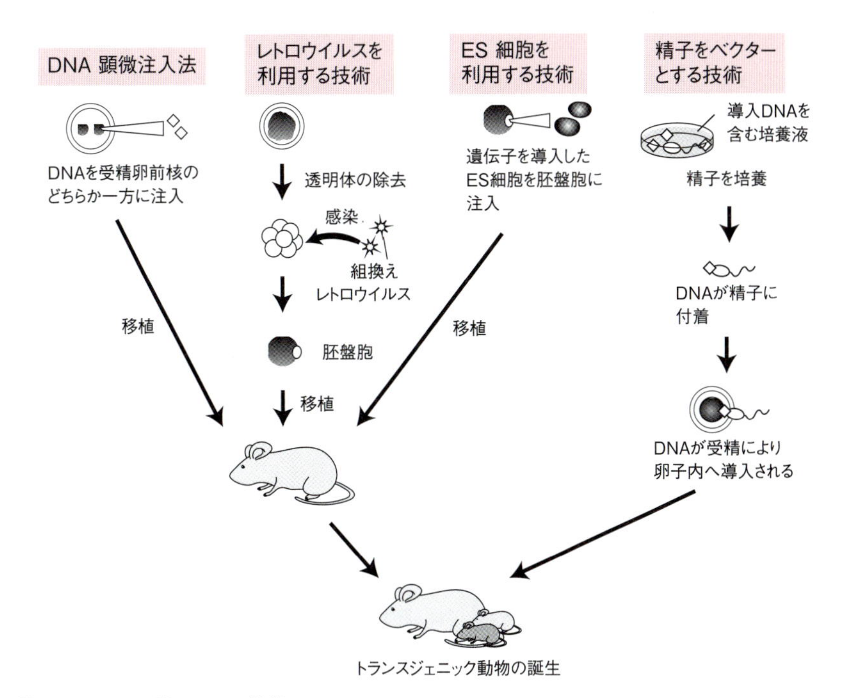

図 11.5　様々なトランスジェニック技術
受精卵前核へのDNA顕微注入法，レトロウイルスを利用した受精卵への遺伝子導入法，遺伝子導入したES細胞を胚盤胞に移植する方法，精子をベクターとしてDNAを卵子に注入する方法などにより，トランスジェニック動物を作製することができる。(図版提供：道家未央)

れてきた個体は**キメラ**(chimera)となる。このうちES細胞に由来する生殖細胞に導入遺伝子が組み込まれていれば，次世代への導入遺伝子の伝達が可能となり，トランスジェニック個体を得ることができる。一方，この技術では遺伝子導入した動物種でES細胞が確立されていることが前提となるが，現在はマウスやラットでのみ生殖細胞にも分化することができるES細胞が樹立されており，家畜でのES細胞の樹立には成功していないため，家畜への遺伝子導入における本技術の実用化は開発途上である。近年発見された**人工多能性幹細胞**(**iPS 細胞**, induced pluripotent stem cell)は，ウシですでに作製に成功し，それが生殖細胞に分化することも確認されていることから，ES細胞の代わりにiPS細胞を用いた家畜への遺伝子導入技術の開発が期待されている。

(4)　精子をベクターとする技術

精管膨大部から採取した精子や射出精子を，導入DNAを含む培養液で培養し，それを人工授精や体外受精に用いる技術である。精子に付着したDNAが受精により卵子内へと注入され，受精卵のゲノムに組み込まれることでトランスジェニック個体を得る技術であるが，いくつかの動物種で成功例はあるものの再現性に乏しく，広く実用化されるまでには至っていない。

11.2.2　家畜におけるトランスジェニック技術の利用

これまでに述べたような技術を利用し，外来性の遺伝子を導入することで家畜の形質を変えようとする試みが行われてきた。

トランスジェニック技術が確立した1980年以降はこの技術を利用し，成長にかかわるホルモンや細胞成長因子の遺伝子を導入することで，家畜の成長を促進させようとする試みが多数行われてきた。例えば，肝臓で発現するメタロチオネイン-Iやトランスフェリン遺伝子の**プロモーター**下流に**成長ホルモン**遺伝子を連結し，導入したトランスジェニック家畜がウシ，ブタ，ヒツジ，ウサギなどで実際に作製された。それらのほとんどは，当初期待していたような著しい成長促進は観察されなかったものの，成長ホルモン遺伝子を導入した一部のトランスジェニックブタでは，飼料効率(摂取飼料あたりの体重増加量）の向上がみられた。しかしその一方で，ほとんどのトランスジェニックブタは様々な疾患を伴う虚弱な体質を示すなどの障害が同時にみられたため，実用化には至らなかった。

もう1つの試みは，家畜に外来性遺伝子を導入することにより，その血液や乳汁中にヒトにとっての有用な物質を効率的に生産させる試みである。ヒトの血液中に含まれる生理活性物質の中で疾病の治療などに効果を発揮するものを大腸菌，酵母，培養細胞などを利用して生産する技術が開発されているが，原核生物（大腸菌）を用いて生産する場合には翻訳後の修飾（糖鎖付加や高次構造の構築など）が起こらず，また，菌体成分との分離が困難であるなどいくつかの問題点がある。培養細胞を用いて生産する場合には大規模で複雑な設備を必要とするといったコストの点からの問題が存在する。

コラム 11.3：ヒツジとヤギの異種間キメラ動物『ギープ』

同一の個体において異なる遺伝情報をもつ細胞が混在していることをキメラ（chimera）とよぶ。キメラという語は，ギリシア神話に登場する頭部はライオン，胴体はヤギ，尾はヘビという怪物キマイラ（Chimaira）に由来する。1961年にポーランドのタルコフスキー（Tarkowski, A. K., 1933-2016）は，毛色が黒いマウスと白いマウスそれぞれの8細胞期の胚の外側の透明帯を針で切り裂いて，裸になった両方の胚をくっつけたところ1つの大きな胚盤胞がつくられ（**胚集合法**），それを仮親マウスに移植して個体を得ることに成功した。生まれてきたマウスは毛色が黒色と白色のまだら模様をもっていた。これが世界で初めてのキメラ動物の誕生であった。これに続いて，マウスとラット間など異なる動物間でのキメラ動物の作製が試みられたが，異種動物の間でつくられた受精卵は，仮親にとっては異物として認識されるため免疫の拒絶反応により妊娠初期に流産してしまった。胚盤胞では**内部細胞塊**（inner cell mass: ICM）が胎子[4]の体へ，**栄養外胚葉**（trophectoderm）は**胎盤**へと分化する（7.5.2 参照）。例えば，ヤギ胚の内部細胞塊をヒツジ胚の胚盤胞に注入した場合，そのキメラ胚の胎盤はすべてヒツジに由来するため，これをヒツジの仮親に移植しても**拒絶反応**は回避可能である。その方法を利用して，1983年にフェリー（Fehilly, C. B.）らは，ヤギ（goat）とヒツジ（sheep）との間でキメラ動物を作製し，『ギープ（goat+sheep＝geep）』と名づけた（図 11.6）。

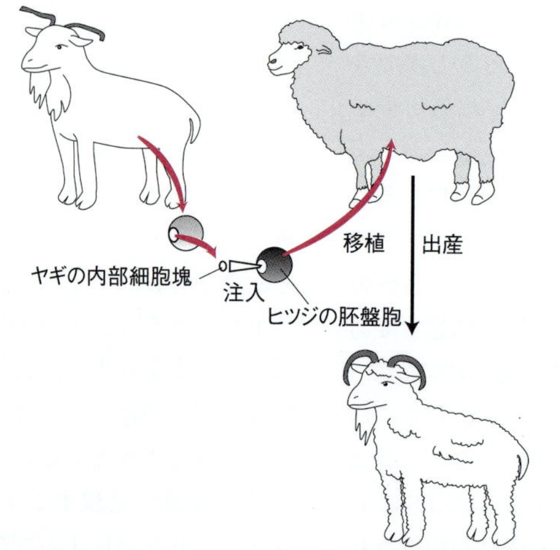

図 11.6　ヒツジとヤギの異種間キメラ動物『ギープ』

ヤギの胚盤胞から採取した内部細胞塊（ICM）をヒツジ胚盤胞内に注入し，ヒツジに移植する。胎盤はヒツジ胚盤胞の栄養外胚葉に由来するため拒絶反応は起こらない。産子はヤギとヒツジの内部細胞塊に由来する細胞からなるキメラ動物である。ギープ（geep）の由来は goat（ヤギ）＋sheep（ヒツジ）に因む。（図版提供：道家未央）

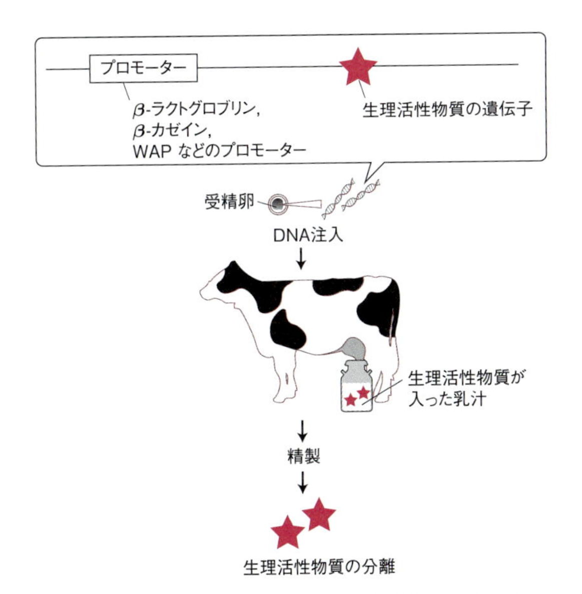

図 11.7　トランスジェニック技術を利用した動物工場
乳腺特異的に発現する遺伝子のプロモーター下流に生理活性物質をコードする遺伝子を連結し，これをトランスジェニック技術によりウシに導入する。遺伝子が組み込まれたウシは乳汁中に生理活性物質を生産する。(図版提供：道家未央)

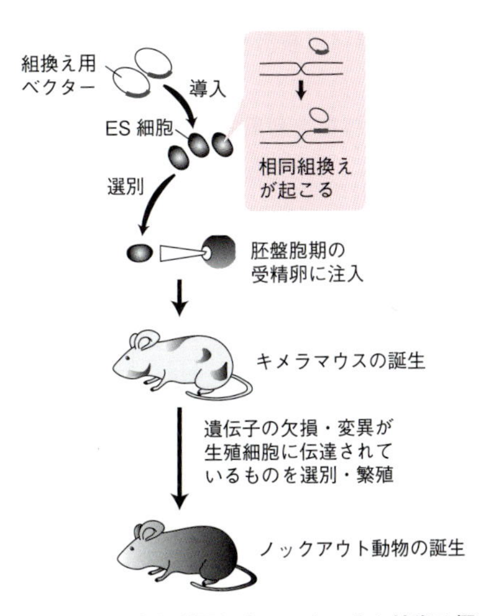

図 11.8　ES 細胞を利用したノックアウト技術の概略
ES 細胞に遺伝子組換え用のベクターを導入し，内因性遺伝子との間で相同組換えが生じた細胞を選別する。選別した ES 細胞を胚盤胞に注入し，産子を得る。得られた産子はキメラ動物であるが，注入した ES 細胞が生殖細胞へと分化していれば遺伝子変異は次世代へと伝達することになる。(図版提供：道家未央)

一方，例えば，乳腺で特異的に発現するような遺伝子のプロモーターを利用して外来性の遺伝子産物を乳汁中に分泌させることが可能である。乳腺で特異的に遺伝子を発現させるプロモーターとしては，これまでに*β*-ラクトグロブリン，*β*-カゼイン，乳清酸性タンパク質 (whey acidic protein：WAP) などの遺伝子のプロモーターが利用されている。このように，家畜 (動物) がもつ生体機能を利用して物質を生産させる**バイオリアクター** (bioreactor) を，**動物工場** (animal factory) とよぶ (図 11.7)。このような動物工場を利用して生理活性物質を乳汁中に産生させる技術はすでに実用化されており，ヤギの乳汁中に産生させた血液凝固因子アンチトロンビンやウサギの乳汁中に産生させた血管性浮腫の治療薬 C1 エステラーゼインヒビター (C1 esterase inhibitor) などはすでに市場に流通し，実際の医療現場でも用いられている。動物工場を利用した有用生理活性物質の生産には，生産コストの低減，病原体の混入・汚染の回避，目的とする物質 (タンパク質) への修飾の付加など多くの利点がある。

11.2.3　特定遺伝子の機能を欠損させる技術 (遺伝子ノックアウト技術)

(1)　ES 細胞を利用する技術

特定遺伝子の機能を欠損させる技術は，ES 細胞が樹立されているマウスでは様々な遺伝子機能を調べる目的で多用されている。ES 細胞を用いた特定遺伝子機能の欠損技術では，最初に機能を欠損させようとする宿主の遺伝子構造の一部に欠損や変異をもつような遺伝子を構築する (**組換え用ベクター**)。これを ES 細胞に導入すると，内因性遺伝子と導入した組換え用ベクターとの間で低頻度ながら**相同組換え**が起こる。この組換えにより内因性遺伝子に欠損や変異が導入された ES 細胞を選別し，胚盤胞期の受精卵に注入し，キメラ個体を得る。この個体で，遺伝子の欠損や変異が生殖細胞に伝達されていれば，それを利用することにより遺伝子ノックアウト動物が得られる (図 11.8)。

家畜では ES 細胞が樹立されていないため，これまで主として体細胞核移植技術を利用することで，ノックアウト動物が作製されている。家畜における本技術は，その生産性の低下を防ぐための抗病性付加やヒトの疾患研究を行ううえでの動物モデル作製，ヒトへの移植用臓器の作製などを目的とする場合が多い。

(2) 体細胞核移植を利用する技術

ES 細胞を利用した遺伝子ノックアウト技術が成立するのは，受精卵に移植した ES 細胞がすべての体細胞だけでなく生殖細胞にも分化するという多能性をもつからである。したがって，体細胞を遺伝子ノックアウト技術に用いるためには，体細胞が多能

コラム 11.4：筋肉の発達を抑制する『ミオスタチン』

欧州にはベルジャンブルー (Belgian Blue) やピエモンテ牛 (Piedmontese) とよばれる肉用種のウシがいる。この両品種はともに著しく筋肉が発達しており，脂肪が少なく赤身の多い肉が取れることで有名である。このような形質をダブルマッスル (double-muscle) とよぶ。1997 年に，ベルギーのグロベット (Grobet) らやニュージーランドのカンバドゥール (Kambadur) らは，この両品種ではある細胞成長因子をコードする遺伝子に変異が生じていることを発見した。遺伝子に生じた変異によりタンパク質への翻訳が起こらなくなり，結果としてその細胞成長因子の産生が消失していたのである。この細胞成長因子は筋肉にだけ発現するという非常にユニークな性質をもち，その産生がなくなることで筋肉が著しく発達していることから，通常は筋肉の発達が過剰にならないように負に制御しているのだろうと考えられ，"筋肉の (発達)" を表す "Myo" と "抑制する因子" を表す "statin" を組み合わせて，ミオスタチン (Myostatin) と名づけられた (図 11.9)。

一方，同じ時期 (1997 年) にマウスを使って様々な新しい細胞成長因子を探索していたマックフェロン (McPherron) らは，ある細胞成長因子が筋肉だけで発現し，しかもそれをノックアウトしたマウスでは筋肉が著しく発達していることを発見し，それを GDF-8 (growth differentiation factor-8) と名づけた。実は，同時期にウシで発見されたミオスタチンとマウスで発見された GDF-8 は同じ遺伝子だったのである。

ダブルマッスルウシは日本の肉用種のウシでも時折発生がみられ，その臀部の筋肉が発達した形状から "豚尻" とよばれてきた。2000 年には，日本短角種とよばれる肉用種にみられる豚尻の原因がミオスタチン遺伝子の変異によるものであることが明らかとなり，本品種による赤身肉生産増加への活用が期待されている。

ミオスタチン遺伝子は広く哺乳類で保存されており，2004 年にはヒトでもミオスタチンに変異をもつ男児が見つかり，生まれながらにして筋肉の発達が著しく，4 歳半にして両手に 3kg のダンベルを持ったまま立ち上がれるほどの筋力を有していた。興味深いことに，この男児の母方の家系は 3 代にわたり "力持ち" の家系である。

ミオスタチン遺伝子

野生型
.......tgt gat gaa cac tcc aca gaa tct cga tgc tgt cgt tac cct cta act gtg gat ttt gaa gct ttt
.......Cys Asp Glu His Ser Thr Glu Ser Arg Cys Cys Arg Tyr Pro Leu Thr Val Asp Phe Glu Ala Phe

変異型
.......tgt ga- --- --- --- -c aga atc tcg atg ctg tcg tta ccc tct aac tgt gga ttt tga agc ttt t
.......Cys Asp Arg Ile Ser Met Leu Ser Leu Pro Ser Asn Cys Gly Phe End

終止コドン
ミオスタチンタンパク質がつくられない

野生型

変異型 (ダブルマッスルウシ)

図 11.9　筋肉の発達を抑制する『ミオスタチン』

ダブルマッスルウシではミオスタチン遺伝子の塩基配列のうち 11 塩基が欠損している (図中で色の部分)。そのため，フレームシフトにより新たな終止コドン (tga) ができるため正常なミオスタチンタンパク質がつくられず，筋肉は著しく発達する。(Grobet, L. *et al.* 1997 より改変引用，図版提供：道家未央)

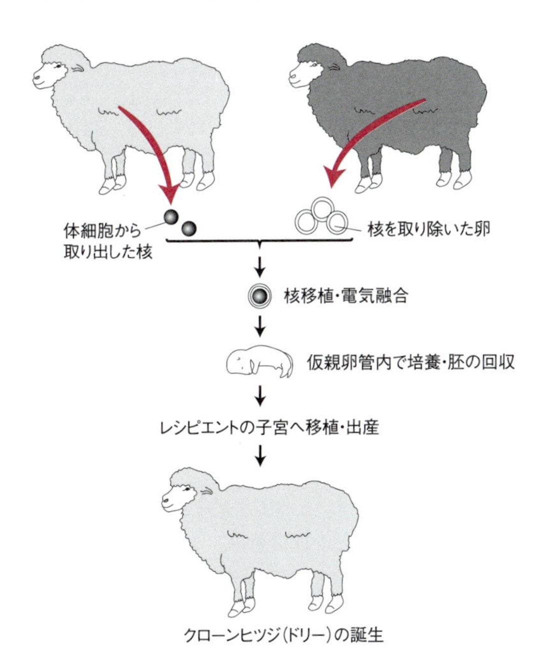

図 11.10 クローンヒツジ(ドリー)の作製
ヒツジの体細胞から取り出した核を，別の雌ヒツジの除核した卵子に移植し，電気融合を行う。これを仮親に移植することで産子を得る。得られた産子は体細胞を取り出したヒツジと同一の核と同じ遺伝情報をもつクローンである。
(図版提供：道家未央)

性をもちうるか否かが重要な点である。この点について，1997年に，ウィルムート(Wilmut)とキャンベル(Campbell)らのグループが成体ヒツジの体細胞(乳腺細胞)を用いたクローンヒツジ(ドリー)の作製に世界で初めて成功したのは大きな進歩であった(7.1.2参照)。このグループは，ヒツジの体細胞をあらかじめ核を除いておいた卵子に注入し，それを仮親に移植することで個体を得ることに成功した(図 11.10)。生まれてきた個体は体細胞の核とまったく同じ遺伝情報をもつ個体，すなわちクローン個体である。この成功例に続き，日本でも若山照彦(わかやまてるひこ)(1967-)らが成体マウスの体細胞から核だけを取り出し，それを除核した卵子に注入することによりクローンマウスの作製に成功している。

キャンベルらのグループは2000年に，クローンヒツジの作製に用いた体細胞核移植技術を応用して，遺伝子ノックアウトヒツジの作製に成功している。ヒツジ胎子から採取した繊維芽細胞の a1 プロコラーゲン遺伝子に相同組換えによる変異を導入し，その核を除核した卵子に移植することにより世界で初めてノックアウト家畜を作製した。

11.2.4 家畜における遺伝子ノックアウト技術の利用

20世紀後半に開発されたシクロスポリンAやFK506などの免疫抑制剤は，ヒトにおける臓器移植の成績を飛躍的に向上させた。その一方で，移植用臓器の供給はその需要にまったく追いついていないという問題点がある。そこで，ヒトの移植用臓器を，家畜を含む動物由来の臓器で代替しようという試みが行われてきた。これまで，ヒトに比較的近縁なヒヒやチンパンジーをはじめとして，ブタやヒツジからもヒトへの臓器移植が実施されてきたが，いずれも移植後の臓器の生着期間は数時間から数か月であり，実用化にはほど遠いのが現状である。また，ヒトに近いヒヒやチンパンジーの臓器を移植に利用することは，人畜共通感染症，動物愛護，ヒトとの臓器の大きさの違いなどの問題もある。現在までに，ヒトへの臓器移植のドナーとしては，ヒトとの臓器形態や機能の類似性，多胎で繁殖が容易であること，肉用家畜としての長い利用の歴史から倫理的な理解が得やすい，SPF (specific pathogen free) 化によりヒトに有害なウイルスなどを排除することが可能であることなどから，ブタが最も有望視されている。

ブタなどの動物の臓器をヒトへの移植に利用する**異種間移植**における最大の課題は，臓器移植に際して起こる**超急性拒絶反応** (hyperacute rejection: HAR) である。例えば，ヒトや類人猿以外の動物では，α1,3-ガラクトース転移酵素 (α1,3-galactosyltransferase: α1,3-GT) とよばれる糖転移酵素が存在している。そのため，ブタの臓器における血管内皮細胞膜上では，この酵素により α1,3-ガラクトース (α1,3-Gal) が合成される。ヒトでは α1,3-GT 遺伝子に変異が生じており，塩基配列の**フレームシフト**により本酵素の活性が存在しない。そのため，ブタの臓器に発現する α1,3-Gal はヒトにおいて強力な抗原性を示し，移植したブタの臓器は超急性拒絶反応により拒絶されてしまう。α1,3-Gal は *N*-アセチルラクトサミンを基質として産生されるが，ヒトでは *N*-アセチルラクトサミンを基質とする酵素として α1,2-フコース転移酵素 (α1,2-fucosyltransferase: α1,2-FT) がある。そのため，ヒト α1,2-FT を過剰に発現するようなトランスジェニックブタを作製で

コラム 11.5：クローン技術を用いてマンモスの復活は可能か？

すでに絶滅したマンモス。1799 年にシベリアの永久凍土からマンモスの死体が発見されて以降，死体からマンモスを復活させるための様々なアイデアが考えられてきたが，そのほとんどは夢物語に近いものであった。

1993 年に公開された映画『ジュラシックパーク』や『REX 恐竜物語』は，マンモスと同じように，すでに絶滅した恐竜を復活させるという設定のストーリーである。『ジュラシックパーク』では，琥珀に閉じ込められた蚊の血液から恐竜の DNA を採取し，これをワニの未受精卵に注入することで恐竜を復活させた。『REX 恐竜物語』では，洞窟で氷漬けにされていた恐竜の卵から侵入していた精子を取り出し，これをカメの卵に入れて恐竜 REX を誕生させた。これらの映画が公開された当時，両生類であるオタマジャクシから採取した体細胞核移植によるクローンカエルの作製がガードン（Gurdon, J. B., 1933- ）ら（2012 年のノーベル生理学・医学賞を受賞）によって報告されていたが（7.1.2 参照），いったん死んでしまった標本から個体を復元することは不可能であると考えられていた。

ところが，1997 年のクローンヒツジ（ドリー）の誕生は状況を一変させた。ヒツジでのクローン動物作製の成功例に引き続いて，ウシやブタをはじめとする家畜，イヌやネコなどの伴侶動物，ラットやマウスなどの小型実験動物でクローン動物作製の成功が報告され，哺乳類であっても体細胞核移植技術によりクローン個体が作製可能であることが明らかとなった。特に，若山らは世界で初めてクローンマウスの作製に成功しただけでなく，2008 年には長期間（16 年間）凍結保存してあったマウスの死体から体細胞を取り出し，その核を利用することで体細胞クローンマウスが作製可能であることを報告した。

すでに数千年から数万年前に絶滅したと考えられるマンモス死体の体細胞から，保存状態のよい完全な DNA を含む核を採取することは容易ではないだろう。また，もし仮にそのような核が採取できたとしても，それを現存するどの動物の卵子に移植するのか。おそらく近縁種と考えられるゾウの卵子を利用するのであろうが，ゾウにおける人為的な繁殖技術は確立しているとは言いがたい。しかし，これまでの科学の進展を鑑みれば，マンモスの復活はすでに夢物語ではなくなりつつあるのかもしれない（図 11.11）。

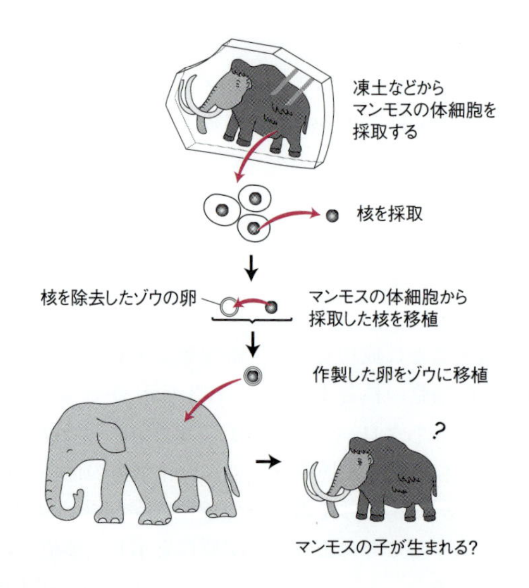

図 11.11　マンモスの復活は可能か？

シベリアの凍土に閉じ込められたマンモスの体細胞から核を採取する。採取したマンモスの核を除核したゾウの卵に移植し，ゾウを仮親としてマンモスの子を得る。（図版提供：道家未央）

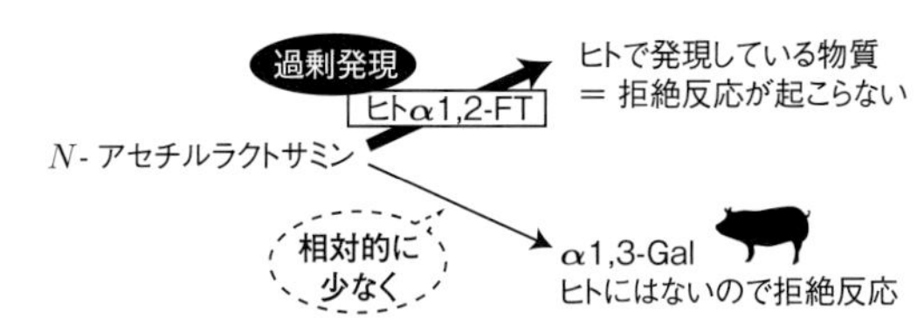

図 11.12　ヒトへの臓器移植用トランスジェニックブタ作製の戦略
ブタの臓器では α1,3-ガラクトース転移酵素により，*N*-アセチルラクトサミンを基質として α1,3-ガラクトース（α1,3-Gal）が合成されるため，ヒトに移植した場合，超急性拒絶反応が起こる。そこで，同じく *N*-アセチルラクトサミンを基質とするヒト α1,2-フコース転移酵素を過剰発現させたトランスジェニックブタを作製することで，α1,3-Gal の産生を相対的に少なくすることが可能である。（図版提供：道家未央）

きれば，*N*-アセチルラクトサミンからの α1,3-Gal の産生を相対的に減少させることが可能である（図 11.12）。これらの観点から，2003 年にラムスーンダー（Ramsoondar）らは，体細胞クローン技術を利用して内因性のブタ α1,3-GT をノックアウトするとともに，ヒト α1,2-FT の遺伝子を導入したブタの作製に成功している。

■ 演習問題

11.1　家畜の生殖の人為的支配技術に関する記述として正しいのはどれか。

(1)　顕微授精技術の 1 つである精子細胞質内注入法を行う場合，運動性の高い精子を用いる必要がある。

(2)　卵胞から採取した卵子を人工授精に用いる場合，卵成熟培地とよばれる培地の中で培養し，成熟卵子にする必要がある。

(3)　精巣上体から採取した精子は短時間で受精能を失うため，速やかに体外受精に用いる必要がある。

(4)　性腺刺激ホルモンの注射による過排卵で得られる卵子は，人工授精や体外受精に用いるのには不適当である。

11.2　家畜における遺伝子改変技術の利用に関する記述として正しいのはどれか。

(1)　レトロウイルスを用いて受精卵に遺伝子導入する場合，細胞分裂が開始したばかりの 2 細胞期の胚を用いる必要がある。

(2)　精子をベクターとして遺伝子導入する技術はその簡便さとも相まって，現在では多くの家畜で利用されている。

(3)　トランスジェニック動物の作製にあたっては，受精卵の雌雄前核両方に遺伝子導入する必要がある。

(4)　近年発見された人工多能性幹細胞（iPS 細胞）は，ウシでもすでに作製に成功しており，それが生殖細胞に分化することも確認されている。

11.3　家畜を利用して生理活性物質を産生する動物工場について例をあげて，その利点とともに説明せよ。

11.4　世界で初めてのクローンヒツジ（ドリー）がどのような技術を用いて作製されたかを簡潔に説明せよ。

11.5　家畜の臓器をヒトへ移植するような異種間移植について問題となる点およびその解決法を述べよ。

■ 注釈

1)　産子（さんし）：出産により産まれた子のこと。

2)　卵子（らんし）：雄の生殖細胞である精子に対応した雌の生殖細胞のこと。発生生物学では一般に「卵」とよぶが（7 章参照），医学や畜産学の分野では通常「卵子」とよぶため，本章ではこの用語で統一する。

3)　ブラウントラウト：ニジマスと同じサケ目サケ科に属する淡水魚のこと。

4)　胎子：ヒトを除く動物において，母親の胎内にいる子を獣医学，畜産学では「胎子」とよび，ヒトにおける「胎児」とは区別する。

12

環境保全と生物科学

12.1 生態系の中のヒト

12.1.1 生態系とヒト

(1) ヒトによる環境改変

生態系は生物と非生物的要因から構成されるシステムである(10章参照)。ヒトも生態系の構成要素であり，他種の生物や非生物的要因から影響されると同時に，それらに影響を及ぼしている。ヒトによる他種への影響力や環境改変能力は，他の生物と比べても特に大きい。

ヒトによる生態系の改変の影響は，ヒトの生活や産業にも跳ね返ってきている。例えば，森林の伐採は蒸散量の減少を招き，その結果として降水量の低下をもたらす。降水量の低下は，農業をはじめとする様々なヒトの活動に影響する。アマゾン川流域の熱帯林を構成する高木は，1日に数10～数100Lの水を蒸散により放出し，大西洋から南米大陸に吹き込む空気に大量の水蒸気を送り込んでいる。アマゾン川流域では2000年頃からヒトによる森林伐採が加速しており，この傾向が続けば2050年までには森林の40%が失われることが予測されている。このような森林減少は，雨季では12%，乾季では21%もの降水量の減少をもたらすことが予測されている。この気候変化はアマゾン川流域の農業に対して約150億ドルの被害をもたらすとともに，ブラジル国内での電力需要の約65%を担う水力発電にも深刻な影響を与える。

ヒトは地球上の栄養塩循環にも影響をもたらしている。窒素はあらゆる生物の生命活動に必要な元素だが，大気中に大量に存在する窒素分子を取り込んで，アンモニアや硝酸塩といった生物が利用できる形に変えることができる生物は一部の微生物に限定される。しかし，20世紀に入ると，ハーバー・ボッシュ法が発明され，窒素分子と水素分子からアンモニアが合成されるようになった。また，オストワルト法によりアンモニアから硝酸が合成され，肥料

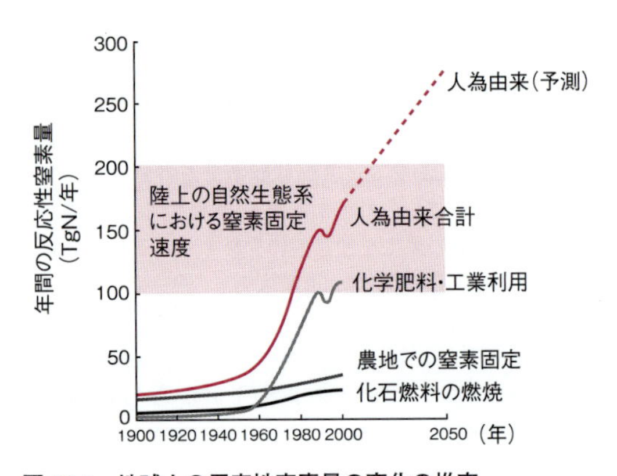

図12.1 地球上の反応性窒素量の変化の推定
(Millennium Ecosystem Assessment の HP より改変)

として用いられるようになった。1950年代以降は，これらの化学手法を用いた化学肥料が世界的に流通するようになった。さらに，窒素固定細菌と共生するマメ類を栽培する農地が増加したこともあり，今世紀には，工業や農業により地球上の生態系に取り込まれる反応性窒素の総量は，ヒトの活動に由来しない量と同等となり，全体では窒素の循環量が倍に増加した(図12.1)。この変化は，様々な生態系で窒素過多の状態をもたらし，湖沼でのアオコの発生，地下水の汚染，海洋での貧酸素水域の形成などの問題を引き起こしている。

(2) 人新世

地球上のヒトの個体数(人口)は約70億とされる。人口は20世紀に急激に増加した。現在の人口は19世紀末期の約4倍である。急速な人口増加は，大気の組成，気候，物質循環といった地球科学的な変化や，他種の急速な絶滅の進行と同時に進行している。このため，ヒトの活動が特に肥大した1960年代以降を，それまでの完新世とは異なる新たな地質年代として，**人新世**(Anthropocene)とよぶことが提案されている。この名称は，オゾンホールの研究でノーベル賞を受賞した地球化学者クルッ

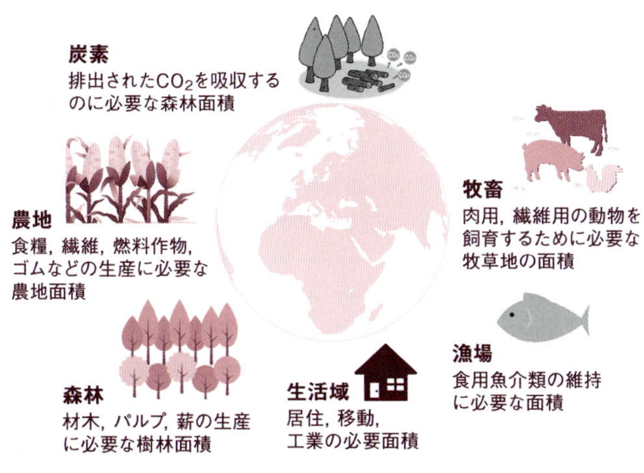

図 12.2 エコロジカルフットプリントの構成要素
（Living Planet Report の HP より改変）

ツェン（Crutzen, P. J., 1933- ）らにより提案された。人新世の開始をより古い時代からとする見解や，明瞭な地質的な痕跡が刻まれるのはさらに将来であるとする見解があり議論が行われている。いずれにせよ，ヒトの活動の影響の大きさは，地球の歴史の上でも特異な現象であるといえるだろう。

(3) 人為の大きさの定量化

あらゆる生物種は個体数が増加すると，その種による資源の消費量や排泄・廃棄物量が増加する。資源の生産や廃棄物の処理には空間が必要になるため，有限な空間ではやがて個体数の増加速度が低下し，最終的には個体数が飽和する。このときの環境の規模（面積や体積）は**環境収容力**（carrying capacity）とよばれる（10 章参照）。

ヒトの場合，生活や産業のあり方によって，1 人あたりが必要とする資源や廃棄物処理に必要な場所の量が大きく異なる。例えば，肉を多く食べ（肉を生産するには家畜が成長するための広い草地が必要），生活物資を輸送コストをかけて入手し，使い捨てにする生活を送るヒトを養うには，植物を中心に食べ「自給自足」的な生活を送るヒトよりも広い面積の土地が必要になる。

これらの違いを定量化する指標として，**エコロジカルフットプリント**（ecological footprint: EF）が考案されている。EF はヒトが環境に与える負荷を，生活や経済活動に必要な「資源の生産」と「廃棄物の浄化」を永続的に行うために必要な陸地と水域の面積として示した数値である。なお，ここでいう廃棄物には，排出される二酸化炭素も含まれ，EF にはその吸収に必要な森林や海洋の面積が加算されている（図 12.2）。

地球上では気候などの違いによって単位面積あたりの植物生産能力が異なるので，その違いを補正した Gha（グローバルヘクタール）という単位を導入することにより，異なる国の間で EF の大きさが比較できるようになっている。2012 年のデータでは，日本人の EF は 5.0 Gha/人であり，これは世界平均の 1.7 Gha/人よりも約 2.9 倍高い。アメリカはさらに高く 8.2 Gha/人である（Global Footprint Network の HP 参照）。

EF の値と世界の総人口および利用可能な地球の表面積の値を利用すると，「ヒトが現在の生活を行うためには地球がいくつ必要か？」という問いに答えられる。すでに，地球に対するヒトの需要は地球が供給できる量を超過しており，地球 1.6 個分に相当する面積を必要としていると推算されている。このように，必要な面積が実際の面積を上回る状態は，**オーバーシュート**（over shoot）とよばれる。ちなみに，世界中のヒトがアメリカ人と同じ生活を送ったとしたら，地球は約 4 個必要という計算になる。

世界規模で野生生物保全活動を展開する非政府組織 WWF（世界自然保護基金）が 2 年に一度の頻度で発行している **"Living Planet Report"** では，EF の経年的な変化が示されている。それによると，EF のオーバーシュート状態は 1970 年代から生じている（図 12.3）。

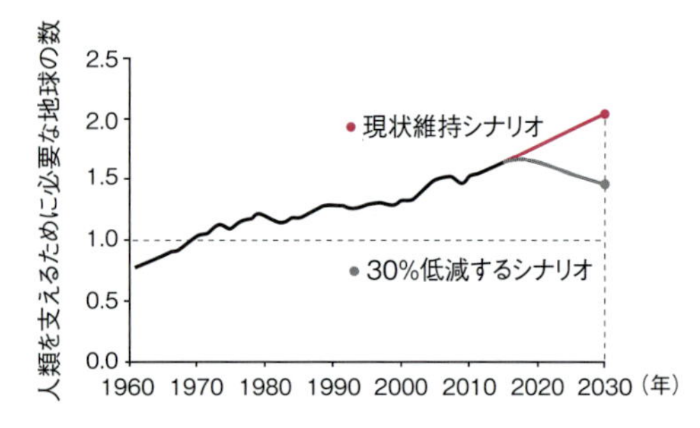

図 12.3　世界全体のエコロジカルフットプリントの変化と将来予測
将来予測は二酸化炭素排出のシナリオに応じた2通りの場合を示している。
(Living Planet Report の HP より改変)

なぜ供給を上回る数のヒトが生活できているのだろうか？　その理由は，やや大胆に言えば，「資源の生産」を過去の地球に，「廃棄物の浄化」を将来の地球に依存しているからである。私たちが資源として依存している石油や石炭という化石燃料は，過去の地球上での光合成生産の産物に由来している。また，二酸化炭素をはじめとする，生産活動で排出される物質は，処理しきれずに生態系の中に放出され，気候の変動や富栄養化などの問題を引き起こしている。EF を用いた評価は，私たちの生活がすでに持続的ではないことを示唆している。

12.1.2　野生生物への影響

(1)　生物の絶滅

ヒトの活動の拡大は，他種の絶滅をもたらしている。地球上に生命が誕生して以来，生物の進化（多様化）と絶滅は継続して生じてきた（9 章参照）。多様化の速度よりも絶滅の速度が大幅に上回れば，全体として種数の減少が進む。地球上の生物の歴史では，全体として多様化が進行し続ける一方，それまで存在した生物が急速に絶滅する**大量絶滅**（mass extinction）といわれる現象が，過去に少なくとも 5 回は生じたと考えられている（図 12.4）。

そして現在，6 回目の大量絶滅が進行していることが指摘されている。この 6 回目の大量絶滅は，過去のそれとは異なり，大陸移動や小惑星の衝突などのような地球科学的なイベントではなく，ヒトという一種の生物の活動が直接的・間接的な原因となっている。さらに，この 6 回目の大量絶滅は，これまでに生じた大量絶滅よりも，速度が 100 倍から 1000 倍近く速い可能性が指摘されている（図 12.5）。

(2)　野生生物の個体数変化

生物種の**絶滅**とは，その種を構成する個体群の個体数がすべてゼロになることである。野生生物の個体群サイズ（個体群を構成する個体数）の長期的な動態を世界的な規模で表現するために開発された指数に，**生きている地球指数**（living planet index: LPI）[1] がある。生物の個体群サイズに関するデータは，哺乳類や鳥類のように大型で研究者の数も多い生物では充実しており，昆虫などの小型で分類・同定が容易ではない生物では不足している。LPI は，比較的データが充実している世界中の脊椎動物（哺乳類，鳥類，爬虫類，両生類，魚類）を対象として，1970 年を 1 とした場合の相対値の調和平均として算出される指標である。

LPI の経年的な動向は，エコロジカルフットプリ

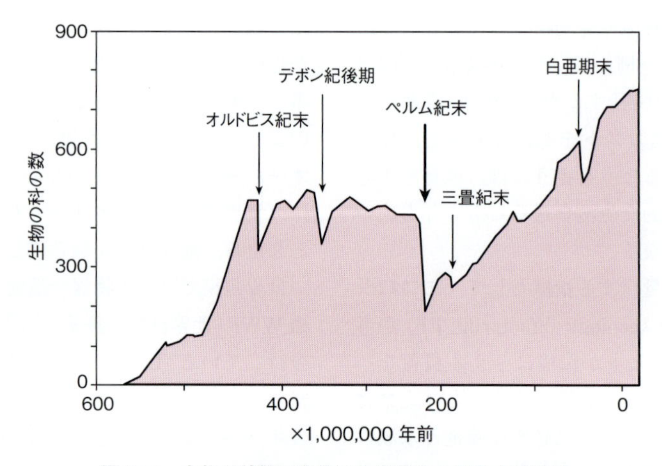

図 12.4　生物の科数の変化にみる過去 5 回の大量絶滅

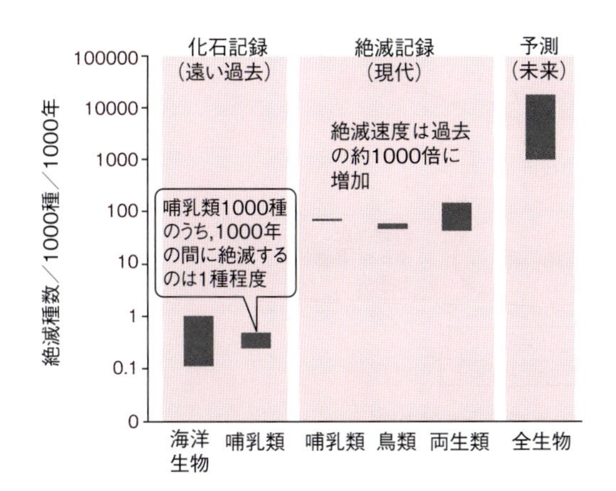

図 12.5　過去と現在の絶滅速度比較
（Millennium Ecosystem Assessment の HP より改変）

ントと同じ "Living Planet Report" に掲載されている。これによると，3,038 種にわたる 10,000 以上の個体群についてのデータから推定した結果，1970 年から 2010 年までの間に個体群サイズは平均 52% 縮小したことが示唆されている（図 12.6）。生物の生息環境ごとにみると，淡水の生物の個体群サイズの縮小が最も顕著であり，この 40 年間に平均 76% 縮小しており，陸域と海域はともに 39% の縮小が進んだとされる。

12.2　生物多様性保全の根拠

12.2.1　生物多様性とは何か

生物多様性（biodiversity）は，地球規模で生じている生物の喪失の問題を共有するために，ウィルソン（Wilson, E. O., 1929- ）らにより提案された造語である。1986 年 9 月，アメリカ研究協議会が "National Forum on BioDiversity" を開催し，その報告書として，ウィルソンとピーター（Peter, F. M.）により 1988 年に "Biodiversity" と題する著書が出版された。それ以降，この語が世界的に普及した。biological diversity（生物学的多様性と和訳される）という用語はそれ以前にも存在したが，より簡潔な言葉によるキャンペーンが功を奏したといえるだろう。

生物多様性は，すべての生物学的階層でみられる多様性の総称として定義される。1992 年にリオデジャネイロで開かれたサミットで採択された**生物多様性条約**（Convention on Biological Diversity）では，「すべての生物の間の変異性をさす概念であり，種内の遺伝的多様性，種の多様性，生態系の多様性を含む」として説明されている。

多くの種が絶滅に瀕しているのは上述した通りだが，たとえ種は存続していても，個体群の縮小化に伴い，同種個体群内での遺伝的多様性が低下している場合がある。また，人為による地形の改変や生物の移入により，地域ごとに固有な種組成をもつ生態系が変化し，少数のコスモポリタン種が多数の場所で優占するなど，生態系の均質化が進んでいることがある。これらの遺伝子や生態系にみられる均質化は，種数の変化だけでは表現できない。生物多様性という言葉は，現在急速に損なわれつつある複数の階層における変異性を一言で表現する際に有用である。

同時に，遺伝子，種，生態系における多様性は相互に関連しあい，全体の安定性をもたらしている（13.5 節参照）。その結果，ヒトは生態系から資源やサービスを安定して享受できる。生物多様性という言葉は，ヒトにとっての自然の恩恵（**生態系サービス**，12.2.3 参照）をもたらす源泉をさすものとし

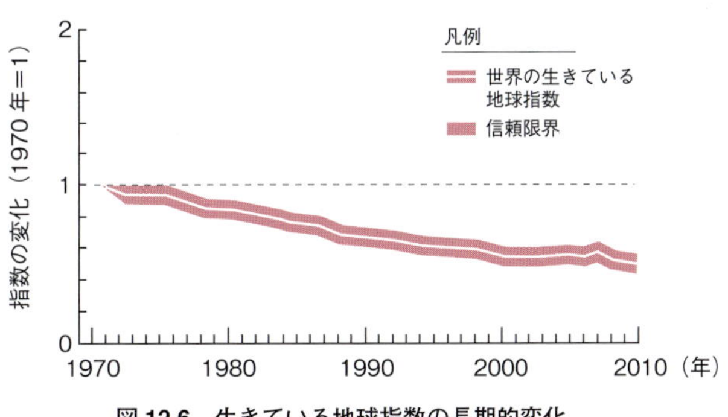

図 12.6　生きている地球指数の長期的変化
（生きている地球レポートの HP より改変）

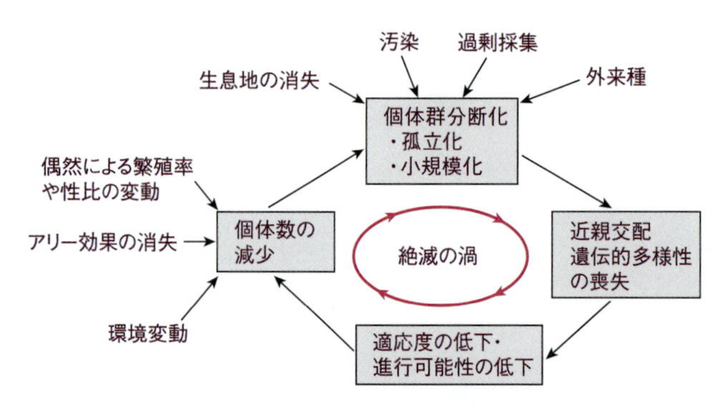

図 12.7 個体群に絶滅をもたらす要因と絶滅の渦

て用いられる。

12.2.2 階層間の関係

生物多様性を構成する3つの生物学的階層における多様性，すなわち**遺伝的多様性**，**種の多様性**，**生態系の多様性**は，相互に深く関連している。遺伝的多様性の程度は個体群の存続性や適応進化の可能性への影響を通して種の存続性に影響する。また，生態系を構成する種の多様性は，生態系の機能や安定性に影響する。

(1) 遺伝的多様性と種の多様性

(i) 絶滅の渦と個体群の存続

個体群内の遺伝的多様性は，個体群が長期的に存続できるかどうかを左右する。同種の生物の中でも，気候の変動や天敵の増加などの環境変動の影響の受け方は遺伝的な特性により異なる。遺伝的な多様性が低い個体群すなわち個体間の遺伝的な類似性が高い個体群では，環境変動により個体が同調して死亡したり繁殖成功度が低下したりする場合がある。個体群の遺伝子プールに多様なアレル（対立遺伝子）が含まれていることは，個体群が様々な環境変化を経験しながら長期的に存続するうえで重要である。

様々な開発行為で生育・生息地が縮小すると，個体群サイズが小さくなる。個体群サイズが小さくなると，**近交弱勢**（inbreeding depression）[2]が生じやすくなる。有性生殖を行う生物は，発生の異常や適応度の低下をもたらす有害アレルを潜在的に保有している。有害アレルの多くは潜性（劣性）であるため，ヘテロ接合である限り適応度には影響せず，ホモ接合になった場合のみ表現型に影響し，適応度の低下をもたらす。個体群サイズが小さくなると**近親交配**（血縁関係のある個体どうしの交配）の確率が高まるため交配後の世代でホモ接合が生じやすくなり，有害遺伝子の影響が表面化する。これが近交弱勢である。

このように，遺伝的多様性の低下は個体群の絶滅の原因になる。同時に，遺伝的多様性の低下だけでは個体群は絶滅にまでは至らなくても，縮小化した個体群では，**アリー効果**の消失（個体密度の低下に伴う生存率や繁殖率の低下）による個体群成長率の低下，気候変動などの偶然による絶滅の可能性の増加など，様々な要因の影響が顕在化する。このため，いったん個体群が縮小化すると，加速度的に個体群が絶滅に向かう場合がある。このような負のスパイラルは**絶滅の渦**（extinction vortex）とよばれる（図 12.7）。

遺伝的多様性の減少や偶然の影響で絶滅しない，個体群の最小サイズを**最小存続可能個体群サイズ**（minimum viable population size: MVP）とよぶ。MVPは生物種や個体群がおかれている環境条件により異なり，環境変動を組み込んだシミュレーションなどにより推定される。このようなシミュレーションを，**個体群存続可能性分析**（population viability analysis: PVA）という。ただし，PVAで用いる環境変動の大きさ（台風の襲来確率など）や近交弱勢の強さなどの変数には，大きな誤差が伴うため，結果の信頼性には注意が必要である。

(ii) 適応可能性

環境が変化すると，新たな環境条件の下で高い適応度を実現できた個体がもつ遺伝子が，次世代の個体群内で相対的に多くなる。これが**自然選択**による進化の基本的な原理である。自然選択による進化が生じるためには，個体群内に遺伝的変異が存在する

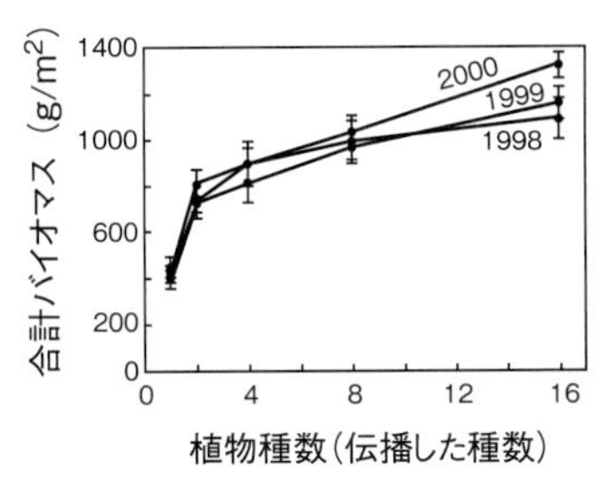

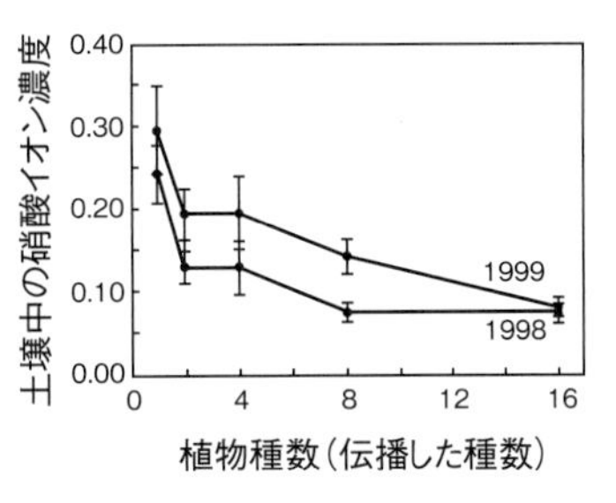

図 12.8　生物種数と生態系機能（バイオマス生産）の間の関係
（Tilman *et al.* 2002 より改変）

必要がある。

生物種あるいは個体群の絶滅は，環境の変化に進化の速度が追いつかずに生じる現象であると言い換えられる。適応進化のための資源といえる個体群内の遺伝的変異の大きさは，突然変異，有性生殖の頻度やパターン，他の個体群からの個体や配偶子の移入などの要因に影響される。突然変異の生起確率は原則として一定であり，また塩基配列レベルの突然変異のほとんどは適応度に対して有害である。このため，個体群の遺伝的多様性を維持する機構としては，おもに有性繁殖や個体群間の個体の移出入が重要である。個体群の存続と進化の可能性を検討するためには，有性繁殖ができる状態の維持や個体群の連結性の確保が重要になる。

(2)　種の多様性と生態系の機能・安定性

生態系がもつ，物質生産，分解，炭素蓄積，水分蓄積など，あらゆる機能を，**生態系機能**（ecosystem function）という（10.6 節参照）。種多様性が高い生態系は機能が高いのだろうか？　この疑問は生物種の絶滅がもたらす影響を予測するうえでも重要であり，多くの研究者から関心がもたれてきた。

アメリカの生態学者ティルマン（Tilman, G. D., 1949-）は，ミネソタ州の 2,200 ha の広さをもつシダークリーク生態科学保護区にある実験草原で，生物多様性と生態系機能に関する長期的な実験を 1993 年から継続している。この実験では区画ごとに 1～32 種まで異なる種数の植物を導入し，区画ごとのバイオマスや分解速度などの生態系機能，天敵や病気の発生や影響が評価された。

この実験の主要な結果の 1 つに，種の多様性が高いと植生全体のバイオマスが大きくなるというものがある（図 12.8）。この理由として，植物は種によって葉を展開する高さや季節，根を張る深さなどが異なるため，植生全体としては資源が余すところなく使われたことを反映した結果であると考えられている。実際に，種の多様性が高い実験区では，土壌中に残る無機態窒素の量が少ないことが確認されている。

ティルマンらの実験と同様に，種数を変えた植物群落を用いた長期的な実験はヨーロッパ諸国で行われている。それらを総合した解析からは，一次生産者の量，一次消費者の量，分解者の活性，外来種の侵入抑制，外来種の侵入に対する安定性，消費者の変動に対する安定性など，生態系がもつ様々な特徴について，種の多様性が正の効果をもたらすことが示されている。

12.2.3　生態系サービスとは何か

生態系が発揮する機能のうち，ヒトに直接的あるいは間接的に恩恵をもたらすものを**生態系サービス**（ecosystem service）とよぶ。国連の主導により行われた**ミレニアム生態系評価**（millennium ecosystem assessment: MA）では，生態系サービスを，食品，建材，繊維などヒトが直接活用する物質を提供する**供給サービス**（provisioning services），水の浄化，作物の受粉などヒトに有用な非物質的な制御・管理を提供する**調整サービス**（regulating services），美しい風景や教育の機会の提供など，自然がもつ情報がヒトや社会に恩恵をもたらす**文化的サービス**（cultural services），土壌の形成や野生植物の受粉などヒトへの直接的な恩恵ではなく生態系を維持・成立させる働きである**基盤サービス**（supporting services）の 4 つに類型化した。また地球上の生物多様性を，これらのサービスを生み出す源泉として説明した。

さらに，MA では，ヒトが物心ともに豊かな生活

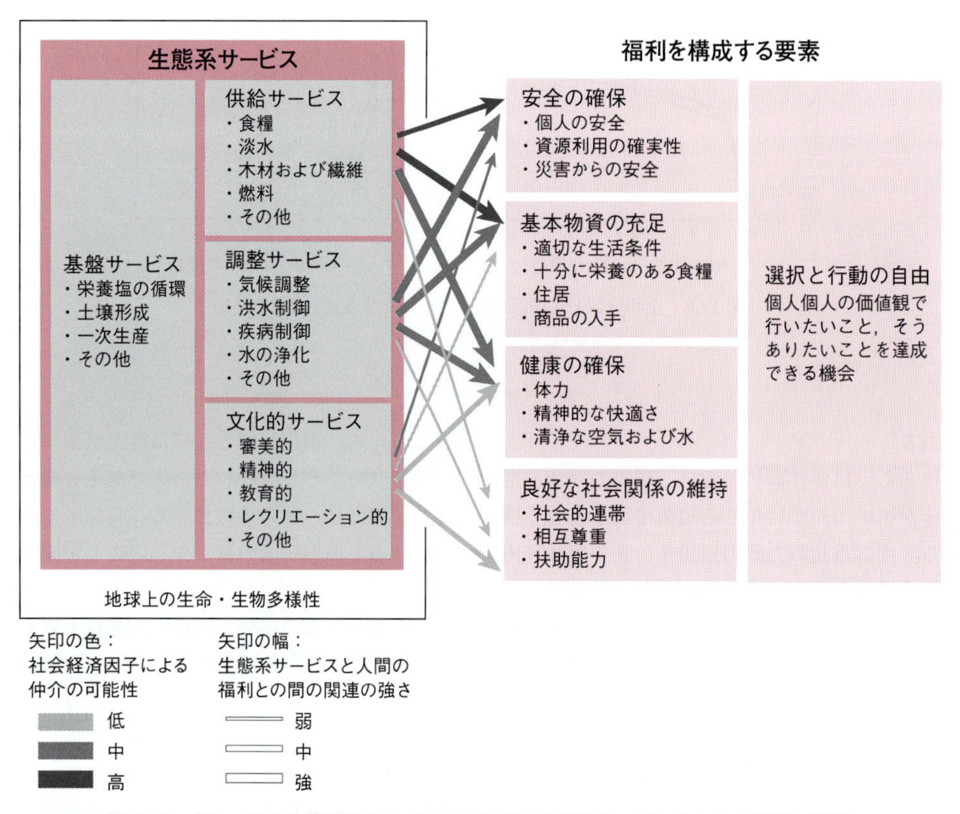

図 12.9　ミレニアム生態系アセスメントにおける生態系サービスとヒトの福利の関係
（Millennium Ecosystem Assessment の HP より改変）

を送るため，すなわちヒトの福利が確保されるために満たされるべき要素が，安全の確保，基本物資の充足，健康の確保，良好な社会関係の維持に分類され，これらと生態系サービスの関係が整理された（図 12.9）。この図では，それぞれの生態系サービスと福利の結びつきの強さと同時に，それらの関係性がどの程度まで市場経済に仲介されているかについて表現されている。生態系の「供給サービス」と「基本物資の充足」の結びつきは強く，同時に経済によって強く仲介されている。これは食料や木材の多くが市場を介して流通していることを考えればイメージしやすいだろう。一方，「文化的サービス」は，「良好な社会関係の維持」をはじめとする多様な福利と結びつきが強いにもかかわらず，市場の介在は薄い。

資本主義経済の影響が大きい現代社会では，市場が存在するサービスはその危機が認識されやすく，対策が施される可能性が高いのに対し，市場が存在しないサービスはその劣化が放置されがちであり，福利の低下が生じやすいことが指摘されている。

12.2.4　なぜ生物多様性を守るのか

生態系サービスという概念は，生物多様性が直接的・間接的にヒトの生活や社会を支えていることを説明し，生物多様性の危機がヒトの将来の危機であることを認識するうえで大きな役割を果たした。また，生物種の多様性が生態系の機能や安定性に大きく寄与すること，個々の生物種が存続するためには遺伝的多様性の確保が重要であることが，多くの証拠から示されてきた。

現在，国際的には生物多様性条約が締結され，その締約国は生物多様性国家戦略を定め，広域から地域まで様々なスケールで生物多様性保全のための取組みや制度整備が進行しつつある。その背景として，ここで述べたような生物多様性とヒトの関係についての概念の整理や科学の進展は重要な役割を果たしてきた。

もう 1 つ，生物多様性保全の重要な根拠となる考え方は世代間倫理である。生物多様性の損失は，現世代よりも将来世代により深刻な影響をもたらす場合がある。また，現在の世代に価値が認識できなかった生物が，将来の世代で高い価値をもつようになる可能性がある。種の絶滅や大規模な地形改変などの不可逆的な変化は，将来の社会における選択肢を狭めることになる。

これら，生物多様性を現代と将来のヒトの社会を支える資源として捉えてその保全の必要性を主張する立場は，**人間中心主義**（human centrism）である。これに対して，ヒトにとっての有用性とは無関係に，野生生物の存在価値を認めるべきであるという考え方もあり，非人間中心主義（eco-centrism，生態中心主義）とよばれる。これらは倫理の問題であり，自然科学から妥当性を議論できるものではない。ただし，生物多様性保全の重要性が社会的に広く認識されるようになった背景としては，人間中心主義の視点からの議論の成熟が重要な役割を果たしたことは間違いない。

12.3　生物多様性の保全

本章の冒頭で述べたように，ヒトによる環境の改変は顕著であり，物質循環の改変や生物多様性の損失を介してヒトの福利や存続性を脅かすほどになっている。これに対し，近年では，生物多様性を保全し，絶滅が危惧される種の個体群や多様性が低下した生物群集の回復のための取組みも行われるようになっている。生物多様性の回復や生態系サービスのバランスや持続性の確保を目的とした生態系の管理を，**生態系修復**（ecosystem restoration）あるいは**自然再生**という。

生物個体群や生態系は，様々な要因で時間的に変化し続けるという動的な特徴をもつ。また，生態系は複雑なシステムであり，ヒトによる働きかけの効果も十分には予測できない。このため，生態系修復の取組みは固定的な目標に向けた計画では成功しにくく，状況を常にモニタリングしながら，適切な方法を見直す動的なアプローチで進める必要がある。管理の計画を仮説として位置づけ，それに基づく管理を実験とし，その結果を科学的にモニタリングし，評価の結果を踏まえて目標と計画を見直していくというシステム管理手法を**順応的管理**（adaptive management）とよぶ（図 12.10）。

12.3.1　絶滅危惧種の保全

過去に生じた生物の進化をもう一度繰り返すことはできない。生物種の絶滅は不可逆的な変化であり，その回避は生物多様性保全における本質的な取組みである。種を守るためには個々の個体群の保全が必要である。

絶滅危惧種の個体群の保全では，出生率，生存率，繁殖成功率など個体数の変動にかかわる要素についてのモニタリング（人口学的モニタリング）と，個体群内の遺伝子座あたりのアレル数やヘテロ接合体頻度などの遺伝的多様性についてのモニタリング（遺伝的モニタリング）が欠かせない。これらの調査を踏まえ，個体数や遺伝的多様性の制限要因となっている生活史段階を見極め，その制限要因を丁寧に除去することにより個体群を回復させるアプローチが有効である。対象とする生物がもともと有する増殖・繁殖機構を活かし，最小限の関与で回復させるアプローチは，**生活史補完アプローチ**とよぶことができる。

サクラソウ科の多年生植物であるカッコソウは，群馬県の一部にのみ分布する日本固有種で，絶滅危

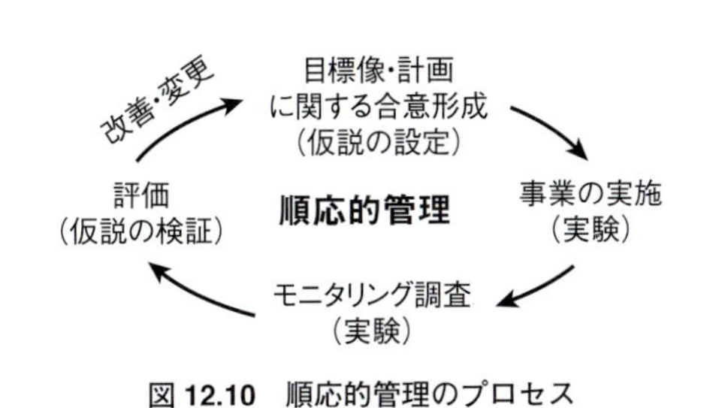

図 12.10　順応的管理のプロセス

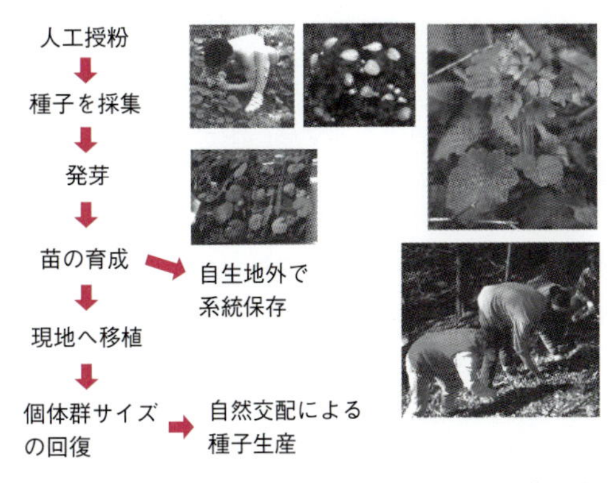

図 12.11　カッコソウと人工授粉を活用した保全活動

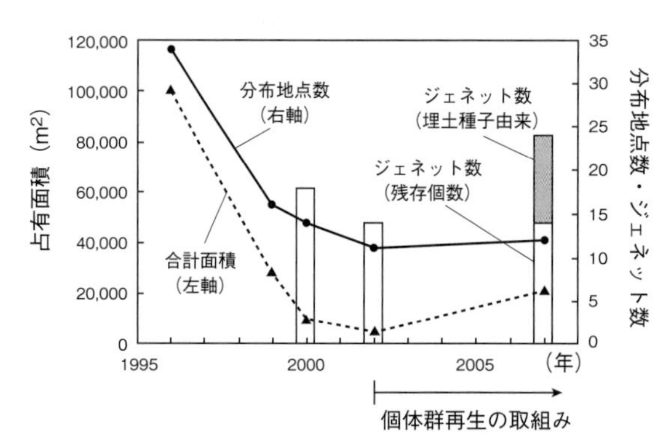

図 12.12　霞ヶ浦におけるアサザの個体数（ジェネット数）および生育面積の回復
（Nishihiro *et al.* 2009 より改変）

惧種である（図 12.11）。この植物の残存個体群を網羅的に調査した研究からは次のことが示された。

(i)　多数の株が生育している場所でも，それらの多くは無性生殖で生じたクローンであり，互いに和合性のある複数の個体が同所的に生育していることは稀である。ほとんどの個体は他個体から数 km の距離をおいて分布している。

(ii)　開花は認められ，送粉昆虫（pollinating insect）[3] は訪れるが，種子はほとんど生産されていない。

(iii)　現地の植生や落ち葉の管理を行えば，実生（seedling）[4] の定着や成長に適した環境をつくることができる。

この結果を踏まえ，カッコソウでは個体間の受粉という段階をヒトが補完するアプローチで保全活動が行われている（図 12.11）。カッコソウは異型花柱性という性質をもち，種子生産のためには花柱（めしべ）が長く雄蕊（おしべ）が短い長花柱型の個体と，花柱が短く雄蕊が長い短花柱型の個体との間で受粉する必要がある。これらを考慮して人工授粉を行うと，正常な種子が生産される。得られた種子は適当な条件の下で発芽させ，地域の野外施設で育成したうえで現地に植え戻され，モニタリングが行われている。

問題が生じている生活史段階が異なれば適切な保全措置も異なる。ミツガシワ科の水生植物であるアサザは，霞ヶ浦（茨城県）の個体群では，種子は生産され湖岸では実生は発生するものの，自然の変動とかけ離れた水位管理のため，発生した実生が定着せずに死亡していることが示された。このケースでは実生定着のステージを人為的に補完するアプローチ，すなわち湖岸で発生した実生を管理しやすい池で育成し，成長した個体を湖に植え戻すという手法が採用された。このような活動と，市民主導による保全活動の成果などが相まって，個体数と遺伝的多様性がともに回復した（図 12.12）。

12.3.2　湿地植生の再生

生活史補完アプローチは，個体群動態においてボトルネックとなっている生活史段階を手助けすることにより，最終的には自律的な個体群回復をめざす考え方である。同様に，生態系修復の取組みにおいても，生態系の長期的な動態についての理解を踏まえ，自律的な回復を最小限の関与によって手助けする取組みが有効である。これは，**回復力活用アプローチ**とよぶことができる。

湿地植生を対象とした生態系修復を事例に考えてみよう。湿地では，長期的にみると，洪水や乾燥化など，それまで成立していた植生を破壊するできごとが生じる。そのため湿地に存続してきた植物は，生育不適期を乗り切る適応的な生活史特性を進化させている。**土壌シードバンク**（永続的土壌シードバンク）の形成はその典型的な特性である。発芽季節がきてもすべての種子を発芽させるわけではなく，多くの種子を特別な環境刺激が与えられるまで土壌中に休眠状態で維持する。このような種子の集団を永続的土壌シードバンクという。湿地の土壌中にはこれら植物の種子が多数含まれていることが多く，それを活用すれば，地上の植生から消失した種を含む多様な植物を再び蘇らせることができる。

霞ヶ浦や印旛沼（千葉県）では，土壌シードバンクを積極的に活用した水生植物群落の再生が行われ

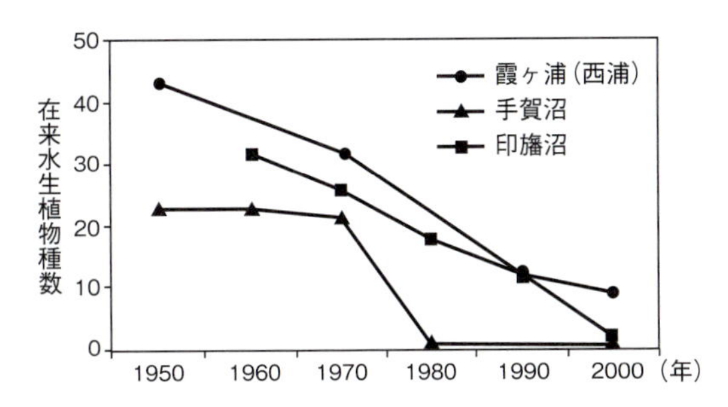

図 12.13　霞ヶ浦と印旛沼における水生植物種数の変化

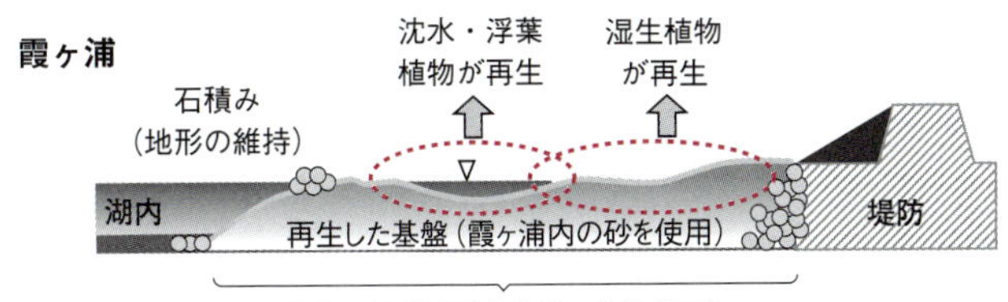

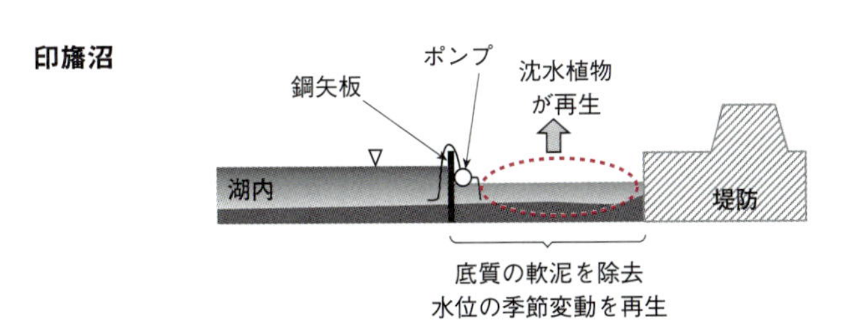

図 12.14　水生植物を再生させる手法の模式図

表 12.1　霞ヶ浦において土壌シードバンクから再生した水生植物とそれらの過去の分布記録

種名	霞ヶ浦における過去の分布記録							再生
	1899	1958	1971	1978	1996	1998	2000	2002
ササバモ	●	●	●	●	●	●		●
エビモ	●	●	●	●		●		●
ヒロハノエビモ	●	●	●	●				●
セキショウモ	●	●	●	●				●
コウガイモ		●	●	●				●
クロモ	●	●	●	●				●

（Nishihiro *et al.* 2006 より引用）

た。いずれもかつては多様な水生植物が生育していたが，湖岸の開発や水質悪化に伴い，その多くが消失した湖沼である（図 12.13）。

霞ヶ浦では，堤防の湖側に地形を再生し，その表層に霞ヶ浦の湖底から採取した土砂を撒き出し，そこに含まれる土壌シードバンクから植生の再生が図られている。印旛沼では，霞ヶ浦と同様の手法に加え，湖岸の一部を鋼矢板で囲い，その中で過去の水位変動を再現し，冬季に大幅に水位を低下させる処理を行っている（図 12.14）。いずれの湖沼においても，すでに地上植生から消失していた植物や，絶滅危惧種としてレッドリストに掲載されている植物が確認されている（表 12.1）。

土壌シードバンクの形成は，強い攪乱など様々な環境変動を経ても個体群が存続できる性質として，湿地の植物種が進化的に獲得したものである。このような自然の回復力を活かした生態系修復には，遠く離れた場所からの個体の移植といった人間が強力に関与する方法と比べて，いくつものメリットがある。他の地域から植物を導入すると，遺伝的な地域性の攪乱や病原菌の随伴導入などの問題が生じる可能性がある。土壌シードバンクからの再生では，そのようなリスクは極めて小さい。

12.3.3　合意形成と科学の役割

生態系修復など，大規模な管理の取組みは社会の様々な主体に利害の影響をもたらす。生態系サービスには，特定のサービスを向上させると別のサービスが低下するというトレードオフの関係がある。例えば，湿潤な土地を，湿地として保全するか水田として利用するかという議論を想定する。湿地は多様な水生植物，水生昆虫，魚類，鳥類などの生息地となる。このため良好な風景の提供，観光資源の提供，クモなどの捕食者の増加を介した周辺農地での害虫抑制，漁業資源の確保などの生態系サービスが期待できる。一方，農地として開発すれば，食料の生産という生態系サービスが期待できる。どれか1つの生態系サービスの向上だけを追及すると，他のサービスは犠牲になる。しかし，例えば，環境保全型農業の実施など，様々なサービスをバランスよく充足する選択肢もある。

どのような生態系の状態を目標として管理するかという課題は，社会的な意思決定課題であり，自然科学から最適解を導けるものではない。自然科学には，トレードオフの構造を明確化し，ある選択肢を選んだ時にどのような問題が生じるかを示すことで，社会的な**合意形成**に資する情報を提供する役割が求められる。また，目標について合意が形成された後，それを実現する方法を示す役割も重要である。

トレードオフ構造は，空間スケールと時間スケールを拡張して検討することが重要である。例えば，河川の上流域における生態系管理では，対象とした地域にとってメリットがあると考えられた選択肢が，下流域に問題を引き起こす場合もある。また，現時点では最適と思われた状態が，将来，気候などの自然条件や人口密度などの社会的条件が変化した際にも最適とは限らない。これらを考慮した検討には，生態学をはじめとする生物学だけでなく，地球科学，地理学，人文社会科学など，多様な分野の視点が不可欠である。生態系管理では科学的検討においても社会的合意形成においても，多様な主体の協力が不可欠である。

■ 演習問題

12.1　地球上のヒトのエコロジカルフットプリントの合計値は，すでに地球全体の面積を超えてしまっている。それではなぜ，現在でも地球上にヒトは存続できているのだろうか。また，ヒトの存続可能性を高めるためにはどのような取組みが必要だろうか。

12.2　生物の種数が明確な概念であるのに対し，「生物多様性」は複雑でわかりにくい概念である。地球規模で生じている生物の喪失を，なぜ「種の減少」ではなく「生物多様性の損失」と表現するのだろうか。種数では代用できない理由について説明せよ。

12.3　「絶滅の渦」とよばれる現象はなぜ生じるのか，個体群の絶滅をもたらす要因・機構を整理して説明せよ。

12.4　絶滅危惧種の個体群を保全するための取組みを，生活史補完アプローチで進めることの重要性を説明せよ。また，絶滅危惧植物の保全の手法として，残存する個体から組織培養により個体を増やす方法が，個体群保全にとっては効果が小さい理由について説明せよ。

12.5　生態系の状態を回復させる取組みを，回復力活用アプローチで進めることの意義を説明せよ。また，生態系の回復や管理の取組みを順応的管理により進めることの意義について説明せよ。

■ 注釈

1)　生きている地球指数：野生動物の個体数の指標。世界の多様な脊椎動物の個体群サイズの平均値を，1970年を1とする相対値で示す。

2)　近交弱勢：血縁関係のある個体の交配（近親交配）により適応度が低下する現象。おもに，有害な潜性遺伝子がホモ接合になることで生じる。

3)　送粉昆虫：植物の花粉を運搬する機能を担う動物を送粉者あるいはポリネーターといい，そのうちの昆虫を送粉昆虫という。

4)　実生：種子から発芽し，まだ子葉が残っている状態の幼植物のこと。

13

生命倫理と生物科学

13.1　生命倫理学とは

生命倫理学(bioethics) とは，生物学や医学の進展とともに変化する社会の中で，1人ひとりの権利や利益を保護する方策を見いだすとともに，人間が社会や未来の世界，環境に対してどのような責任を果たすべき立場にあるかを考えることである。

生命倫理学という言葉は，1970年頃にアメリカでつくられた。それからまだ50年ほどしか経っていないうえに，この言葉がつくられてすぐに，いくつかの別の意味で使われたので，生命倫理学は生物学のように1つの学問分野として確立しているともいえない。しかし，時とともに考えるべき事例が蓄積し，原理や原則が考え出され，方法に基づいて問題を解決できるようになった。

ここでは紙面の関係で，生命倫理学の対象を1つずつすべて取り上げて論じることはしない。しかし，対象の中には，生命倫理学の内容をよりはっきりとみせてくれるものがいくつかある。生物学でも，すべての生物のことを一度にもれなく知るのは困難なので，問いに適した種や細胞を選んで研究し，次第に理解を深めてきた。生物学の教科書で生命現象が説明されるときにいくつかの種類のモデル生物や細胞が紹介されるのは，このような学問的発展の契機があるからである。本章でも同じように，生命倫理学の問題をより明確にみせてくれ，比較的よく理解されている例を取り上げたい。しかし，他にも多くの問題がある。生命倫理を考える人が増え，丁寧に問題を解決する努力をしていけば，よりよい社会をつくることができるだろう。

13.2　生命倫理学の3つの分野

生命倫理学の問いの対象とはどういうものだろうか。ここでは，大きく3つの分野に分けて説明してみたい。

まず，1つ目の分野は，生物学や医学と，社会との間で起きる様々な摩擦に関するものである。私たちの社会は，これまでに人びとが生きてきた中で作り上げたものであって，将来出現するかもしれない科学的な考えや技術まで考慮してつくられたわけではない。そのため，新しい科学的な考えや技術が社会に持ち込まれると，社会が大きく混乱することがある。

生物学や医学の分野ではこの数十年ほどの間に，そのような大きなインパクトを与える発見が相次いで起きている。遺伝子組換えやゲノム編集，ES細胞やiPS細胞，それらによってつくられるクローンやキメラ，脳や精神を変化させる薬物などである。社会におけるこれらの使い道はいくらでも考えられる。人間に対するものだけでも，遺伝子治療や再生医療，あるいは治療を超えた能力改変のための**エンハンスメント**(human enhancement，人体への増強的な介入) などである。こういった新しい科学技術の登場を受け止め，これまでの社会の構造や価値観と折り合いをつけたり，科学技術に新たな価値を見いだす方策を見つけ出そうとする試みが，1つ目の分野である。この分野では，生物学や医学で重要な発見をした科学者が，自ら社会に問いかけを行うこともある。

次に，2つ目の分野は，人を対象とする研究の倫理的問題に関するものである。生物学では人を直接の実験対象にすることは少ないが，医学では人体を用いる実験をしなくてはならないことがある。人についての研究をどのようにして行えばよいかという問いが，2つ目の分野である。この分野の起源は，第二次世界大戦時の非人道的人体実験や，人種差別に基づいた人体実験など，過去の悲惨な歴史に対する反省であり，そこから様々な手続きや方法を充実させながら発展してきた。複数の倫理原則とそれに基づいた方法論，人を研究対象にする際の条件を決める施策や法などが，この分野のこれまでの重要な成果である。

最後に，3つ目の分野は，生物学や医学の進展の中で，他の生物を含めた他者への責任をいかに果たすべきかを問うものである。生物多様性の保全，環境問題，デュアルユース問題（13.5.2 参照）などである。また，研究から大きな利益が生まれるとき，それを適切に配分する方策を考え出すことも，この分野に含まれる。これらは，生物学や医学だけでは解決することのできない問題であり，政治，経済，外交などの問題と一体になっていることが多い。

これら3つの分野を，次のように名づけておく。

第1分野：「科学技術の哲学的議論」に関する生命倫理学

第2分野：「人を対象とする研究」に関する生命倫理学

第3分野：「環境問題や国際問題の解決」に関する生命倫理学

以下では，これら3分野の内容について，さらに詳しくみてみよう。

13.3 第1分野：「科学技術の哲学的議論」に関する生命倫理学

生命倫理学の1つ目の分野は，新規な科学技術と社会との間の摩擦を考えるものである。

上述したように，遺伝子組換え，ES・iPS 細胞研究，クローンやキメラ研究，遺伝子治療，脳や精神を変化させる薬物など，新しい科学技術が現れるたび，社会的に大きな議論が巻き起こった。もちろん，生物学的に新しい化石の発見や，新種の植物の発見も大きなニュースになる。しかし，先にあげたものとは関心の内容が違う。どのように違うのだろうか。それは，前者が人間社会の既存の仕組みや価値観を揺り動かし，再編成を余儀なくさせる場合があるということである。

13.3.1 境界を巡る議論

世の中に生起する現象については様々な認識方法がある。その中には，「生と死」「胎児と新生児」「子どもと大人」「女性と男性」「健康と病気」「正常と異常」「動物と人間」など，何らかの区分を設けた概念として認識しているものも多い。現象に対して，ある境界線で区分をつくることは，合理的で便利であるし，法律や社会の仕組みにも，これが取り入れられている。しかし，科学的なものの見方が進展することによって，それまでの境界上に中間的なものが見いだされることがある。その区分が実際には不連続の分布をしているのではなく，連続値で構成されている場合である。

上にあげた例から，人間の「生と死」を考えてみよう。生の始まりについて，胚から胎児，出生までのどこかに，「生きている」人として存在することとそうでないこととを分ける境界線を引くことができるだろうか。現在の科学の考え方では，この1つの生は連続しているとしかいえず，境界線を引くことは不可能である。このような科学的な考え方は，社会がこれまでつくってきた考え方との間で，摩擦を引き起こすことがある。

例えば，ますます未熟な胎児を体外で成長させることができるようになるのなら，人工妊娠中絶は，妊娠のどの時期まで許されるのか。これは，殺人にあたる行為とそうでない行為の間の法的な既存の線引きを危うくし，それを拠り所としていた社会的活動を困難にする。生から死へ移行するプロセスでどの時点を人の死とするべきかについても，現在の科学的考え方では線引きをすることができない。心臓の拍動が止まり，脳が機能しなくなっても，皮膚や爪，髪の毛は成長することがある。人工呼吸器などの生命維持装置を使うと，一定の期間，身体全部や臓器などの各部位を生かしておくことも可能になる。このような技術によって，「死んだ」人の体から，「生きた」臓器を取り出して別の人に移植することもできる。人の死の後，親しかった人はその死を悼み，生活を続けていくために法的，社会的な手続きを行う。死の判定の基準がはっきりしなくなると，これらのプロセスには，新しい方策が必要になる。

混乱するのは，法や社会の仕組みだけだろうか。イギリスの進化学者ドーキンス（Dawkins, C. R., 1941-）は『悪魔に仕える牧師』の著書の中で，先に述べた，連続した現象を不連続なカテゴリーに分けて理解する人間の認識方法のことを，「不連続精神」とよんだ。不連続精神は，人が進化の中で生き延びるうえで獲得した自然の産物，所与の性質であるかもしれないし，社会の仕組みを形づくってきた人びとの工夫の結果かもしれない。いずれにしても，個人にとっては自身でコントロールすることのできない価値観であって，自分でもそうとは知らない間に押し付けられていたものだと考えることができる。これは，自分自身に責任がないという点では，安心できる価値観である。科学は，このような価値観から人を引き離してしまうことによって，人を混乱させ，不安にさせることがある。フランスの分子生物学者モノー（Monod, J. L., 1910–1976）も『偶然と必然』の著書の中で，科学が価値についての判断を下さないので，価値が突然自分だけのものになり，自分が「価値の主人」になること，つまり科学的な見方とともに，これまで安心して頼ってきた価値観が溶解してしまうのを感じるとき，人びとに不安感が喚起されると述べている。

ただし，人が無意識のうちに獲得する価値観だけに盲目的に頼っていては，他者への不当な差別や偏見が生じないとも限らない。そのようなとき，科学が既存の価値観に疑問を投げかけることは，そのために不安になったり社会が動揺したりするとしても，一定の意義があると考えられる。

13.3.2　ルールと見取り図

社会的混乱や価値観の動揺から社会生活を立て直すために，新たな境界や条件を取り決めなければならないときがある。生命倫理学は，生物学や医学，法学や社会学といった複数の分野を，必要に応じて結びつける場になることによって，新たな境界線を引き，条件を決め直す仕事を行ってきた。例えば，人間の胚を壊して，医学的に有用なES細胞をつくることができるようになったとき，どのような胚ならば問題がなく，どのような胚では禁止であるという区別のルールが，新しく世界中でそれぞれの国や文化に合わせてつくられた。また，未熟児医療，臓器移植，臨死医療が発達するにつれ，どのような生命であれば死なせてもよいか，殺人にならないか，といった新たな議論も，世界のあちこちで行われてきた。そのような議論は，生命倫理に関する議論として，一般市民から国家レベルまでの様々な会議，審議会，委員会によって行われてきたので，この分野は，**対話の生命倫理学**とよばれることもある。

ところで，ここで次のような疑問が出てくるのではないだろうか。科学の恩恵を得るために，社会の仕組みや人びとの価値観を科学の進展に合わせて変えていくと，最後には何が起きるのだろうか。科学

コラム 13.1：対話の生命倫理学

欧米では，1960年代は，生命倫理に関する様々な会議が活発に行われた時代である。生命倫理学者ジョンセン（Jonsen, A. R., 1931–）の『生命倫理学の誕生』には，以下のような会議が開催されていたと述べられている。

「現代医学における良心に関わる大問題」会議（ダートマス大学，1960年）
　精子銀行や生殖の新技術など，生命を制御する技術を用いる医学によって，人間の生存の質や未来の社会にどのような影響が及ぶかについて議論がなされた。

「人間とその未来」会議（ロンドン，1962年）
　遺伝学や脳科学が「自然の過程」に介入し，人間の生活の多くの局面を変形しうる方法を作り出している。あらゆる人が，現在と将来の可能性について考察するべきだとし，活発な議論が行われた。

「人間の心」会議（グスタフス・アドルフス大学，1967年）
　脳科学において，記憶や学習に関する研究のとるべき方向や，研究で得られた新しい知識を利用する際に守るべき限界が，神学者などを含めて話し合われた。

「生命の尊厳」会議（ポートランド，リードカレッジ，1966年）
　優生学，妊娠中絶，被験者保護など，後に生命倫理学の主要なトピックに発展する論点について語られた。

「誰が生き残るべきか？」会議（アメリカ，1968年）
　1967年に南アフリカで行われた世界初の心臓移植を受けて開催され，神学者，法学者，人類学者などによって，誰が生き残るべきかの審判者としての医学の役割について議論された。

アメリカでは1960年代のこれらの会議以降，生命倫理学への関心に対して，ヘイスティングス・センターやケネディ研究所など，学問のための恒久的な場所がつくられていった。

が漸進的に進展し，それに伴って混乱や動揺が引き起こされ，それを収拾するような社会システムの作り変えを少しずつ進めていくというプロセスを，もし限りなく行うと仮定すると，このようなやり方は，いったい，いつまで通用するのだろうか。

この問いに応えるために，次のようなアプローチがある。それは，個々のケースを別個に考えるのではなく，それらを構成して大きな見取り図を描くことである。このようにして，これまで，将来的に起こりうるいくつかの見通しが示唆されている。よい見通しとしては，医療や予防医学の進展や，食糧難の解決などがあるが，以下のように，あまりよくない別の見通しも予想されている。ここでは3つのこと，(1) 人間性の変質，(2) 自由の制限，(3) 不平等の拡大，を考えてみたい。ただし，これらが，私たちの将来の世界にとって，限界や本質的な脅威を意味するかどうかは，各人の考えに委ねられている。したがって，どのように行動したらよいかについても，多様な考えがあるべきだろう。

(1)　人間性の変質

1つ目の見通しは，遺伝子改変など生命体に人為的に介入する生命操作技術を社会に導入し続けていけば，最後には，本来の「人間性」が，変質したり失われたりするのではないかということである。ここでいう「人間性」については，「人間の本性」，「人間的」な行為，あるいは人間が尊厳をもって生きるための美や善への感覚，人としての責任，倫理性など様々な説がある。

これらの説はどれも一見受け入れやすい。しかし注意すべきなのは，その「人間性」を，生物学的な実質を備えたものと考えるのかどうかという点である。生物学では，人間のみならずどのような生物種でも，種としての本質的な性質が存在するとは示されていない。むしろ生物学では本質主義は否定されており，生物の種とは，大なり小なり互いに少しずつ異なった性質をもつ個体の集まりと考えるのが妥当である。そうすると，人間の生物種としての「人間性」や「本質」も，実質的に存在するかどうかは疑問である。生命操作技術によって最後には「人間性」に属する何かが変質したり失われたりするという場合は，身体的なものだけではない人間のあり方を問題にしていると理解した方がよいだろう。

このことに注意しながら，遺伝子操作や，精神に影響を及ぼす薬剤などを用いて，人間をより能力の高いものに作り変えるエンハンスメントについての議論をみてみよう。アメリカの哲学者サンデル(Sandel, M. J., 1953-)は，『完全な人間を目指さなくてもよい理由』の著書の中で，生命操作技術が発達すると，人は，人体や自然を望むように改変したいという，支配やコントロールへの衝動をもち，それを満たすようになるだろうと述べた。サンデルがエンハンスメントを好ましくないと考えるのは，人が支配やコントロールの衝動を満たすと同時に，ありのままのものや，招かれざるものを受け入れる気持ち，謙虚な共感を失っていくことを懸念するからである。そして，それによって，人の倫理性が失われていくと考えている。

エンハンスメントの目標は，健康ですばらしい能力をもつ「完全な」人間を作り出すことであると言われることもある。実際にそのような可能性があるのだろうか。これについて，ドイツ出身の哲学者アーレント(Arendt, H., 1906-1975)は『人間の条件』の著書の中で，上述の本質主義に関連した疑念を投げかけている。それは，私たちの認識能力は，私たち自身についての「人間とは何ものであるか？」という問いに答えることができないのではないかというものである。人間が何ものであるかを知ることは私たちの能力を超えているので，完全な人間の性質を定義することもできない。アーレントの疑念が正しいとすると，私たちが「健康な」とか「すばらしい」というときの定義も，間違っているかもしれない。そうなれば，将来もし，究極のエンハンスメントの技術が可能になったとしても，その技術を用いるための正確な目標をもつことができないだろう。しかも，人体改造によって，もし「完全な」人間が生まれたとしても，そのことだけが，この人の人生を最善にするわけではない。何がその人にとって充実した人生といえるかが分からないのだから，人体に介入することはあまり重要ではないかもしれないのである。

『人間の条件』ではさらに，人間性の未来について次のようなことが述べられている。人間が努力もせず，人工的装置もなしに，動いたり呼吸したりできる唯一の場所である地球の自然は，人間の条件の本体である。もし人間が望むように自分たちを作り変えて，自分たちの生命を人工的なものにすると，人間の生存の条件である周囲の自然との関係を失い，生きること自体に非常な努力が必要になるだろう。つまりアーレントは，人間が地球の環境によって条件づけられた存在であるにもかかわらず，そのような人間の条件を失うことは，人間の存在自体を危うくすると警告したのである。例えば，人間の数が減り，社会生活が失われるかもしれない。人間が地球で生きられなくなり，人間の多数性や多様性が失われるということは，人間性の変質の１つの究極の形といえるのではないだろうか。

(2)　自由の制限

２つ目の見通しは，自由の制限についてである。もし科学や技術がますます人間の欲求を満たすようになり，多くの人びとがそれを用いるようになるとすれば，個人がそれを用いないという選択をすることは可能だろうか。もしも，遺伝子操作や薬の作用によって健康や能力を望みのままに改善できる技術が，誰にでも安全に手に入る世界になったら，人はその技術を用いることを強制されないでいられるだろうか。また，その技術を用いない人が，怠慢であるとか，義務を放棄しているなどと非難されないのだろうか。

アメリカで生命操作に関する報告書をまとめたカス(Kass, L. R., 1939–)らは，技術が人間に共通な欲求に奉仕する形で行われ，多くの人が同じような選択をするようになれば，人間社会の同質化が促進されるだろうと予想した。人びとが同じような選択を強制されることによって，個人の自由が損なわれることの可能性を示唆したのである。

それでは逆に，人びとの多様な欲求に技術が奉仕する形で行われれば，個人の自由は広がるのだろうか。カスらは，健康や望ましい性質についての多様な欲求があり，それを実現する技術を個々人が選択することは，１つひとつの選択を取り上げてみれば，どれ１つとして非難されるべきではないと述べている。しかし，やはりこれも，自由の矮小化という問題を浮上させる。

現代人は，個人の多様な選択を巡って他人と争うことを避ける傾向があるといわれることがある。アメリカの政治経済学者フクヤマ(Fukuyama, F. Y., 1952–)は，そのような人びとのことを，主義信条や宗教など社会生活の舞台で衝突のもとになりそうなものを，すべて「小さな箱」に詰め込んで，私生活の領域におく傾向があると描写した。先ほどのアーレントの使った言葉では，こういったことが起きるのは「暗い時代」であり，ごく親しい人たちだけの温かさによって狭く生きる時代である。ここでは，公の場に不適切な欲求は，自動的に私生活の領域に閉じ込められる。つまり，人びとが欲求を公的なものにできず，個々人が様々な欲求をかなえるために，私生活の領域にますます退却させられることになるという点で，自由の矮小化が起きるというのである。

では，自由の制限や矮小化は，人間にとって脅威になるのだろうか。人びとが病気や不完全な能力を改善し，将来の世界で健康で高い能力をもって生活を送ることができるのなら，欲望やそれを実現する技術に従う方がむしろよくて，自由などというものは無用の贅沢品なのではないだろうか。

その判断をすることはここでの目的ではないが，１つの例として，アーレントが『人間の条件』で訴えたことを次のように要約してみたい。人が欲望に従属することによって同質化するにせよ，私的領域に退却するにせよ，それは，人間の多数性に基づく公共の世界から人の活動がなくなり，無人化していくことを意味する。つまり公的な世界が，人間から失われることである。しかし，このような世界にも，望みがかなわなかった人や，様々な事情で不幸に陥って，助けを必要としている人が取り残されているのではないだろうか。公的な世界とは，人と人の間で行われる単に生命維持以上の活動の場であり，連帯の場である。そして，そのような場でのみ，他人の人生に同情し，他人のために善をなすことができる。公的な場を失うことは，互いに善をなす場を失うことである。この点で，欲望に従い自由を放棄することは，人間の連帯を失うことになり，社会の限界を問うことになるのである。

(3)　不平等の拡大

３つ目の見通しは，不平等の拡大についてである。新しい生物学や医学の技術が利用可能になることによって，不平等がますます拡大するのではないかという懸念が，多く論じられている。

遺伝子改変によって親が子をデザインする未来の技術，デザイナーベビー(designer baby)を考えてみよう。遺伝子による人体の改変は，これまで治療法のなかった病気の治療に役立つ可能性がある。これは，病気に苦しむ人にとっては肯定的に捉えられる。その一方，病気による自分の子どもの苦しみを軽減するのではなく，望む性質をもつ子を得ることが親の自尊心や満足の手段となるのであれば，社会としては不平等が拡大する可能性がある。例えば，男子が好まれる社会で男の子を選択する行為は，その社会の女性への偏見を反映して，女性への差別を助長するかもしれない。また，望ましい性質をデザインする費用が払えない人には，経済的な原因による機会の不平等も生じるだろう。

また，人間が望ましいと思う方向に操作や介入を行うということは，選択によって結果をコントロールすることであり，介入した人がリスクと責任を引き受けてしまうことにもなる。もし病気になっても偶然ではなく，恵まれない境遇に陥っても偶然でなく，こういったことすべてが誰か特定の人のコントロールの結果だとすると，社会保障や福祉は従来の仕組みを維持できるだろうか。個人の問題にされることが増え，人びとの助け合いが減れば，不平等はもっと拡大していくかもしれない。

しかし，さらに大きな見取り図を描くという試みからいえば，次のことがとりわけ重要ではないだろうか。それは，私たちがこれまで人種差別や様々な差別を乗り越え，信じている人間の「類としての平等性」への自己了解が，生物学的技術の人体介入によって変質する可能性である。人はすべて基本的に平等であるという価値観は，人類史上ごく最近になって，私たちが手に入れたものである。

人間の仲間に対する同胞としての同情や愛情は，他の動物に対する感情とは一線を画している。これは種差別主義（speciesism，人間以外の生物を差別し，人間と同等の道徳的配慮を行わないこと。シンガー（Singer, P., 1946-）らによる批判がよく知られている）と表裏をなすとはいえ，私たちは人間と他の生物を区別している。そして，住む地域や民族的隔たりがあっても，現在，地球上に生きている人類がただ一種であることが，科学的な事実としても認められたのは，つい最近のことである。

これに関しては，アメリカの進化学者グールド（Gould, S. J., 1941-2002）が『フラミンゴの微笑』の著書で述べた辛辣な警告を思い起こすべきだろう。すなわち，現在生きているすべての人間がただ一種であるというこの「幸運」は，進化学上のまったくの偶然の産物だというのである。この逆説的な表現で主張されているのは，今では骨や化石でしか見ることのない他の人類の種が，もしも滅びずに1人でも生き残っていれば，チンパンジーやゴリラのような人に近い種を医学実験などの人間の利益のための手段として不平等に扱っていることについて，今とは比較しようがないほど格段にひどい倫理的ジレンマが引き起こされただろうということである。

生殖医療や遺伝子操作などの技術を使って，人間が望むように他人をつくることができるようになるとは，どういうことだろうか。今まで人間は，農業作物や家畜などの，人間とはまったく異なる種に対して，人間の立場から見て利用するのに便利な望ましい改変を行ってきた。しかし，人間がそれを私たち自身の種に対して行い，望ましく改変された子どもや他人を手に入れるようになれば，それは何を意味するのだろうか。それは潜在的に，グールドらの言ったような倫理的ジレンマを引き起こし，最終的に根本的な人間の平等性を破壊しうるとはいえないだろうか。

13.4 第2分野：「人を対象とする研究」に関する生命倫理学

生命倫理学の2つ目の分野は，人を対象とする研究に関するものである。

生物学者はこれまで古代の化石や未知の生物種まで，たくさんの生き物を探し，調べてきた。生物学にとって，最も魅力のない研究対象の1つは，私たち人間だろう。人という生物種は，進化のうえでは非常に新しいので，人がもつ生命現象の多くは，他の生物にも存在する。人に特有で，生物学的に調べる価値のある現象がどれほどあるだろうか。もしも人だけを研究対象にしていたら，現在これほどの生物学的・医学的な知識の進展はかなわなかっただろう。

ところが医学に目を向けると，事情はまったく異なる。医学は人の健康についての科学であるから，病気に対する新しい治療法や薬を作り出す過程で，他の生物でいくら実験を重ねても，それが本当に人に有効かどうかを知るために，どうしても生きている人間で実験しなくてはならない場面が出てくる。医学では，研究対象として人間を用いることは重要であるし，必要でもある。

13.4.1 医学における人体実験

医学を進展させなくてはならないという強い社会的な圧力が生じたのは，第二次世界大戦の時期である。戦争に勝つために，軍隊を弱体化する感染症や負傷への効率のよい治療法の研究開発が，押し進められた。この軍事医学から生まれた新しい治療法や薬は，一般医療にも流用されて，心臓や脳といった生死に直結する臓器への外科手術や，移植医療などが行われるようになった。

しかし，戦争が終わって，敗戦国が法廷で裁かれることになったとき，世界中が驚いた。戦時の医学研究における多くの**人体実験**が，人道的な考え方から大きく外れていたことが明らかになったのである。実験にかかわった医師らは罪に問われ，研究で殺されたり傷つけられたりする人びとをなすすべなく見ているしかなかった市民らも，深い心の傷を負った。

それだけではなかった。その後も様々な国で，非人道的な医学実験が，次々に明るみに出た。医学の実験で殺され，不必要に体を傷つけられた人びとへの深い同情，医師らの反省から，医学研究において被験者の人権をいかに保障するかということに大きな関心が集まり，様々な活動が始まった。そのような活動の中で考え出された原則や方法をもとにして，人を対象とする医学研究についての生命倫理学の分野が生まれたのである。

この分野の歴史において重要な初期の出来事は，**ニュルンベルク裁判**(1947年)である。ナチス・ドイツの人体実験に対する裁判が行われ，人体実験を行う際に守るべき行動規範として，**ニュルンベルク綱領**(Nuremberg Code，1947年)が示された。その後，世界医師会が**ヘルシンキ宣言**(Declaration of Helsinki，1964年)を発表し，人を対象とする医学研究を行う際の，事前の**研究倫理審査**や**インフォームドコンセント**(informed consent，説明同意)などについての条項が示された。

アメリカでは1972年に，アフリカ系アメリカ人の多数の男性に対して，本人に無断で，無治療の梅毒研究を行っていた事件が発覚した。この**タスキギー梅毒事件**をはじめとして，本人の同意なく行われた多数の医学実験が知られるようになった。アメリカ政府は**ベルモントレポート**(Belmont Report，1978年)を発表し，人を対象とする研究を行う際に従うべき**3つの生命倫理原則**(**自律尊重**，**善行**，**正義**)を示した。ここに，後にアメリカの倫理学者らによって**無危害**の原則が加えられ，今は**4原則**として知られている(コラム13.2)。

13.4.2　人を対象とする研究の条件

人体実験とは，基本的に人が人に危害を加えるものであり，どのような場合でも安易に行ってはならないが，医学分野の研究の過程では，どうしても必要な場合がある。では，人体実験は，どのようにすれば許容され，正当化されるだろうか。

ニュルンベルク綱領ではまず，被験者**本人の同意**が必ず必要であると決められた。その際には，実験についての十分な説明をし，被験者が自由な選択権を行使できる状況でなくてはならない。加えて，他の方法や手段では行えない研究に限って許され，あらかじめ動物実験などで基本的知識を得たうえで念入りに計画されるべきであって，無駄に行われてはならない。また，あらゆる不必要な身体的，精神的苦痛や傷害を避けて行われなければならないとされた。

ヘルシンキ宣言は，ニュルンベルク綱領の内容を発展させ，上のような内容がすべて**研究計画書**(research protocol)に明示され，実験内容が正当化されていなければならないとした。研究計画書は事前に研究倫理委員会[1)]に提出され，入念なチェックを受けなければならない。

ベルモントレポートでは，これらの細かなルールを概念としてまとめるため，人格の尊重，善行，正義という3つの原則を抽出したのである。このような活動をもとにして，世界中で人を対象とする医学研究を行うためのルールや仕組みが整えられていった。

13.4.3　現代の医学研究

現代は非常に多くの人が，研究の被験者として参加している時代である。それに伴って，新たな問題も加わってきている。

非常に多くの人が研究の被験者となる1つの例は，薬や治療法の開発過程である。製薬企業が薬を世に出そうとすると，法律によって決められた方法に従って，人に対する試験を経なくてはならない。多くの薬が開発過程にあり，たくさんの患者や健康な人が試験に参加している。また，個人や比較的小さな民族的集団がもつ分子遺伝学的な特徴に由来する疾患をターゲットにした薬や治療法の開発を目指すような，**個別化医療**(personalized medicine)の研究が多くなっており，動物実験で代替し難いという理由で，人間の研究参加を増加させている。

また，近年の人間の研究参加における大きな特長は，生きている人に対する直接的な実験でなく，研究参加者から提供された細胞や情報を用いて，人体の外で行う研究が活発なことである。人体自体に**侵襲**や**介入**を行うことなく，外側から体内や脳の活動を撮影したり，血液や皮膚などから細胞やDNAを採取して研究を行うことが可能になったことと，そのような画像データやDNAの塩基配列データなどを解析する情報科学が発達したことが，これに寄与している。

いったん人体から離れた組織や細胞，取得したデータを利用する研究では，研究倫理審査や本人同意が必要でない場合もある。例えば，バイオバンク(biobank)[2)]に提供されて，すでに誰のものかわからなくなっている組織や細胞を使う研究である。ただし，今ではこのような試料から，人体のあらゆる部位へ分化する可能性をもつiPS細胞のような細胞をつくることができるし，試料を分析すれば，もとの提供者の病気や体質，遺伝情報といったたくさんのことを知ることができる。ごく最近では，細胞から抽出したDNAのゲノム情報をもとに，その提供者の顔などの外見を予測することすら可能になってきている。こういった状況になると，人体そのものではなく，提供された血液やDNA情報だけを用いて研究するときに，特別な倫理的配慮が必要なのではないかという疑問が出てくる。例えば，亡くなった人が生前に，医学や科学研究のためにバイオバンクに試料や情報を提供し，それが研究に使われることに同意していたとしても，その人は将来，自分の外見や体質などが詳しく再現されるような状況まで予想して同意していたのだろうか。あるいは，バイオバンクに試料や情報を提供した人がどこかに生きて生活しているとき，その人や家族に対して，何か不利益が及ばないだろうか。このような，もとの提供者から離れた人体試料や情報をどのように取り扱うのが適切かという問題には，まだ解決されていないものが多く，近年の生命倫理学の議論における重要な論点の1つになっている。生命倫理4原則や，これまで定められた基本的な研究に関する行動規範に単純に従っているだけでは解決できない問題が，現代の医学や科学研究の進展によって生じているのである。

13.5　第3分野：「環境問題や国際問題の解決」に関する生命倫理学

生命倫理学の3つ目の分野は，科学が他者に与える影響を検討し，他者の権利や利益を守るために必要な対応を行うものである。この「他者」には，人だけでなく動物や植物，地域環境や文化も含まれる。

科学の考え方には，数学の計算法則や公式のように，文化や社会の違いに関係なく世界のどこでも通用するような，普遍性のある概念や技術を生み出すという性質がある。しかし，どこでも通用するということは，裏返せば，使うのが不適切な場所で使うことができたり，使ってはいけない人が使うことができたりすることも意味する。したがって，科

コラム13.2：生命倫理4原則とバルセロナ宣言

ベルモントレポートに由来する生命倫理の4原則（自律尊重(autonomy)，善行(beneficence)，正義(justice)，無危害(non-maleficence)）は，実はアメリカ型の原則である。これに対して欧州では，少し異なる4原則（自律尊重(autonomy)，尊厳(dignity)，統合性(integrity)，脆弱性(vulnerability)）が，バルセロナ宣言(Barcelona Declaration，1998年)によって提唱された。

後者の解釈にあたっては，人間の尊重と保護に関しては4つすべての原則が，また動物や他の生物の尊重と保護のためには自律以外の3つの原則が要求されるとしている。

また，自律の解釈もアメリカとは異なっている。アメリカでは自律の意味内容として，個人の「自己決定，同意」を重視する。一方，欧州では，そのような「承諾，許可」の意味からだけでなく，その人の様々な能力（人生の目標を決めたり，道徳的な洞察をしたり，責任をとったりする能力など）を先に考慮するべきだと考える。また，人間とは弱い者であり，生物学的，物質的，社会的に依存している存在であるため，自律が特に理想的なものではないとして注意を促している。

学としての生物学や医学も，それが行われている個々の社会を超えて，非常に広い範囲に影響を及ぼしうる。そのため，科学研究によって利益を得る人がいる一方，どこかに不利益や危害を被る他者が存在するかもしれない。このような他者に対して，科学研究を行う側に，何か責任や義務はないのだろうか。以下に，この分野の代表的なテーマをいくつか紹介する。

13.5.1 バイオハザードとバイオセーフティ

バイオセーフティ（biosafety）とは，有害な病原体や，遺伝子組換え生物などの遺伝子改変生物が研究に用いられる際，実験者や周辺住民に**バイオハザード**（biohazard，生物災害，生物学的危害）が起きないように予防することである。

生物学におけるバイオセーフティの歴史は，1970年代に遺伝子組換え生物を作り出すことが可能になったときに遡る。遺伝子組換え生物は，もともと自然界に存在しない生物であるため，もし実験者の不注意や事故によって外部に流出した場合，実験者や周辺住民に対して潜在的な危険性をもつかもしれないと考えられた。そこで，遺伝子組換え技術を開発した科学者らが安全性や倫理性について検討することを呼びかけ，1975年にアメリカで**アシロマ会議**（Asilomar Conference）とよばれる検討会議が開催された。この会議では，**生物学的封じ込め**や**物理的封じ込め**といった対策が検討され，後にアメリカや各国のバイオセーフティについてのガイドラインへと発展した。

また通常，病原体や遺伝子改変生物の研究を，ある1つの実験室の中だけで行うことは少ない。これらの生物は多くの場合，他の研究者との間で共有される。そこで，これらの生物の移動中の流出や，それによるバイオハザードを防止することへの意識も高まった。生物に国境はないため影響は国を超えて広がる可能性があり，人への危害だけでなく，そこに住む他の生物や環境に悪影響を与える懸念があるからである。

このような懸念に対して国レベルの協力体制を準備するため，1992年，リオデジャネイロの環境サミットにおいて，**生物多様性条約**（Convention on Biological Diversity: CBD）が起案された。1993年に成立したこの条約の目的は3本の柱からなる（コラム13.3）。その第1の柱（生物多様性の保全）と第2の柱（持続可能な利用）に関して，1999年にコロンビアのカルタヘナで締約国会議が開催され，翌年モントリオールで開催された会合において，遺伝子改変生物の国境を越える安全な移動に関する**カルタヘナ議定書**（Cartagena Protocol on Biosafety）が採択された。カルタヘナ議定書では，遺伝子改変された生物を，作物の種子のように環境に導入されるものと，食料や飼料などとして直接利用するものに分けて，輸出国と輸入国との間で，移動や利用における措置を行うよう取り決めている。

日本は2003年に，**遺伝子組換え生物等の使用等の規制による生物の多様性の確保に関する法律**（カルタヘナ法）を公布，翌年施行し，この議定書を実施している（12.2.1参照）。

13.5.2 デュアルユースとバイオセキュリティ

病原性のある細菌やウイルスが，どのようにして人や生物に感染し，病気を引き起こすかを調べることは，その病気に対する新しい治療法や薬を見いだすのに有益である。一方，その成果や知識が利用され，強毒化した病原体や遺伝子改変生物が**生物兵器**による戦争やテロリズムの目的に転用されるおそれも考えられる。

生物学や医学目的の研究成果が人や家畜に危害を与えることに利用されたり，逆に軍事目的の研究成果が一般用製品や医療に利用されたりするとき，その研究には両義性があるという。そのような両義性のある用途のことを，**デュアルユース**（dual use）とよぶ。生物学や医学研究において，病原体の毒性や感染経路を調べるために，遺伝子操作によって強毒化したり本来の宿主を変える改変を行ったりすることや，未知の病原体の遺伝子組成を調べることなどは，潜在的なデュアルユース研究である。

現在，生物兵器の開発や使用は世界中で規制されているが，その枠組みは，次の3つの条約によってつくられている。生物兵器の戦争での使用を禁止する**ジュネーブ議定書**（1925年），開発，生産，貯蔵を禁止する**生物兵器禁止条約**（1975年），生物毒素を規制する**化学兵器禁止条約**（1997年）である。これらの条約をもとに，各国で国内法や管理体制が整備され，国家レベルでの脅威が軽減していった。

しかし，1990年代になり，新たな懸念が出てきた。それは，生物学研究の中で生物機能の分子メカニズムを解明する，生命科学の急速な進展と広がりである。リスク意識の低い研究者が，潜在的に有害な生物を流出させたり，悪用されかねない知識を公表したりするかもしれないと心配されるようになったのである。その他にも，生物剤を用いるテロリズムが数多く計画・実行されるようになり，深刻な懸念材料となった。

条約の遵守と実効性を評価する委員会では，遺伝学，バイオインフォマティクス研究，ヒトゲノム計画，遺伝子治療など，多数の生物学・医学研究の潜在的なリスクが検討された。委員会の人たちを悩ませたのは，これらが一般的な生物学・医学研究であると同時に潜在的デュアルユース研究でもあるため，直接的に規制することが困難なことであった。

この問題を考えるため，いくつもの報告書や声明などが発表された。例えば，研究の悪用防止についての**フィンクレポート**(Biotechnology Research in an Age of Terrorism，2004年)，**バイオセキュリティに関するIAP声明**(IAP (Interacademy Panel on Biosecurity) Statement on Biosecurity，2005年)，Science誌のPolicy Forumの論文"Ethics: A Weapon to Counter Bioterrorism"(2005年)などである。**バイオセキュリティ**(biosecurity)とは，潜在的に危険な生物を，人による悪用や誤用から守ることである。

上記のPolicy Forumの論文は，ヘルシンキ宣言などの被験者保護を中心とした生命倫理の流れに，新たに，研究の**悪用・誤用の防止**という観点を付け加えたといわれている。今後は，生命倫理4原則だけでなく，公衆の信頼維持や他者の安全への配慮といったこの新たな原則についても，さらに研究者の意識を高めていく必要があるだろう。

加えて最近は，脳神経科学の飛躍的発展や，ゲノム編集技術の開発によって，新たなデュアルユース研究が行われる懸念が出てきている。こういった事態にも意識を高め，対応していくことが求められている。

13.5.3 利益の公正な配分

この分野の最後のテーマとして，利益の公正な配分について述べておきたい。

有用な遺伝子についての情報や，その情報をもとに遺伝子操作をすることによって，新しい医薬品や農畜産物などが開発され，莫大な利益が生まれることがある。遺伝資源の原産国は途上国や新興国であることが多く，それらを原産国から持ち出して医薬品などの開発に利用してきたのは先進国であった。

コラム13.3：生物多様性と生物多様性条約

生物多様性(biodiversity)には，種の多様性に加えて，種内の集団の多様性，遺伝的な多様性，生態系の多様性がある。生物多様性が急激に減少する大量絶滅は過去5回起きており(9章参照)，現在6度目のプロセスが進行しているのではないかと懸念されている。過去の絶滅では，その後にたくさんの新しい種が繁栄したが，現在，生物種の急速な減少を補えるだけの新しい種が生まれているとは確認されていない。人間の生存を支えている生態系を守り，動植物の生きる権利を保護するため，生物多様性の保護が目指されている。

生物多様性条約(1993年)は，絶滅のおそれのある野生動植物の国際取引に関する条約(ワシントン条約，1973年採択，1975年発効)や，特に水鳥の生息地として国際的に重要な湿地に関する条約(ラムサール条約，1971年採択，1975年発効)を補完して，包括的に生物多様性を保全するための条約である。条約の目的は次の3つの柱に表されている(条約第1条)。

第1の柱：生物多様性の保全

第2の柱：生物多様性の構成要素の持続可能な利用

第3の柱：遺伝資源の利用から生じる利益の公正かつ衡平な配分

条約作成の案の段階では第1の柱のみが記載されていたが，それのみでは利用や利益獲得の機会が制限されるという開発途上国側の懸念から，第2，第3の柱が加えられた。この他にも途上国と先進国の様々な歩み寄りを通して，最終的な条約ができあがった。

これまで12回の締約国会議(COP)が開催され，日本を含め各国で，目標達成のための様々な取組みが行われている。

原産国では，遺伝資源や薬になる植物などの知識を，長らく固有の文化の中で守ってきた。しかし，このような原産国や地域先住民などの人びとに対して，先進国が研究や開発で得た利益は，公平に配分されてこなかった。また，資源の採取に伴う環境破壊などによる原産国側のコストも問題にされた。この問題は，生命倫理学の中でも新しいテーマの1つであり，今後活発な活動が期待される分野である。

生物多様性条約の目的の第3の柱は，「遺伝資源の利用から生じる利益の公正かつ衡平な配分」である。公平ではなく「衡平」という用語が使われる理由は，単に利益を等しく配分すること（公平）が求められているのではなく，たとえ等しくない配分をすることになっても，関係国の状況に応じて，釣り合いが取れるようにすること（衡平）が重要だからである。これに基づき，2010年，名古屋で締約国会議が開かれ，**名古屋議定書**（Nagoya Protocol）が採択された。名古屋議定書では，遺伝資源の入手に際して提供国に事前の同意を得ることや，提供国に利益や研究成果を配分することなどが定められている。2014年秋に発効しており，現在，日本でもこれに基づいた国内制度づくりを進めている。しかし，利益の内容や公正，衡平とはどういうことかという定義は曖昧であり，途上国と先進国，原産国と利用国といった立場によっても，主張したい内容が異なる可能性もある。今後も関係国での対話や交渉を通じて，検討を継続することが必要である。

■ 演習問題

13.1　生命倫理学の第1分野に関して，キメラ動物は，「人間と動物」あるいは「動物の種の違い」の境界の概念をどのように変え，それによって従来の法や社会の仕組みにどのような矛盾や摩擦を引き起こす可能性があるのだろうか。具体的なキメラ動物の例をあげて論じなさい。

13.2　生命倫理学の第2分野で紹介した人を対象とする研究に関して，幼児や未成年者，認知症の高齢者，妊娠中の女性などの研究への参加の意義と，その際に配慮すべき点を述べよ。

13.3　研究参加者から提供された情報だけを用いる研究について，全ゲノム配列を用いた研究を行う場合に，法的，倫理的に配慮すべき点を述べよ。

13.4　生命倫理学の第3分野に関して，名古屋議定書に基づいて日本の研究者が他国の遺伝資源を利用する場合の手続きについて調べ，簡単にまとめなさい。

■ 注釈

1)　日本では大学・研究機関・病院などが，自施設内に設置しているのが普通だが，他の国や地域では，国や自治体が設置していたり，有料であったりするなど様々な運営形態のものがある。

2)　患者や健康な人が同意のもとに提供した血液や細胞などの人体試料や，年齢，性別，疾患の状態などの情報を収集・保管し，それらを必要とする研究者に分譲する役割をもつ機関。

参考・引用文献

■0章

Asimov, I. 著，太田次郎 訳 (2014) 生物学の歴史，講談社.

Smith, J. M. 著，木村武二 訳 (2016) 生物学のすすめ，筑摩書房.

■3章

Alberts, B., *et al.* 著，中村桂子・松原謙一 監訳 (2016) Essential 細胞生物学 (原著第4版)，南江堂.

Gilbert, S. F. 著，阿形清和・高橋淑子 監訳 (2015) ギルバート発生生物学，メディカル・サイエンス・インターナショナル.

太田邦史 (2013) エピゲノムと生命，講談社.

眞貝洋一 (2005) 実験医学，23 (14) : 2115-2121.

武村政春 (2007) 生命のセントラルドグマ：RNA がおりなす分子生物学の中心教義，講談社.

田中智・塩田邦郎 (2005) 実験医学，23 (14) : 2100-2106.

■4章

Chiras, D. D. 著，永田恭介 監訳 (2007) ヒトの生物学：体のしくみとホメオスタシス，丸善.

Freed, M. D. (1992) Fetal and transitional circulation, In: Nadas' Pediatric Cardiology, Hanley & Belfus.

Morris, J. *et al.* (2013) Biology: How Life Works, W. H. Freeman.

Ridaura, V. K. *et al.* (2013) Science, 341: 1069-1070.

Singh-Cundy, A., Cain, M. L. 著，上村慎治監訳 (2014) ケイン生物学 (第5版)，東京化学同人.

■7章

Gilbert, S. F. 著，阿形清和・高橋淑子 監訳 (2015) ギルバート発生生物学，メディカル・サイエンス・インターナショナル.

Wilt, F. H., Hake, S. C. 著，赤坂甲治，大隅典子，八杉貞雄 監訳 (2006) ウィルト発生生物学，東京化学同人.

Wolpert, L., Tickle, C. 著，武田洋幸・田村宏治 監訳 (2012) ウォルパート発生生物学，メディカル・サイエンス・インターナショナル.

■9章

Reece, J. B. 他著，池内昌彦・伊藤元己・箸本春樹 監訳 (2013) キャンベル生物学 (原書第9版)，丸善出版.

国立天文台 編 (2015) 理科年表 (平成28年 第89冊)，丸善出版.

■10章

Begon, M. 他著，堀道雄 監訳 (2003) 生態学 (原書第3版)，京都大学出版会.

Chapin III, F. S. *et al.* (2002) Principles of Terrestrial Ecosystem Ecology, Springer.

Heikkinen, J. *et al.* (2002) Global Biogeochemical Cycles, 16: 1115.

Jasoni, R. L. *et al.* (2005) Global Change Biology, 11: 749-756.

Kato, T., Tang, Y. (2008) Global Change Biology, 14: 2333-2348.

小倉義光 (2016) 一般気象学 (第2版補訂版)，東京大学出版会.

宇都誠一郎・鈴木英治 (2002) 日本生態学会誌，52: 11-24.

■11章

Grobet, L. *et al.* (1997) Nature Genetics, 17: 71-74.

日本繁殖生物学会 編 (2013) 繁殖生物学，インターズー.

日本農学会 編(2007)動物・微生物の遺伝子工学研究(シリーズ21世紀の農学)，養賢堂.
東條英昭(1996)動物をつくる遺伝子工学，講談社.
東條英昭(2004)トランスジェニック動物(シリーズ応用動物科学/バイオサイエンス)，朝倉書店.
「長野県水産試験場」のHP (http://www.pref.nagano.lg.jp/suisan/jisseki/salmon/dekirumade.html)

■ 12章

Millennium Ecosystem Assessment 編，横浜国立大学21世紀COE翻訳委員会 翻訳(2007)生態系サービスと人類の将来：国連ミレニアムエコシステム評価，オーム社.
宮下直・西廣淳(2015)保全生態学の挑戦：空間と時間のとらえ方，東京大学出版会.
日本生態学会 編(2010)自然再生ハンドブック，地人書館.
Nishihiro, J. *et al.* (2006) Ecological Research, 21: 436-445.
Nishihiro, J. *et al.* (2009) Biological Conservation, 142: 1906-1912.
Tilman, D. *et al.* (2002) Nature, 418: 671-677.
鷲谷いづみ・矢原徹一(1996)保全生態学入門：遺伝子から景観まで，文一総合出版.
「Global Footprint Network」のHP (http://www.footprintnetwork.org/)
「生きている地球レポート」のHP (http://www.wwf.or.jp/)
「Living Planet Report」のHP (http://wwf.panda.org/about_our_earth/)
「Millennium Ecosystem Assessment」のHP (http://www.millenniumassessment.org/)

■ 13章

Dawkins, R. 著，垂水雄二 訳(2004)悪魔に仕える牧師：なぜ科学は「神」を必要としないのか，早川書房.
Frankham, R. 他著，西田睦 監訳，高橋洋 他訳(2007)保全遺伝学入門，文一総合出版.
Gould, S. J. 著，新妻昭夫 訳(1989)フラミンゴの微笑：進化論の現在(上・下)，早川書房.
Hannah, A. 著，志水速雄 訳(1994)人間の条件，筑摩書房.
Jacques, M. 著，渡辺格・村上光彦 共訳(1972)偶然と必然：現代生物学の思想的な問いかけ，みすず書房.
Jonsen, A. R. 著，細見博志 訳(2009)生命倫理学の誕生，勁草書房.
Kass, L. 編著，倉持武 監訳(2005)治療を超えて：バイオロジーと幸福の追求：大統領生命倫理評議会報告書，青木書店.
Sandel, M. J. 著，林芳紀・吹友秀 訳(2010)完全な人間を目指さなくてもよい理由：遺伝子操作とエンハンスメントの倫理，ナカニシヤ出版.
四ノ宮成祥，河原直人 編著(2013)生命科学とバイオセキュリティ：デュアルユース・ジレンマとその対応，東信堂.

演習問題解答

1章

1.1　タンパク質は，疎水性のアミノ酸を内側に包み込むようにして，外側に親水性のアミノ酸を配置した立体構造を形成している。これは，疎水性相互作用により，タンパク質が水中で凝集するのを防止するとともに，水中で安定した状態を保つためのものでもある。また，タンパク質は，情報伝達，免疫，酵素反応など様々な機能にかかわっており，これらの機能はタンパク質の立体構造に大きく依存している。例えば，タンパク質の立体構造を巧妙に変化させることにより，その機能を制御している。さらに，アミノ酸の化学修飾，糖鎖の付加，他の分子との結合などにより引き起こされるタンパク質の立体構造の変化が，その機能の調節にも深くかかわっている。

また，タンパク質の立体構造がもつ重要性を示す例として，タンパク質の立体構造を解明することにより，未知のタンパク質の機能を推測するという研究がある。つまり，タンパク質は共通した機能ユニットの組合せからなるので，未知のタンパク質を構成する機能ユニットと，それらが構成する全体的な立体構造がわかれば，少なからずその機能を推測できるという考え方に基づくものである。

1.2　分子の立体モデル作成用のフリーソフトと公開されている分子の数値データを揃えれば，分子の立体モデルを簡単に作成して，それらをインタラクティブに観察することができる。分子モデルを作成するフリーソフトと分子の数値データは，以下のサイトで公開されている。なお，本章で使用した分子の立体モデルのほとんどは，以下に紹介したWebLab Viewer Liteで作成されたものである。

(1)　Rastop

http://www.geneinfinity.org/rastop/

基本的な機能が備わった，使いやすいソフトである。

(2)　WebLab Viewer Lite

http://www.marcsaric.de/index.php/WebLab_Viewer_Lite

分子モデルを様々な立体表現で表すことができる。操作が簡単で実用的なソフトである。

(3)　QuteMol

http://qutemol.sourceforge.net/

プリセットされている範囲内ではあるが，分子モデルを独特の表現形式で表すことができ，しかも，複雑な構造の分子でも高速に処理できる。また，分子が回転するムービーも出力することができる。

タンパク質の数値データ（PDBファイル）は以下のサイトで公開されている。

http://www.rcsb.org/pdb/home/home.do

タンパク質以外の分子でも，必要な分子のPDBファイルをインターネットで検索すれば，ほとんどの分子データを手に入れることができる。

2章

2.1　地球上では，植物を中心に，太陽光のエネルギーを利用して光合成を行う生物が一般的である。その他にも，無機化合物の酸化から得られる化学エネルギーを利用して，炭酸同化を行っている独立栄養生物が存在する。それらは，化学合成生物（chemotroph）ともよばれ，多くの種類のバクテリアが知られている。それらの中でもよく知られているのが，アンモニアや亜硝酸を酸化する硝化菌，硫化水素を酸化する硫黄細菌，鉄を酸化する鉄細菌などである。例えば，硝化菌のアンモニア酸化細菌がアンモニアを酸化する例についてみると，以下のような反応になる。

最初に，アンモニアを酸化して硝酸イオンを産生する。その過程で電子とエネルギーが生じる。

$NH_3 + 2H_2O$

$\rightarrow NO_2^- + 7H^+ + 6e^-$ ＋自由エネルギーの放出

次に，酸化で生じた電子が酸素に伝達され，水が産生される。この過程でもエネルギーが生じる。

$\frac{3}{2}O_2 + 6H^+ + 6e^-$

$\rightarrow 3H_2O$＋自由エネルギーの放出

以上の２つの反応の結果，アンモニア酸化菌は合計で約 68kcal/mol の自由エネルギーを得ることになる。このエネルギーを利用して炭酸同化を行っている。

2.2 生体膜を隔てた水素イオン（プロトン）の濃度勾配は，電気化学ポテンシャル（electrochemical potential）を生じる。これは，膜の電位差による電気ポテンシャルと，イオンの濃度差による化学ポテンシャルを合わせたものである。この状況下で，水素イオンが濃度勾配の高い方から低い方に向かって膜を通過すると，それに伴って自由エネルギーが放出される。

ATP 合成酵素は，葉緑体のチラコイド膜やミトコンドリア内膜を貫通して存在する大型のタンパク質複合体で，その構造の F_1 サブユニットとよばれる部分を回転させることにより ATP を合成している。そして，その F_1 サブユニットを支えるように存在する F_o ユニットには，水素イオンが移動できる通路（チャネル）が存在する。水素イオンがこの通路を通って膜の反対側に移動すると，それに伴って自由エネルギーが放出される。そのエネルギーを利用して ATP 合成酵素を回転させて ATP を合成している。その際には，3～5 個くらいの H^+ が１分子の ATP を合成するのに必要と考えられている。

2.3 乳酸発酵は，バクテリアが嫌気的な条件下でグルコースを分解して ATP を産生する反応系としてよく知られている。ヒトの骨格筋細胞でも，この乳酸発酵が重要な役割を果たしている。例えば，激しい運動をした際に血中の酸素が不足すると，一時的ではあるが，乳酸発酵を行って解糖系を駆動し，ATP を産生する。この場合，乳酸発酵で生じた乳酸が体液中に多量に蓄積されると害を及ぼす（例えば，乳酸アシドーシスを引き起こす），体液中の乳酸は血中を経由して肝臓に運ばれ，そこでピルビン酸を経てグルコースに変換されて再利用される。このような，乳酸発酵で生じた乳酸をグルコースに変換するための一連の経路はコリ回路（Cori cycle）とよばれる。

2.4 NADH と $FADH_2$ の酸化に伴う自由エネルギーの放出は，それぞれ，以下のようになる。

$NADH + H^+$

$\rightarrow NAD^+ + 2H^+ + 2e^-$

＋自由エネルギーの放出（約 15kcal/mol），

$FADH_2$

$\rightarrow FAD^+ + 2H^+ + 2e^-$

＋自由エネルギーの放出（約 10kcal/mol）

次に，電子が酸素に伝達され，水が産生される過程で放出される自由エネルギーは以下のようになる。

$\frac{1}{2}O_2 + 2H^+ + 2e^-$

$\rightarrow H_2O$＋自由エネルギーの放出（約 38kcal/mol）

したがって，NADH と $FADH_2$ が酸化され，さらに水が産生される過程では，それぞれ，合計で約 53kcal/mol と約 48kcal/mol の自由エネルギーが放出されることになる。これらのエネルギーはミトコンドリア内膜を隔てた水素イオンの濃度勾配の形成に用いられる。そして，膜を隔てた水素イオンの濃度勾配による電気化学ポテンシャルのエネルギーにより ATP が合成される。参考までに，ATP 合成に必要なエネルギーは 7.3kcal/mol である。

3章

3.1 細胞内には生物種ごとに決まった数の染色体が存在し，この染色体セットが，細胞分裂のたびに娘細胞へ伝達されること，生殖細胞の減数分裂と受精によりこれらの染色体セットが次世代の個体にも伝えられることが明らかになった。これらは遺伝子について予想される振舞いと一致することから，遺伝子は染色体に存在すると考えられるにいたった。

3.2 半保存的複製。

二重らせん構造をとっている DNA は，複製に際してまず一本鎖にほどける。DNA ポリメラーゼは，各一本鎖を鋳型とし，複製の先行する新生鎖の 3′ 側末端に鋳型鎖との相補性に従って dNTP を連結させることで，鋳型鎖と相補的な新生鎖が，鋳型鎖の 3′ → 5′ の方向に対応して 5′ → 3′ の方向に伸長する。したがって，新たに生じた DNA は既存の鋳型鎖と新生鎖から構成される。

3.3 塩基配列に基づいた制御機構：遺伝子周辺の DNA 上にあるプロモーター，エンハンサーなどのシスエレメントをトランス作用因子が認識して結合する結果，転写反応の調節が行われる。

塩基配列より高次の制御機構：遺伝子を構成するクロマチンタンパク質の化学修飾（特にヒストンのアセチル化，メチル化）や DNA のメチル化により遺伝子の転写調節が行われる。

3.4 遺伝子の発現調節は転写に続く過程でも行わ

れる。具体的には，(1) 機能的な mRNA へのプロセシング，(2) mRNA の核から細胞質への移行，(3) タンパク質の合成（翻訳），(4) タンパク質の機能獲得のための適切な加工，の各段階でも制御される。

3.5 ポストゲノム研究の1つであり，転写産物の種類や量を網羅的に調べることで，発現する mRNA の全体像（プロファイル），つまりトランスクリプトームを明らかにし，これによりゲノムの働きを知ることができる。

4章

4.1 小腸は，輪状ひだ，絨毛，微絨毛という階層的な折り畳み構造をもつ。また，単層上皮の近傍には乳糜管や毛細血管が通う。肺は，気道が何段階にも分岐して生じる約3億個もの肺胞を備える。また，肺胞上皮は扁平で薄く，毛細血管と隣接している。

4.2 胃の表面は粘膜で覆われ，胃上皮の胃液との接触を阻んでいる。また，消化酵素であるペプシンは，不活性な前駆体として分泌され胃の内腔で徐々に活性化されるため，胃腺の上皮を傷害しない。ペプシンは pH 依存性があり，強酸中でしか活性をもたないため，粘膜中では活性を示さない。

4.3 胆汁酸は肝臓の実質細胞（肝細胞）から分泌され，胆管を通って胆嚢に一時貯蔵されたのち，十二指腸に運ばれる。そこで脂質の消化を助けたのち，大部分は小腸（回腸）で再吸収され，毛細血管から肝門脈を経て再び肝細胞に戻る（腸肝循環）。

4.4 エコノミークラス症候群（急性肺血栓塞栓症）では，下肢の静脈で生じた血栓が，大静脈から心臓の右心房，右心室を経て肺動脈に入り，細くなった肺の動脈を塞ぐ。その結果，肺への血流が制限され，肺でのガス交換の効率が落ちるため，呼吸困難に陥る。

4.5 二酸化炭素濃度が高いと，ヘモグロビンと酸素の結合は弱まり，ヘモグロビンが酸素を手放しやすくなる。この特性により，活動的で酸素消費の激しい組織に優先的に酸素を分配することができる。

4.6 原尿の成分は，アルブミンなどの大きなタンパク質を含まない点以外は血漿と同じである。尿は，原尿からグルコースなどの必要成分が再吸収され，不要成分が分泌・濃縮されて生じる。したがって，原尿は尿より，グルコースや栄養素に富み，老廃物や体内で過剰となったイオンが少ない。

4.7 回遊魚であるマグロは，呼吸のために常に泳いでいなくてはならない。そのため，持続的な有酸素運動を行うのに適した遅筋を多くもつ。一方，底生生活を営むヒラメは，ふだんは砂に身を潜めて泳がず，身に危険が迫った時や餌の捕獲時に瞬時の動作を行う。そのため，瞬発力を生むのに適した無酸素運動を行う速筋を多くもつ。

4.8 骨格筋が収縮するとき，サルコメアの暗帯の長さは変わらず，明帯が短縮する。

5章

5.1 (1) ペプチド・タンパク質ホルモン：アミノ酸がペプチド結合により連結してできるホルモン。構成するアミノ酸残基数は様々で，分子内にジスルフィド結合（S-S 結合）を有するものや糖鎖が付加されたものに加え，N 末端や C 末端が修飾されたもの，サブユニット構造を有するものなど，多様性に富んでいる。

(2) アミン系ホルモン：前駆体となる特定のアミノ酸（チロシンなど）が細胞内でいくつかの酵素反応を経て合成されるホルモン。アミノ酸誘導体ホルモンの一種で，カテコールアミン，インドールアミン，イミダゾールアミンなどに大別できる。

(3) 甲状腺ホルモン：前駆体タンパク質であるサイログロブリン内の一部のチロシン残基にヨウ素が結合（ヨウ素化）した後，縮合反応や加水分解などの過程を経て合成されるホルモン。アミノ酸誘導体ホルモンの一種で，おもな甲状腺ホルモンとしては，サイロキシン（T_4）とトリヨードサイロニン（T_3）が知られている。

(4) ステロイドホルモン：コレステロールが，ステロイドホルモン産生細胞内の滑面小胞体やミトコンドリアに存在する各種のステロイドホルモン合成酵素の一連の触媒作用を受けて合成されるホルモン。産生細胞内に存在する合成酵素の種類により，合成されるホルモン（グルココルチコイド，ミネラルコルチコイド，アンドロゲン，エストロゲンなど）が異なってくる。

上記のホルモン以外にも，脂肪酸誘導体ホルモンなども知られている。

5.2 ホルモンの血中濃度は，フィードバック調節により適切な濃度に維持されている。最も基本的な制御系は負のフィードバック調節で，例えば，視床下部—下垂体—末梢内分泌腺を考えてみると，階層的に下位のホルモンが上位のホルモンの分泌を抑制する。これとは逆に，下位のホルモンが上位のホルモンの分泌を促進する正のフィードバック調節も知られている。この調節により，ホルモンの大量分泌（例えば，排卵時のLHサージ）が誘起される。

5.3 細胞膜受容体：ペプチドホルモンやアミン系ホルモンは標的細胞の細胞膜を透過できない。これらホルモンの受容体は標的細胞の細胞膜に存在し，この受容体にホルモンが結合すると，細胞内で情報伝達分子の合成や活性化などが生じ，ホルモンの情報が細胞内に伝えられる。Gタンパク質共役型，イオンチャネル内蔵型，酵素連結型，酵素共役型などに分類される。

細胞内受容体：甲状腺ホルモンとステロイドホルモンは，血液中ではごく一部のみが遊離した状態（結合タンパク質と結合していない状態）で運ばれる。この遊離ホルモンは，標的細胞の細胞膜を透過して細胞内（核あるいは細胞質）に存在する受容体と結合した後，核内において転写調節因子として機能する。

（細胞膜受容体，細胞内受容体に属する各受容体の情報伝達様式の詳細については本文参照）

5.4 視床下部の一部の神経細胞では下垂体前葉ホルモンの分泌を促進あるいは抑制する視床下部ホルモンを産生している。これら神経細胞の軸索末端は正中隆起部に終末し，下垂体門脈系へと視床下部ホルモンを放出する。放出された視床下部ホルモンは下垂体前葉に運ばれ，前葉のホルモン産生細胞に作用して前葉ホルモンの分泌を制御する。一方，視床下部の視索上核と室傍核の一部の神経細胞で産生された後葉ホルモンは，これら神経核から下垂体後葉にまで伸びた軸索内を輸送され，刺激に応じて，後葉内部の毛細血管へと放出される。

5.5 グルココルチコイドの分泌は，おもに視床下部－下垂体－副腎系により調節されている。視床下部から下垂体門脈系に放出された副腎皮質刺激ホルモン放出ホルモンは，下垂体前葉から副腎皮質刺激ホルモンの分泌を促進し，さらに，副腎皮質刺激ホルモンは副腎皮質の索状層を刺激することでグルココルチコイドの分泌を促進する。ヒトの場合，分泌されたグルココルチコイド（コルチゾル）は，肝臓における糖新生，抗ストレス作用，抗炎症作用，免疫抑制作用など，多様な生理作用を示す。

一方，ミネラルコルチコイドの分泌は，おもにレニン－アンジオテンシン系により調節されている。腎臓の尿細管を流れる濾液流量や糸球体に入る動脈圧などが低下すると，糸球体の輸入細動脈に存在する傍糸球体細胞（顆粒細胞）からレニン（酵素）が分泌される。肝臓で合成・分泌されたアンジオテンシノーゲンは，レニンによりアンジオテンシンⅠに，さらにアンジオテンシン変換酵素の作用でアンジオテンシンⅡへと変換される。アンジオテンシンⅡは副腎の球状層の細胞を刺激し，ミネラルコルチコイドの合成と分泌を促進する。分泌されたミネラルコルチコイド（ヒトではアルドステロン）は，腎臓の集合管に作用し，Na^+再吸収とK^+排出を促進することで，体内の体液量を維持し，血圧を一定に保つ。

5.6 ホルモンによるカスケード反応とは，ホルモンが微量でも標的細胞内では各種調節分子の連鎖的で多段階の反応系が進む結果，ホルモンの情報が大幅に増幅されることを示す。このため，ホルモンの血中濃度が低くても，標的細胞では十分な細胞応答を引き起こすことができる。

肝臓でのグルカゴンの働きを例にとると，1分子のグルカゴンが受容体へ結合すると，Gタンパク質，アデニル酸シクラーゼが順次活性化され，多数のcAMPが産生される。このcAMPにより活性化されたプロテインキナーゼAは，多数のグリコーゲンホスホリラーゼキナーゼを，さらには多数のグリコーゲンホスホリラーゼを活性化する結果，多量のグリコーゲンが分解される。

6章

6.1 中間の地点において2つの活動電位が重なるが，活動電位は「全か無かの法則」に従うので，その大きさや波形は変わらない。その活動電位が終息した後は，その地点の両側は「不応状態」になっているので，活動電位はどちらにも伝導していくことができず，軸索上から活動電位は消失する。

6.2 静止膜電位はK^+が細胞外に流出することによって生じている。細胞外のK^+濃度が高くなるとその流出が起こらなくなり，静止膜電位が消失する。すなわち，膜は脱分極する。すると活動電位が発生し，軸索末端ではシナプス小胞の表面膜への融合が起きる。

6.3 ニューロンBが信号を送ると，興奮性ニューロンを介してニューロンCを刺激するが，同時に抑制性ニューロンも介しているので，ニューロンCは興奮しない。その抑制性ニューロンの活動は，ニューロンAによって抑制することができるが，そのためにはニューロンBと同時に働きかける必要がある。したがって，ニューロンCを興奮させるためには，ニューロンAとニューロンBが同時に信号を送ればよい。

6.4 NMDA型グルタミン酸受容体は，周囲の膜が脱分極している時にしか働かない。すなわち，これが働く条件は，(1) シナプス前部がグルタミン酸を放出していること，(2) シナプス後部が興奮していることである。この2つの条件は，ヘッブ則の条件である「シナプスをつくる2つのニューロンが同時に興奮すること」と合致している。

7章

7.1 モルフォゲン (morphogen) とは，胚体内で濃度勾配をつくり，これにより胚細胞に胚内での自らの位置に関する情報を与える物質をいう。胚細胞には，この物質にどのように応答するかがプログラムされており，濃度勾配に応じて自動的に特定のパターンを形成する。代表例としては，ショウジョウバエの胚で前後を決定するビコイドがある。

7.2 ウニの未受精卵を覆うゼリー層中に含まれる精子活性化ペプチドが，同種の精子にのみ誘因活性 (走化性) を示すため，同種間でのみ受精が起きる。

7.3 (解答例) 陥入，巻込み，覆被せ，移入，葉裂など。

7.4 前後の決定：母性効果遺伝子。

体節の形成：ギャップ遺伝子，ペアルール遺伝子，セグメントポラリティ遺伝子。

各体節の構造決定：ホメオティック遺伝子。

7.5 分泌因子：ノギン，コーディン。

作用機構：胚の腹側・側方では骨形成タンパク質 (BMP) が発現し，これが外胚葉では表皮形成，中胚葉領域では腹側中胚葉 (血球，間充織など) の誘導を行う。ノギンとコーディンはBMPに結合してその腹側化作用を阻害する結果，背側化を起こす。神経系は外胚葉の背側領域であり，結果として外胚葉から神経が誘導される。

7.6 神経管壁は，脳室側から表層に向けて，脳室帯，外套層 (中間層)，辺縁帯の3層から構成される。脳室帯では未分化細胞が増殖を行う。ここで分化を開始した細胞は表層側に移動して外套層を形成し，ニューロンやグリア細胞になる。生じたニューロンは軸索をさらに表層にある辺縁帯に伸張し，他領域と神経連絡を行う。

8章

8.1 葉緑体が高密度で存在する柵状組織において，葉へ入射した光のうち70%以上が吸収される。そこで強い光を受ける陽葉であっても，海綿状組織にまで透過する光は陰葉と同様に弱い。このため，海綿状組織を厚くしても光の吸収効率はほとんど変わらない。

8.2 肥大成長を可能にする茎の二次組織は，二次篩部と二次木部を発達させることで，多量の物質の輸送を可能にし，木部の力学的強度が高まり，大きな個体を支えることを可能にする。また，コルク形成層とそれから派生する周皮組織は，肥大成長に伴う周囲長の増加に対応して細胞を増やすことができる。

草本植物は寿命が短いので，個体サイズは木本植物のように大きくならない。このため，草本植物の茎は，力学的強度を高める必要もなく，物質輸送の能力を高める必要がない。したがって，草本植物は二次組織からなる茎をもたない。ただし，ヒマワリのように個体サイズが大きくなる種では，草本植物でも二次組織が発達する。

8.3 土壌中のNO_3^-濃度が高いと根で植物ホルモンのサイトカイニンがつくられる。このサイトカイニンが木部や篩部を経由してシュート頂分裂組織へ運ばれ，ここでの分裂活性を上昇させる。光合成でつくられた炭水化物は促進された葉や茎の成長のために優先的に使われ，根の成長に使われる炭水化物が少なくなる。この結果，土壌中のNO_3^-濃度が高い場合には，シュートが大きく，根が小さくなる。

8.4 河川の水位は降水量によって変動する。河川の増水が起きると，水際や河原に生えている植物は土砂をかぶったり，流されてしまうなどの個体の生存が危機にさらされる。個体サイズが十分に大きくなった後で，栄養成長から生殖成長に切り替わる成長様式は，より多くの種子をつくることができる。しかし，河原のような不安定な攪乱環境に生息する植物では，十分に個体サイズが大きくなる前に死んでしまい種子をまったくつくれない可能性がある。そこで，こうした植物は個体サイズが小さいうちから生殖成長を始めて，量は少なくなるが確実に種子を残す生活史戦略をとる。

8.5 環状的電子伝達系が働くとNADPHは生成さ

れないが，プロトン（H^+）がストロマ側からチラコイド内腔に輸送されるため，H^+-ATP合成酵素によりATPが生成される。したがって，環状的電子伝達系が働くことで，NADPHとATPの生成比のバランスをとることができる。C4植物の光合成はC3植物よりも固定されるCO_2あたりに必要とされるATP量が多い。そのため，C4植物では環状的電子伝達系で働くタンパク質量がC3植物よりも多い。

8.6 光呼吸経路はルビスコがO_2と反応して生じた2-PGを3-PGAに変換する経路であり，葉緑体の他にミトコンドリアやペルオキシソーム内の酵素も経由する。3つのオルガネラが近接していることで，光呼吸反応が進みやすいと考えられている。

9章

9.1 DNA/RNA/タンパク質からなる現在の遺伝と代謝のシステムができる以前に，自己複製するRNAが遺伝情報を運び，同時に酵素の役割を果たしていたとする説。

9.2 ミトコンドリアと色素体は，細菌と同じような環状のDNAと，転写，翻訳のための独自の分子装置をもち，これらを構成するRNAやタンパク質が原核生物のものに似ていることから，小さい原核生物が，真核生物の祖先となった比較的大きな細胞に共生して，細胞小器官になったと考えられている。

9.3 多細胞の動物，植物，菌類には，それぞれ近縁な単細胞生物が存在することから，それぞれ独立に多細胞化したと考えられる。

動物，植物，菌類の系統関係は次の系統樹のように示される。

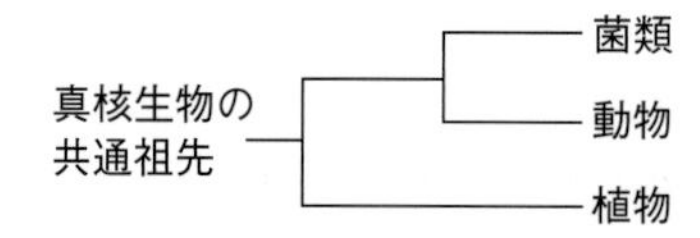

9.4 腹鰭

9.5 ヒトの祖先は，直立して二足歩行するという特徴を獲得したことによって，効率的に長距離を移動できるようになり，遠く離れた場所に分布を広げることが可能になったと考えられる。また，直立二足歩行により，両手が解放されることで，道具の作製や使用が可能になったことも，人類が地球上の様々な環境に適応して生活できるようになった要因と考えられる。

9.6 鉄鉱石：初期の原核生物の光合成により放出された酸素分子は，海水中の鉄イオンと反応して，酸化鉄の沈殿を生じ，鉄鉱石となった。人類が利用している鉄は，ほとんどすべてこうしてできた鉄鉱石からつくられる。

石炭：石炭紀に森林を形成していたヒカゲノカズラ植物やシダ植物が，地中に埋もれて炭化し，長い年月をかけて大量の石炭を形成した。石炭は，産業革命以後の社会の発展を支えた化石燃料である。

10章

10.1 （解答例） 水槽用の恒温ヒーター。水槽の水温が本体の温度センサーにフィードバックして，設定温度より低い場合はヒーターを強めて温度を上げるように，高い場合にはヒーターを弱めて（あるいは一時的に切って）温度を下げるように働く。

10.2 日本は基本的に湿潤な環境で，標高が上がるにつれて気温は下がっていくので，中部山岳地域では常緑広葉樹林，落葉広葉樹林，針葉樹林，ツンドラ（お花畑）のように，標高に伴って，バイオームが大きく変化する。

日本では水分によって植物の成長が制限されるような立地はほとんどないため，例えば，サバンナのような生態系は見られない。

10.3 （解答例） 資源：酸素，水，生育空間，食糧など。

環境条件：気温，湿度，気圧など。

酸素は，植物の光合成により作り出されているので，生態系の中で生産者の機能を維持させることが重要である。

10.4

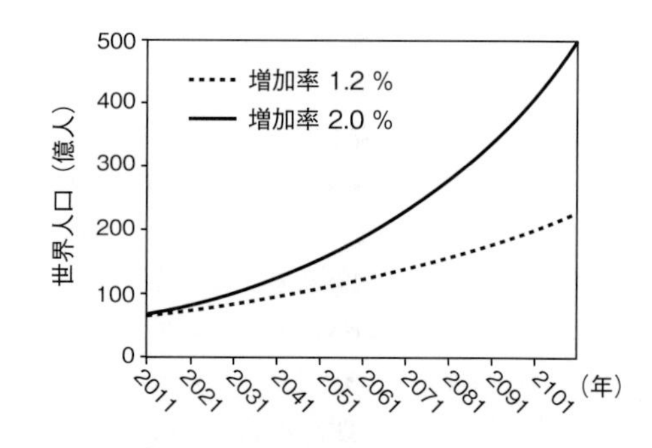

10.5 土壌炭素の蓄積量は，おもに植物の枯死によって供給される有機物量（リター量）と，土壌生物の分解によって失われる有機物量のバランスによって決定する。熱帯雨林は植物生産が大きくリター量も大きいが，土壌での分解呼吸量も大きいために

ネクロマスプールは必ずしも大きくない。一方で，ツンドラ生態系は，リター量は熱帯雨林に比べると圧倒的に小さいが，低温によって分解呼吸量も抑制されるため，長期的にみると多くのネクロマスが土壌に蓄積する。

10.6 （解答例） *r* 戦略：エノコログサ。植物の中では成長速度が速く，短命の一回繁殖の植物（一年草）である。また 1 回に多くの種子を生産する。

K 戦略：ヒト。妊娠期間が長く大型の子供を通常は 1 回に 1 個体だけ出産する。成熟までの期間も長く，寿命も長くて多回繁殖である。

11 章

11.1 (2)

11.2 (4)

11.3 （解答例） ヒトの血液中に含まれるような生理活性物質を大腸菌，酵母，培養細胞などを利用して生産する技術が開発されているが，原核生物（大腸菌）を用いて生産する場合には翻訳後の修飾（糖鎖付加や高次構造の構築など）が起こらず，また，菌体成分との分離が困難であるなどいくつかの問題点がある。培養細胞を用いて生産する場合には大規模で複雑な設備を必要とするといったコストの点からの問題が存在する。一方，例えば，乳腺で特異的に発現するような遺伝子のプロモーターを利用して外来性の遺伝子産物を家畜の乳汁中に分泌させることが可能であり，このような動物工場を利用した有用生理活性物質の生産には，生産コストの低減，病原体の混入・汚染の回避，目的とする物質（タンパク質）への修飾の付加など多くの利点がある。

11.4 （解答例） ヒツジの体細胞をあらかじめ核を除いておいた卵子に注入する体細胞核移植技術を用いた。それを仮親に移植して，生まれてきた個体は体細胞の核とまったく同じ遺伝情報をもつ個体，すなわちクローン個体である。

11.5 （解答例） 異種間移植における最大の課題は，臓器移植に際して起こる超急性拒絶反応である。ブタでは α1,3-ガラクトース転移酵素とよばれる糖転移酵素が存在している。そのため，ブタの臓器における血管内皮細胞膜上ではこの酵素により α1,3-ガラクトースが合成される。一方，ヒトでは α1,3-ガラクトース転移酵素遺伝子に変異が生じており，本酵素の活性が存在しない。そのため，ブタ臓器に発現する α1,3-ガラクトースはヒトにおいて強力な抗原性を示し，移植したブタ臓器は超急性拒絶反応により拒絶されてしまう。そこで，ヒトに存在し，α1,3-ガラクトース転移酵素と同様に，*N*-アセチルラクトサミンを基質とする α1,2-フコース転移酵素を過剰に発現するようなトランスジェニックブタを作製できれば，*N*-アセチルラクトサミンからの α1,3-ガラクトースの産生を相対的に減少させることが可能である。また，同時に内因性のブタ α1,3-ガラクトース転移酵素をノックアウトすることで，さらに超急性拒絶反応を回避できる可能性がある。

12 章

12.1 （解答例） エコロジカルフットプリントは，ヒトが生活するうえで必要な資源を生産するための面積と，ヒトが出す廃棄物の処理に必要な面積の合計値であり，ヒトという生物の環境収容力に相当する。これが地球の面積を超えているにもかかわらずヒトが存続できているおもな機構としては，(1) 石油や石炭など過去の地球における生産物を利用していること，(2) 排出した廃棄物（特に二酸化炭素）を現時代では処理せずに蓄積させていること，があげられる。これは持続可能な状態ではない。食べ物の中に占める栄養段階の高い動物の割合を減らすことや，流通コストがかからない物資を利用すること，二酸化炭素の排出を減らすとともに，樹林や泥炭湿地など二酸化炭素を貯蔵する生態系を保全することは，この問題の軽減・解決に寄与する。

12.2 （解答例） 種としては絶滅していなくても，種内の遺伝的多様性が低下している場合は多い。遺伝的多様性の低下は，個体群の長期的な存続性や進化可能性の低下を招く。また，地球上の生態系には，乾燥地の生態系や攪乱の強い河原の生態系のように，種数が少ないが固有性が高いものも存在する。人間活動の拡大の結果，かつては固有性が高かった生態系が他の生態系と同様な種組成となる現象（生態系の均質化）も，世界的に進行している。種の多様性の低下だけでなく，「遺伝的多様性の喪失」や「生態系の均質化」をも同時に表現するうえで，生物多様性（の損失）という語は有用である。

12.3 （解答例） 個体群の絶滅をもたらす要因は，個体群サイズにかかわらず影響する要因と，個体群サイズが小さくなった場合にのみ顕在化する要因とに分けられる。前者には，生育・生息地の喪失，個体の過剰採取，個体の死亡率を高める汚染などが含まれる。後者には，アリー効果の消失，近交弱勢，確率論的要因が含まれる。さらに，確率論的要因は，人口学的確率性，遺伝的確率性，環境的確率性に分けられる。個体群サイズが小さくなった場合に顕在化する要因は，個体群サイズが小さくなればなるほど強く作用する。そのため，いったん個体群が縮小し始めると，複数の要因が相乗的に個体群サイズの縮小をもたらすようになる。これが「絶滅の渦」現象が生じる理由である。

12.4 （解答例） 絶滅危惧種の個体群では，個体群サイズが過去に比べて縮小しており，それに伴って遺伝的多様性が低下している場合が多い。遺伝的多様性の回復のためには，有性繁殖が十分に行われる必要がある。また，たいていの生物で，種子・卵形成や実生・幼個体の定着段階において環境ストレスの影響を受けやすい。これらのため，有性繁殖を含めた生活史全体を考慮に入れ，問題が生じている段階を見極め，そこでの阻害要因を除去するアプローチが有効である。組織培養による個体の増殖は，栄養的な意味では個体数が増加するが，有性繁殖による個体の増加とは異なり，遺伝的な多様性は増加しないため，個体群の絶滅リスクの低減への寄与は小さい。

12.5 （解答例） 私たちは生態系の動態について十分な知識をもっておらず，生態系を意のままにデザイン・管理することはできない。人為によって改変された生態系を回復させる取組みにおいても，ヒトがすべてをデザインするのではなく，自然が攪乱から回復する能力を活かすことで，意図しない問題の発生を防ぐことができる。例えば，本文中で紹介した植生回復における土壌シードバンクの活用は，自然の植生動態の機構を活用することで，侵入生物問題を回避できる手法といえる。順応的管理もまた，生態系管理の不確実性に対応した賢明な方法論といえる。事業のモニタリング結果を事業の目標や事前の予測と比較することで，生態系の挙動についての知見を充実させつつ，徐々に事業を成功に導くことができるからである。

13章

13.1 （解答のヒント） ヒトとブタのキメラ，ヒトと霊長類のキメラ，ヒトとヒトのキメラの３種類を考えてみよう。

キメラ動物をつくる目的には様々なものがあるが，その１つとして現在，移植用のヒトの臓器を作成する目的での研究開発が期待されている。そのためには，いくつかの科学的な課題を解決しなければならない。例えば，マウスとヒトのキメラに人間の心臓や肝臓をつくらせるには，マウスの体は小さすぎる。そこで，ヒトと同程度の大きさの臓器をもつブタで研究が行われている。しかし，ブタの胚の発育速度はヒトより早いため，ブタ胚の中でのヒト細胞の増殖速度がブタ細胞の速度に追いつかず，キメラが成長する途中で次第にヒト細胞の割合が減っていくという問題がある。それでは，ヒトに近い霊長類を使って，ヒトと霊長類のキメラをつくるべきなのだろうか。霊長類の体の中でできたヒトの臓器は，大きさや形が，ヒトへの移植用にちょうどよいかもしれない。ただし，今度は別の問題が発生する。例えば，霊長類がもっているウイルスが，ヒト臓器に感染するかもしれない。環境中でヒトと霊長類が接しても感染しないウイルスであっても，体内に長期間臓器が存在することで，感染が起きるかもしれない。そうすると，移植した人に未知の病気が発生する可能性がある。ヒトとヒトのキメラについても同様の問題が考えられるし，そもそもこのキメラでは，さらに深刻なヒト胚の尊厳という問題が発生する。加えて，脳や神経系がキメラの中でどのように発生するか予想がつかないので，ヒトの細胞が動物の神経や脳の中に入り込む可能性があるが，そのことによってキメラ動物の行動や意識にどのようなことが起きるのかはまったくわかっていない。また，キメラ動物の顔や外見が，ヒトに似たものになるということも考えられる。

ヒトの脳や神経系が混在するキメラ動物，あるいはヒトに似た外見をもつキメラ動物が，従来の社会におけるヒトの概念からはみ出すことは確実だろう。刑法の殺人罪は，人に対してのみ成立する。しかし，人の定義とは，どこからどこまでなのだろうか。ヒトとブタのキメラがヒトの脳をもっていなくても，ヒトの心臓や肝臓をもったブタを臓器移植の際に殺すことは，殺人罪にならないのだろうか。また，このような問題を解決するために，今後，刑法の人の定義を変更すべきなのだろうか。

現在の社会の対応は，従来の法における人の定義を変更するのではなく，そのような摩擦を引き起こすキメラ動物の作成を制限する方向で行われている。例えば，ヒトと動物のキメラの胚を一定の期間以上長く成長させることを禁止する，あるいは，中枢神経系が発達する前の動物の胚にヒトの細胞を注入することを禁止する，などの試みを行い，問題のあるキメラの誕生が起こらないようにしようとしている。日本では，政府が「特定胚の取扱いに関する指針」を公布しており，胎内への移植を禁止するなど，キメラ胚の取扱いを制限している。

13.2 （解答のヒント） 子どもについて考えてみよう。子どもは一般に大人よりも体が小さく脆弱であるため，医学研究の対象として，大人よりも高いリスクがある。しかし，子どもが医学研究の対象から外され続けると，子どもについての医学の進展が遅れ，結果として，子どもが診断や治療における医学の恩恵を受けにくくなるという弊害も考えられる。また，「治験」のように，研究対象となることによって，その子どもが診断や治療で直接的に利益を得る可能性がある場合もある。そこで，子どもについても，必要な医学研究から除外しないようにするべきであると，現在では考えられるようになった。

それでは，子どもの研究参加には，どのような配慮が必要だろうか。まず，子どもがその研究に参加することの医学的な正当性が確保される必要がある。研究参加のリスクに対して，その子どもがどのくらいの恩恵を得られるかは，その子どもの疾患の状態や年齢などに関係する。また，健康な子どもが研究に参加する場合には，その子どもにはまったく恩恵がなくリスクのみが存在するのだから，正当性の確保について慎重な検討が必要である。さらに，子どもにとっての利益が，大人にとっての利益とは異なる可能性がある点についても留意すべきであろう。

さらに，子どもから研究参加についての同意を得るべきかどうかについても，その子どもの状況に合わせて，丁寧に検討することが必要である。未成年者が法的に同意を与えることができないからといって，法的な資格のある保護者などからのみ同意を得るということは，子どもの権利の観点上望ましくない。ヘルシンキ宣言では，未成年者からも，研究内容を説明したうえで，アセント（assen，賛意）を得るべきだとしている。その際には，成長段階や体調などを勘案して，理解しやすい方法や環境で説明を行う。その他に，次のようなことにも注意を払うべきだろう。例えば，子どもが理解しないだろうとか，怖がるかもしれないからと決めつけて，説明や告知を行わないことは，子どもの理解や，治療への協力をかえって妨げる場合がある。また，情報があふれている時代状況のため，すでに知っていることを隠されたり，情報提供してもらえなかったりすると，子どもがストレスを感じることもある。さらに，親との関係も子どもによって様々である。これらのことを勘案しながら，子どもに接する関係者で協議しながら，子どもへの説明を行うことが重要である。

13.3 （解答のヒント） 医学研究において，人体そのものや人体組織を用いずに，データや情報だけを用いる場合がある（このような研究を「観察研究」とよぶ）。例えば，患者のカルテのデータとゲノムの塩基配列のデータを組み合わせると，疾患の発症と遺伝的要因との関係を研究することができる。

近年，ゲノムの塩基配列の読み取り技術が進展し，低コストで効率よく解析ができるようになったことから，患者や健康な人からゲノム情報やカルテの情報を提供してもらい，大規模に収集して疾患の研究を行うことが多くなった。個人のゲノムやカルテの情報は，「個人情報」であるから，漏洩や不正な利用がないように，適切に取り扱う必要がある。日本では個人情報保護法によって，これらの情報の取扱いが規律されている。また，倫理的観点から，これらの情報が他人に知られることによって，結婚や就職などの際の差別や不当な不利益を被る可能性があることを本人に説明し，そのうえで，研究のための提供をするという同意を得るといった配慮が必要である。

ゲノムの塩基配列には，血縁者とも共通の部分がある。そのため，本人が研究参加に同意した場合，血縁者のゲノム情報の一部も研究に利用されることになる。現在，個人のゲノム情報を利用するときに，血縁者からも同意を得なくてはならないわけではない。しかし，親が提供したゲノム情報によって，子のゲノム情報がわかり，差別などの不利益が及ぶ可能性もある。本人だけのものではない情報の保護については，個人情報保護法では規律することができないため，今後の検討課題となっている。

13.4 （解答のヒント） 締約国は，遺伝資源の種類によって，提供国の立場になったり利用国の立場になったりする点に注意する。名古屋議定書では，提供国として，あるいは利用国として，各国で必要な措置をとるように求めている。

現在，日本は，提供国としての措置は行わず，利用国としての措置のみを行うことにしている。そこで研究者は，他国（提供国）の遺伝資源を研究に利用する際に，提供国の定める法令などのルールを調べ，そこに定められている手続きを行ってから，利用しなければならない。

手続きの内容は国によって少しずつ異なるが，大きく分けると，(1) 提供国の同意を得る，(2) 契約を締結する，という2つの段階がある。提供国と利用国での利益配分は，契約の内容に含まれる。日本の研究者（遺伝資源の利用者）はまず提供国側の担当窓口を探し，交渉を始める。提供国側の同意や契約に関する手続きが終了したら，遺伝資源を取得し，契約に従って利用する。その他の手続きとして，環境大臣への報告や，モニタリングが行われる際の対応などがある。

索　引

■人　名

■数字・欧文

■ そ

■ た

■ ち

■ つ

■ て

■ と

■ な

■ に

編者略歴

弥益 恭（やます きょう）

1987年 東京大学大学院理学系研究科
博士課程修了
現　在 埼玉大学大学院理工学研究科教授,
理学博士

中尾啓子（なかお けいこ）

1991年 東京大学大学院理学系研究科
博士課程修了
現　在 埼玉医科大学医学部専任講師,
理学博士

野口 航（のぐち こう）

1998年 筑波大学生物科学研究科
博士課程修了
現　在 東京薬科大学生命科学部教授,
博士（理学）

© 弥益 恭・中尾啓子・野口 航 2018

2018年5月11日　初版発行

新しい生物科学

編者 弥益 恭
中尾啓子
野口 航
発行者 山本 格

発行所 株式会社 培風館
東京都千代田区九段南4-3-12・郵便番号102-8260
電話(03)3262-5256(代表)・振替00140-7-44725

平文社印刷・牧 製本

PRINTED IN JAPAN

ISBN 978-4-563-07824-9 C3045